普通高等教育基础课系列教材

离散数学

主　编　张清华
副主编　刘勇杉　蒋观敏　杨映雪　蒲兴成
参　编　尹邦勇　刘　勇　李振坤　刘显全
　　　　何承春　贾小强

机械工业出版社

本书较为系统地介绍了计算机科学与技术、软件工程、智能科学与技术、人工智能、数据科学与大数据技术等信息类或智能类相关专业培养所必需掌握的离散数学基础知识，全书分为四个部分（数理逻辑、集合论、代数结构和图论），共7章．第1章介绍命题及其命题逻辑；第2章介绍一阶谓词逻辑及其推理理论；第3章介绍集合的基本概念和性质；第4章介绍二元关系和函数的基础知识；第5章介绍代数系统；第6章介绍几种典型的代数系统；第7章介绍图论的初步内容和一些特殊图及其性质．本书各章之后配有适当难度的习题，便于学生课后练习，书中也提供了涉及内容的部分著名科学家的简介，便于感兴趣的学生了解．每一部分结束后配有内容小结和知识结构图，便于学生自学、复习和提高．

本书可以作为高等院校计算机科学与技术、软件工程、智能科学与技术、人工智能、数据科学与大数据技术等相关专业学生的教材，也可以作为考研及信息领域科研工作者的参考书．

图书在版编目（CIP）数据

离散数学/张清华主编．-- 北京：机械工业出版社，2024.12. --（普通高等教育基础课系列教材）．
ISBN 978-7-111-77326-9

Ⅰ. O158

中国国家版本馆 CIP 数据核字第 2025KG0515 号

机械工业出版社（北京市百万庄大街22号　邮政编码100037）
策划编辑：汤　嘉　　责任编辑：汤　嘉　李　乐
责任校对：宋　安　梁　静　　封面设计：张　静
责任印制：任维东
三河市骏杰印刷有限公司印刷
2025年2月第1版第1次印刷
184mm×260mm · 13印张 · 325千字
标准书号：ISBN 978-7-111-77326-9
定价：39.80元

电话服务	网络服务
客服电话：010-88361066	机　工　官　网：www.cmpbook.com
010-88379833	机　工　官　博：weibo.com/cmp1952
010-68326294	金　　书　　网：www.golden-book.com
封底无防伪标均为盗版	机工教育服务网：www.cmpedu.com

前　言

离散数学是研究离散量的结构及其相互关系的数学学科，是现代数学的一个重要分支，是计算机专业的核心课程、信息类专业的必修课程、多数工科类专业的重要选修课程. 离散数学在各学科领域，特别在计算机科学与技术领域有着广泛的应用，同时离散数学是学习程序设计语言、数据结构、操作系统、编译技术、人工智能、数据库、算法设计与分析、理论计算机科学基础、电路分析与逻辑设计等课程必不可少的先修课程. 近年来，随着科学技术的飞速发展，计算机科学与技术、智能科学与技术、数据科学与大数据技术等相关学科专业正在以惊人的速度不断迭代发展，对人类社会的各个领域产生着日益广泛和深入的影响. 离散数学课程所体现的思想和方法，广泛地体现在计算机科学、人工智能、大数据技术及相关专业的诸领域，从科学计算到信息处理，从理论计算机科学到计算机应用技术，从计算机软件到计算机硬件，从人工智能到认知系统，从认知系统到生成式人工智能系统等，无不与离散数学密切相关. 通过离散数学课程的学习，学生不但可以掌握处理离散结构的描述工具和方法，为后续课程的学习创造条件，而且可以提高抽象思维和严格的逻辑推理能力，为将来参与创新性的研究和开发工作打下坚实的基础.

离散数学是逻辑学、集合论（包括函数）、数论基础、算法设计、组合分析、关系理论、图论、抽象代数（包括代数系统，群、环、域等）、布尔代数、计算模型（语言与自动机）等汇集起来的一门综合学科. 多数工科专业的离散数学课程主要内容包括四个部分：数理逻辑、集合与关系、代数系统、图论基础等. ①数理逻辑是逻辑学的一个核心内容，它是研究思维形式及思维规律的基础，也就是研究推理过程规律的科学. 数理逻辑是用数学方法来研究推理的规律，这里所指的数学方法，就是引进一套符号体系的方法，在其中表达和研究推理的规律. ②集合论的起源可以追溯到 19 世纪末期，德国数学家康托尔在《数学杂志》上发表了关于无穷集合论的第一篇革命性文章，奠定了集合论的基础. 集合不仅可以用来表示数及其运算，更可以用于非数值信息的表示和处理，有些问题很难用传统的数值计算来处理，但可以用集合运算来处理，在程序语言、数据结构、编译原理、数据库与知识库、形式语言和人工智能等领域中都得到了广泛的应用，并且还得到了发展，如 Zadeh 提出的模糊集理论和 Pawlak 提出的粗糙集理论. ③代数系统是抽象代数的一个重要内容，除了数理逻辑外，对计算科学最有用的数学分支学就是代数，特别是抽象代数，在许多实际问题的研究中都需要用某种数学结构来构造数学模型. 代数系统就是一种很重要的数学结构，主要包括半群、群、环、域、格与布尔代数等，半群理论在自动机理论和形式语言中发挥了重要作用，有限域理论是编码理论的数学基础，在信息通信中起着重要作用，格和布尔代数是电子线路设计、计算机硬件设计和通信系统设计的重要作具. ④图论是离散数学的重要组成部分，是近代应用数学的重要分支. 1736 年是图论历史元年，因为在这一年瑞士数学家欧拉发表了图论的首篇论文——《哥尼斯堡七桥问题无解》，标志着图论的诞生. 作为描述事物之间关系的手段或称工具，图论在许多领域，诸如计算机科学、物理学、化学、运筹学、信息论、控制论、人工智能、计算机网络、社会科学以及经济管理、军事、国防、工农业生产等方面都得到广泛的应用，也正是因为在众多方面的应用，图论自身才得到了非常迅速的发展.

本书结合信息类工科学生培养方案对应的课程体系与知识体系，尤其是计算机科学与技术、软件工程、智能科学与技术、数据科学与大数据技术和人工智能等相关专业，针对这类专业后继课程知识衔接的需要，融合离散数学的重要内容，在编者团队二十多年离散数学教学实践的基础上，在学校离散数学重点课程建设和精品课程建设的基础上，在我们出版的《离散数学》（机械工业出版社，2010 年）教材和《离散数学及其应用》（清华大学出版社，2016 年）基础之上，借鉴了国内外众多离散数学教材的优点（尤其是工科类教材），针对信息类工科学生学科专业特点，反复调研，充分论证，结合教学团队在教学和科研方面多年的成果编写而成. 本书在力求介绍离散数学基础知识的前提下，简明扼要、通俗易懂地介绍相关内容，注重理论联系实际，融入启发式教学理念和课程思政元素，使得教师教学和学生自学浑然一体，着重培养学生的自学能力和创新能力. 本书的特点如下：内容深入浅出，知识点脉络清晰，通俗易懂；基础理论与实际问题相结合，变抽象思维为形象思维，提高学生知识应用的综合能力和创新实践能力；重点突出知识的内在逻辑结构，注重培养学生严谨的数学思维能力；编写内容普适性强，便于工科学生考研复习.

全书共分为四个部分. 其中，第 1 部分为数理逻辑，由蒋观敏和张清华等人编写，第 2 部分为集合论，由张清华和尹邦勇等人编写，第 3 部分为代数结构，由刘勇杉和刘勇等人编写，第 4 部分为图论，由杨映雪、蒲兴成和张清华等人编写.

本书的出版得到了重庆邮电大学规划教材建设项目（JCZ 2024-13）、重庆市高等教育教学改革研究重点项目和重庆邮电大学学科专业建设项目等的资助，还得到了陈六新和方长杰等老师和部分研究生（赵凡、郭芮利等）的帮助. 特别感谢杨春德、朱伟、鲜思东教授为本书提出的宝贵修改意见和建议. 感谢为本书出版做出贡献的同志们！最后，还要特别感谢机械工业出版社汤嘉编辑的大力支持，使得本书得以顺利出版.

本书的讲义在重庆邮电大学等多所高校多次讲授，反复修改，但由于编者水平所限，加之时间仓促，书中难免有不妥或错误之处，恳请广大读者批评指正.

编　者

目　录

第 1 部分　数理逻辑

数理逻辑又称符号逻辑、理论逻辑，它是数学的一个分支，是用数学方法研究逻辑或形式逻辑的学科．其研究对象是对证明和计算这两个直观概念进行符号化以后的形式系统．数理逻辑是数学基础的一个不可缺少的组成部分．虽然名称中有逻辑两字，但并不属于单纯逻辑学范畴．数理逻辑近年来发展特别迅速，主要原因是这门学科对于数学其他分支如集合论、数论、代数、拓扑学等的发展有重大的影响，特别是对计算机科学的发展起了推动作用．反过来，其他学科的发展也推动了数理逻辑的发展．数理逻辑与计算机科学关系密切，在计算机科学的许多领域，如逻辑设计、人工智能、语言理论、程序正确性证明、可信计算理论等诸多方面有重要作用．这部分介绍计算机科学中必需的数理逻辑基础知识——命题逻辑和谓词逻辑．

第 1 章 命题逻辑

命题逻辑也称命题演算，或语句演算. 它研究以命题为基本单位构成的前提和结论之间的推导关系. 命题逻辑是知识形式化表达和推理的基础框架. 如何利用形式化的命题推导出新的命题在人工智能领域是一个重要内容. 本章主要介绍命题逻辑的基本知识、基本思想和基本方法. 主要内容包括命题及联结词、命题公式、命题等值演算、命题公式的范式和推理理论.

1.1 命题及联结词

1.1.1 命题及其表示

命题是命题逻辑中最为基础的概念. 所谓**命题**，就是指具有确定真值的陈述句，即陈述句是真是假二者必居其一，也只居其一. 命题的“真”和“假”称为命题的“**真值**”，分别用 T(True)和 F(False)来表示，有时也用 1 和 0 来分别表示真和假. 真值为真的命题称为**真命题**，真值为假的命题称为**假命题**. 任何命题的真值都是唯一的.

例 1.1 下列陈述句均为命题.

(1) 重庆是红岩精神的发源地.

(2) 老子是中国古代伟大的思想家.

(3) $\pi=3.14$.

(4) $2+2\neq4$.

(5) 张强是一名大学生.

(6) 现在是早上八点钟.

解 命题(1)、命题(2)为真命题，命题(3)、命题(4)为假命题，命题(5)、命题(6)真值是唯一确定的，只是现在无法知道，因此它们也是命题.

例 1.2 下列语句不是命题.

(1) 请遵守交通规则.

(2) 重庆的夏天好热呀!

(3) 现在是几点钟?

(4) 我的这句话是假的.

(5) $x+2=5$.

解 语句(1)是祈使句，语句(2)是感叹句，语句(3)是疑问句，这些语句都不是陈述句，不能确定其真假，因而不是命题.

而语句(4)是说谎者悖论，若语句(4)的真值为真，即这句话是真的，那就不符合“我的这句话是假的”，则这句话是假的；反之，若语句(4)的真值为假，即这句话是假的，那就符合“我的这句话是假的”，则这句话是真的. 像这样既不为真又不为假的陈述句不是命题，这种陈述句称为悖论，凡是悖论都不是命题.

(5)中含有变量 x，因为 x 的值不确定，语句的真假无法确定，所以不是命题. 注意，如果我们给语句中的变量 x 赋值，那么语句(5)可以变成命题.

注：(1) 命题可分为“真命题”“假命题”和“真值唯一但不知晓的命题”三大类型；
(2) 祈使句、感叹句、疑问句、悖论以及含有变量的式子都不是命题.

一般来说，用字母 $P,Q,R,S,\cdots$ 表示命题，称为**命题标识符**，也可以用[1]，[2]来表示命题. 例如：

P：天空是蓝色的.

[1]：汉堡是高热量的食物.

命题标识符分为**命题变量**(**命题变元**)和**命题常量**. 命题变量可以表示任何命题，相当于圆柱的体积公式 $V=\pi r^2 h$ 中的 r 和 h，命题常量表示一个固定的命题，相当于圆柱体积公式中的字母 π.

命题分为简单命题和复合命题. **简单命题**(又称为**原子命题**)是指不能分解为更简单命题的命题. **复合命题**是指由联结词、标点符号把几个原子命题联结起来的命题. 如命题“如果2是素数，则3也是素数”这个命题中通过“如果……，则……”这个联结词组合而成，是复合命题，而“2是素数”和“3是素数”是简单命题.

罗素(1872—1970)，英国哲学家、数学家、逻辑学家，20世纪西方哲学的重要代表人物之一. 他不仅是分析哲学的奠基人，还以其对现代逻辑学的卓越贡献而闻名. 他发展了类型论，避免了悖论的产生，为逻辑学提供了更为严谨的基础. 他建立了命题逻辑和谓词逻辑体系，为逻辑推理提供了系统的框架. 罗素坚持逻辑主义，认为数学是逻辑的一部分，这一观点对数学基础的研究产生了重要影响. 此外，他在关系理论和摹状词理论方面也有重要贡献，为逻辑学和语言学的发展开辟了新路径. 罗素的工作奠定了现代逻辑学的基础，对后世产生了深远的影响.

1.1.2 命题联结词

在日常语言中，一些简单的陈述句，可以通过某些联结词联结起来，组成较为复杂的语句. 例如可以说：“如果下星期日是晴天，那么我就去春游.”这里就是用：“如果……，那么……”把两个陈述句“下星期日是晴天”和“我去春游”联结起来组成的一个新复合命题. 在日常语言中还有许多联结词，如“不”“并且”“或者”“当且仅当”“只要……，就……”“除非……，否则……”等都是联结词. 使用它们可以将一个命题加以否定或将两个命题联结起来得到新的复合命题. 但是，在日常语言中，这些联结词的使用，一般没有严格的定义，有时就显得不很准确，常常带有二义性. 在数理逻辑中，也引入联结词，这些联结词是由日常所使用的联结词抽象出来的，它有严格的意义. 因此，在日常所使用的联结词含义并不完全相同，需要仔细区分和识别.

下面介绍数理逻辑中常用的5种联结词.

（1）“**否定**”联结词，记作“$\neg$”，它是一元运算. 相当于“非”“不”“否定”等词. 给定一个命题P，它的否定记为“$\neg P$”，读作“非P”，它的真值情况见表1-1.

表1-1　否定的真值

P	$\neg P$
1	0
0	1

由$\neg P$的真值表可知，$\neg P$的真值是1，当且仅当P的真值是0. $\neg P$的真值是0，当且仅当P的真值是1.

（2）“**合取**”联结词，记作“$\wedge$”，它是二元运算. 相当于“且”“和”“与”，也称为“与”. 设P和Q是命题，利用“合取”联结词可将P和Q联结起来，组成命题“$P\wedge Q$”，读作“P与Q的合取”或“P与Q”. $P\wedge Q$的真值见表1-2.

表1-2　合取的真值

P	Q	$P\wedge Q$
1	1	1
1	0	0
0	1	0
0	0	0

例1.3　电脑和手机都是现代科技的产物.

解　设P：电脑是现代科技的产物；Q：手机是现代科技的产物；

原命题符号化为$P\wedge Q$.

例1.4　大草原既美丽，又神秘.

解　设P：大草原美丽；Q：大草原神秘；

原命题符号化为$P\wedge Q$.

例1.5　小王不聪明，但他很勤奋.

解　设P：小王聪明；Q：小王很勤奋；

原命题符号化为$\neg P\wedge Q$.

例1.6　小王和小明是邻居.

解　这是一个原子命题，不能分解为更简单的命题. 原命题符号化为P：小王和小明是邻居.

（3）“**析取**”联结词，记作“$\vee$”，它是二元运算. 相当于“或”“或者”. 利用此联结词可将命题P和Q联结起来，组成命题“$P\vee Q$”，读作“P和Q的析取”或者“P或Q”. 它的真值见表1-3.

表 1-3 析取的真值

P	Q	$P \vee Q$
1	1	1
1	0	1
0	1	1
0	0	0

联结词析取的意义与日常所使用的“或”意思并不完全相同. 在日常生活中，“或”实际上分为“排斥或”和“可兼或”，还有一种是描述模糊数据.

这里 $P \vee Q$ 表示“可兼或”，即 P 为真或 Q 为真，或 P 和 Q 同时为真时，其值为真.

例 1.7 春天的花朵或秋天的落叶是大自然的杰作.

解 该命题中的“或”为“可兼或”，即两个命题可以同时为真，用析取联结词表示“可兼或”.

设 P：春天的花朵是大自然的杰作；Q：秋天的落叶是大自然的杰作；

原命题符号化为 $P \vee Q$.

例 1.8 我们班今天第一节课是数据结构或离散数学.

解 该命题中的“或”为“排斥或”，即两个命题不能同时为真，只能是一真一假. “排斥或”不能直接使用析取联结词. 我们用一种等价形式来代替.

设 P：我们班今天第一节课是数据结构；Q：我们班今天第一节课是离散数学；

原命题符号化为$(P \wedge \neg Q) \vee (\neg P \wedge Q)$.

例 1.9 李老师正在 101 教室或 102 教室上课.

解 设 P：李老师正在 101 教室上课；Q：李老师正在 102 教室上课；

原命题符号化为$(P \wedge \neg Q) \vee (\neg P \wedge Q)$.

该命题中的“或”也为“排斥或”.

例 1.10 小刚是有 20 岁或 30 岁.

解 这是一个原子命题，这里的“或”表示一个模糊数据.

在遇到含有“或”的命题符号化时，要仔细分清它是“可兼或”“排斥或”，还是表示模糊数的“或”，本书中析取联结词表示“可兼或”.

(4)“**单条件**”联结词，记作“→”，它是二元运算. 相当于“如果……，那么……”“因为……，所以……”“只要……，就……”等. 也可称为“蕴涵”. “$P \to Q$”读作“如果 P，那么 Q”，其中，P 称为前件，Q 称为后件. 其真值见表 1-4.

表 1-4 单条件的真值

P	Q	$P \to Q$
1	1	1
1	0	0
0	1	1
0	0	1

例 1.11 如果时光能倒退，那么我一定会弥补错失的机会.

解 设 P：时光能倒退；Q：我一定会弥补错失的机会；

原命题符号化为 $P \to Q$.

例 1.12 只要人人都献出一点爱，世界就会变得更美好.

解 设 P：人人都献出一点爱；Q：世界会变得更美好；

原命题符号化为 $P \to Q$.

例 1.13 因为天下雨，所以郊游活动取消.

解 设 P：天下雨；Q：郊游活动取消；

原命题符号化为 $P \to Q$.

例 1.14 只有我们好好保护环境，人类才有美丽的家园.

解 设 P：我们好好保护环境；Q：人类有美丽的家园；

原命题符号化为 $Q \to P$.

例 1.15 仅当课程综合评定成绩在 90 分以上，课程成绩得 A.

解 设 P：课程综合评定成绩在 90 分以上；Q：课程成绩得 A；

原命题符号化为 $Q \to P$.

例 1.16 除非他来找我，否则我不会参加演讲比赛.

解 设 P：他来找我；Q：我参加演讲比赛；

原命题符号化为 $\neg P \to \neg Q$，或者 $Q \to P$.

在实际的语言中，很多联结词可以转化为用单条件. 单条件联结词的前件与后件的关系主要分为充分条件和必要条件. 常用的充分条件语句表达有“如果 P，那么 Q”“当 P，Q”，“只要 P，就 Q” “因为 P，所以 Q”等符号化为 $P \to Q$；常用的必要条件语句表达有“只有 P，才 Q”“仅当 P，Q”“除非 P，否则 $\neg Q$”等符号化为 $Q \to P$.

(5)“**双条件**”联结词，记作“$\leftrightarrow$”，它是二元运算. 相当于“当且仅当”“充要条件”等. 记为“$P \leftrightarrow Q$”，读作“P 当且仅当 Q”. 它的真值见表 1-5.

表 1-5 双条件的真值

P	Q	$P \leftrightarrow Q$
1	1	1
1	0	0
0	1	0
0	0	1

例 1.17 你可以乘坐这班飞机的充要条件是你买票了.

解 设 P：你可以乘坐这班飞机；Q：你买票了；

原命题符号化为 $P \leftrightarrow Q$.

例 1.18 1+1=3 当且仅当中国有四大发明.

解 设 P：1+1=3；Q：中国有四大发明；

原命题符号化为 $P\leftrightarrow Q$.

注：在自然语言中我们不会使用这样的双条件语句，因为其中的两个命题没有联系. 但在数理逻辑的推理中，已知命题 P 与命题 Q 的真值同为真，根据复合命题 $P\leftrightarrow Q$ 的真值表知该命题的真值也为真.

命题联结词能将自然语言符号化，还能解决计算机中的比特运算. **比特(bit)**是计算机用来表示信息的基本工具，一个比特有两种取值，即 0 和 1. 用 0 和 1 排列而成的比特序列可以表示文字、图像、声音、视频等各种信息. 计算机的比特运算 **AND**（“合取”）、**OR**（“析取”）、**NOT**（“否定”）、**XOR**（“排斥或”）分别可以找到对应命题联结词或联结词的组合表示，有些高级程序设计语言，如 C、C++、Java 等语言用“&&”“||”“!”“^”分别与之对应.

例 1.19 求比特串 01 1011 1100 的按位 **NOT**，以及比特串 01 1001 1100 和 10 1100 0111 的按位 **AND**、**OR** 和 **XOR**.

解 **NOT**(01 1011 1100)=10 0100 0011，

(01 1001 1100) **AND** (10 1100 0111)=00 1000 0100，

(01 1001 1100) **OR** (10 1100 0111)=11 1101 1111，

(01 1001 1100) **XOR** (10 1100 0111)=11 0101 1011.

莱布尼茨(1646—1716)，德国哲学家、数学家，是历史上少见的通才，被誉为“现代数理逻辑之父”. 他不仅在微积分领域与牛顿并驾齐驱，独立发明了微积分学，还在数学符号和二进制系统方面做出了重大贡献. 他提出了形式化语言和符号系统，试图将逻辑推理形式化，将逻辑运算转化为代数运算，通过引入符号和公式来表示和演绎命题，为数理逻辑发展奠定了基础.

1.2 命题公式与真值表

命题变量和联结词构成复合命题的形式化描述，为了能够更加准确地描述命题，本节主要讨论命题公式及其命题公式的赋值.

1.2.1 命题公式

定义 1.1 命题合式公式，又称为**命题公式**（简称**公式**），可按下列规则生成：

(1) 命题变量是命题公式；

(2) 如果 A 是公式，则 $\neg A$ 是命题公式；

(3) 如果 A 和 B 是公式，那么 $(A\wedge B)$，$(A\vee B)$，$(A\rightarrow B)$ 和 $(A\leftrightarrow B)$ 都是命题公式；

(4) 当且仅当有限次地应用(1)(2)和(3)所得到的包含命题变量、联结词和圆括号的符号串是命题公式.

命题公式的定义是一个递归定义形式. 命题公式本身不是命题，没有真值，只有对其命题变量进行赋值后，命题公式才有真值. 这就像圆柱的体积公式 $V=\pi r^2 h$ 一样，没有给半径和高赋值时，公式没有值，一旦给半径和高赋值后，公式就能计算出一个具体的体积. 圆柱的体积公式刻画了变量(体积与半径、高)之间的关系.

例 1.20 判定下列式子是否是命题公式?

(1) $(P\rightarrow\neg Q)\vee Q$；　(2) $((\neg P\wedge Q)\rightarrow((Q\vee R)\leftrightarrow(R\wedge\neg Q)))$；

(3) $P\rightarrow(Q\wedge R)$；　(4) $\neg Q\wedge(\rightarrow P)$；

(5) $(P\vee Q)\rightarrow R\leftrightarrow Q)$；　(6) $(P\rightarrow Q,R)$.

解 根据命题公式的定义可知，(1)(2)和(3)是命题公式，而(4)(5)和(6)不是命题公式. (4)中的单条件联结词为二元联结词，联结词的前后应是变量或公式；(5)中的括号不配对；(6)中的两个命题变量之间不能用逗号. 另外，命题公式最外层括号可以省略.

有了命题公式的定义后，很多复合命题可以符号化为命题公式.

例 1.21 “我们只要拥有勇气和智慧，就能在困境中找到出路”. 用命题公式符号化该命题.

解 设 P：我们拥有勇气；Q：我们拥有智慧；R：我们能在困境中找到出路.

本命题符号化为 $(P\wedge Q)\rightarrow R$.

命题符号化的步骤：

(1) 找出复合命题中的原子命题；

(2) 找出复合命题中的逻辑联结词；

(3) 根据语义和联结词的使用方法将原子命题用联结词和括号组合成命题公式.

1.2.2 真值表

通常使用括号来规定复合命题中的逻辑运算符的运算顺序，为了减少括号的数量，规定联结词运算的优先次序从高到低依次为 $\neg$，$\wedge$，$\vee$，$\rightarrow$，$\leftrightarrow$.

定义 1.2 设 A 是一个命题公式，$P_1,P_2,\cdots,P_n$ 是出现在 A 中的所有命题变元，对 $P_1,P_2,\cdots,P_n$ 这些命题变元赋予一个确定的真值称为对命题公式的一种**赋值**.

不同的赋值，命题公式有不同真值情况. 将命题公式在所有的赋值下的真值情况汇成一个表，这个表就称为真值表. 如果一个命题公式有 n 个命题变元，每个命题变元有两种真值情况，则共有 2^n 种不同的赋值情况. 为了不遗漏每种赋值情况，一般从 $\underbrace{000\cdots0}_{n个0}$ 到 $\underbrace{111\cdots1}_{n个1}$，或者从 $\underbrace{111\cdots1}_{n个1}$ 到 $\underbrace{000\cdots0}_{n个0}$ 进行列表.

例 1.22 求下列公式的真值表.

(1) $(\neg P\vee Q)\leftrightarrow(P\rightarrow Q)$；

(2) $(\neg P\wedge Q)\wedge P$；

(3) $(P\rightarrow\neg Q)\rightarrow R$.

解 它们的真值表分别见表 1-6 ~ 表 1-8.

表 1-6 $(\neg P \vee Q) \leftrightarrow (P \rightarrow Q)$ 的真值表

P	Q	$(\neg P \vee Q) \leftrightarrow (P \rightarrow Q)$
1	1	1
1	0	1
0	1	1
0	0	1

表 1-7 $(\neg P \wedge Q) \wedge P$ 的真值表

P	Q	$(\neg P \wedge Q) \wedge P$
1	1	0
1	0	0
0	1	0
0	0	0

表 1-8 $(P \rightarrow \neg Q) \rightarrow R$ 的真值表

P	Q	R	$(P \rightarrow \neg Q) \rightarrow R$
1	1	1	1
1	1	0	1
1	0	1	1
1	0	0	0
0	1	1	1
0	1	0	0
0	0	1	1
0	0	0	0

一般说来，n 个命题变元的命题公式有 2^n 种不同的赋值情况，因此它的真值表有 2^n+1 行.

1.2.3 命题公式的分类

从命题公式的真值表可以看出，有的命题公式在所有赋值下都取 1；有的命题公式在所有赋值下都取 0；有的命题公式在部分赋值下取 1，在部分赋值下取 0. 为此我们对命题公式进行分类.

定义 1.3 给定一个命题公式，若在所有赋值下命题公式取值都为 1，则称该命题公式为**永真式(重言式)**.

定义 1.4 给定一个命题公式，若在所有赋值下命题公式取值都为0，则称该命题公式为**永假式(矛盾式)**.

定义 1.5 给定一个命题公式，若在所有赋值下命题公式取值至少一个为1，则称该命题公式为**可满足式**.

由定义可知，例1.22中公式$(\neg P\vee Q)\leftrightarrow(P\rightarrow Q)$是永真式，公式$(\neg P\wedge Q)\wedge P$是永假式，而$(P\rightarrow\neg Q)\rightarrow R$是可满足式．永真式是一种特殊的可满足式.

1.2.4 命题公式的等值演算

有了真值表这个工具，在计算命题公式真值表时发现有些公式的真值情况相同．例如公式$P\rightarrow Q$和公式$\neg P\vee Q$在任意一种赋值下的真值情况相同(见表1-9和表1-10)．从真值的角度来看，这两个公式是一样的.

表1-9 $P\rightarrow Q$的真值表

P	Q	$P\rightarrow Q$
1	1	1
1	0	0
0	1	1
0	0	1

表1-10 $\neg P\vee Q$的真值表

P	Q	$\neg P\vee Q$
1	1	1
1	0	0
0	1	1
0	0	1

定义 1.6 设A、B是两个命题公式，$P_1,P_2,\cdots,P_n$是出现在A和B中所有的命题变元．如果对于$P_1,P_2,\cdots,P_n$的每一种赋值，A的真值和B的真值都相同，则称**公式A等价于公式B**，记作$A\Leftrightarrow B$.

因此，要判断两个公式是否等价，根据定义，只需将两个公式的真值表列出，比较两个真值表是否相同即可．由表1-9和表1-10知，$P\rightarrow Q\Leftrightarrow\neg P\vee Q$.

对一个命题公式A，如果用公式B取代A中的一部分，可能会得到一个新公式C，但一般说来，公式A与C是不等价的．例如在公式$P\wedge Q$中用$P\vee\neg P$取代Q，得到$P\wedge(P\vee\neg P)$不等价于$P\wedge Q$．但是，如果对取代过程施加某些限制，则会使取代后得到的公式等价于原来的公式.

命题公式中有很多公式都是等价的，要记住大量的等价公式是困难的，然而一些基本的、重要的等价公式是应该掌握的．下面列出一些最基本的等价公式，也称**命题定律**.

(1) $\neg\neg P\Leftrightarrow P$; （双重否定律）

(2) $P\vee P\Leftrightarrow P$，$P\wedge P\Leftrightarrow P$; （幂等律）

(3) $P\vee Q\Leftrightarrow Q\vee P$，$P\wedge Q\Leftrightarrow Q\wedge P$; （交换律）

(4) $(P\vee Q)\vee R\Leftrightarrow P\vee(Q\vee R)$，$(P\wedge Q)\wedge R\Leftrightarrow P\wedge(Q\wedge R)$; （结合律）

(5) $P\vee(Q\wedge R)\Leftrightarrow(P\vee Q)\wedge(P\vee R)$，$P\wedge(Q\vee R)\Leftrightarrow(P\wedge Q)\vee(P\wedge R)$; （分配律）

(6) $P\vee(P\wedge Q)\Leftrightarrow P$，$P\wedge(P\vee Q)\Leftrightarrow P$; （吸收律）

(7) $\neg(P\vee Q)\Leftrightarrow\neg P\wedge\neg Q$，$\neg(P\wedge Q)\Leftrightarrow\neg P\vee\neg Q$; （德摩根律）

(8) $P\vee 0\Leftrightarrow P$，$P\wedge 1\Leftrightarrow P$; （同一律）

(9) $P\vee 1\Leftrightarrow 1$，$P\wedge 0\Leftrightarrow 0$; （零律）

(10) $P\vee\neg P\Leftrightarrow 1$; （排中律）

(11) $P\wedge\neg P\Leftrightarrow 0$; （矛盾律）

(12) $P \to Q \Leftrightarrow \neg P \vee Q$; (蕴涵等值律)

(13) $P \to Q \Leftrightarrow \neg Q \to \neg P$; (假言异位律)

(14) $P \leftrightarrow Q \Leftrightarrow (P \to Q) \wedge (Q \to P)$. (等价等值律)

还有一些基本的等价公式如 $P \vee Q \Leftrightarrow \neg P \to Q$；$(P \to Q) \wedge (P \to \neg Q) \Leftrightarrow \neg P$ 等也是很重要的等价公式.

德摩根(1806—1871)，19 世纪英国杰出的数学家和逻辑学家. 他对数理逻辑的贡献主要体现在明确陈述了德摩根定律，这一关于逻辑中命题的否定、合取和析取的运算规则在逻辑学和布尔代数中占据重要地位，对计算机科学等领域产生深远影响. 此外，他还对概率理论做出重要贡献，为概率计算提供一般化方法. 德·摩根的工作不仅推动了数理逻辑的发展，也为后来的科学研究奠定了坚实基础.

定义 1.7 设 A 是一个命题公式，A'是 A 的一部分，且 A'也是一个命题公式，则称 A'是 A 的**子公式**.

定理 1.1 设 A'是公式 A 的子公式，B'是一命题公式且 $A' \Leftrightarrow B'$，将 A 中的 A'用 B'来取代，则所得到的是一个新公式(记为 B)，则 $A \Leftrightarrow B$.

用定理 1.1 和命题定律很容易推出其他的一些等价命题公式.

例 1.23 试证：$(P \to Q) \wedge (P \to \neg Q) \Leftrightarrow \neg P$.

证明 $(P \to Q) \wedge (P \to \neg Q)$

$\Leftrightarrow (\neg P \vee Q) \wedge (\neg P \vee \neg Q)$

$\Leftrightarrow \neg P \vee (Q \wedge \neg Q)$

$\Leftrightarrow \neg P \vee 0$

$\Leftrightarrow \neg P$.

例 1.24 试证：$(P \wedge Q) \to R \Leftrightarrow (P \to R) \vee (Q \to R)$.

证明 $(P \wedge Q) \to R$

$\Leftrightarrow \neg (P \wedge Q) \vee R$

$\Leftrightarrow \neg P \vee \neg Q \vee R$

$\Leftrightarrow (\neg P \vee R) \vee (\neg Q \vee R)$

$\Leftrightarrow (P \to R) \vee (Q \to R)$.

例 1.25 化简公式$((P \wedge Q) \vee (\neg P \wedge Q)) \vee (\neg Q \wedge (R \wedge \neg R))$，并判断公式的类型.

解 $((P \wedge Q) \vee (\neg P \wedge Q)) \vee (\neg Q \wedge (R \wedge \neg R))$

$\Leftrightarrow ((P \vee \neg P) \wedge Q) \vee (\neg Q \wedge 0)$

$\Leftrightarrow (1 \wedge Q) \vee 0$

$\Leftrightarrow 1 \wedge Q$

$\Leftrightarrow Q$.

公式的类型等价于 Q 的类型，从而该公式是可满足式.

例 1.26 利用命题公式的基本等价公式，化简图 1.1 和图 1.2 表示的电路.

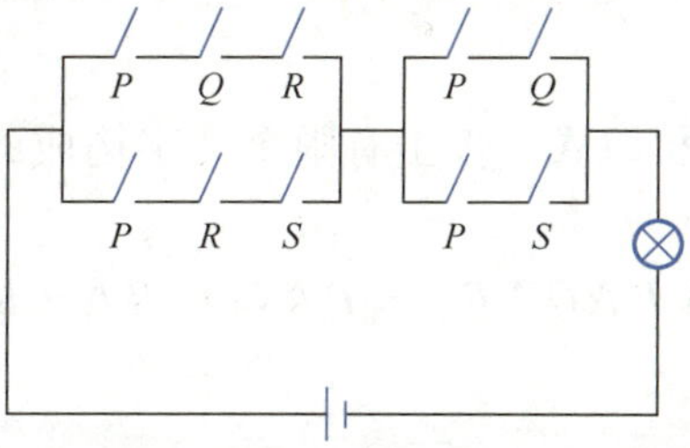

图 1.1

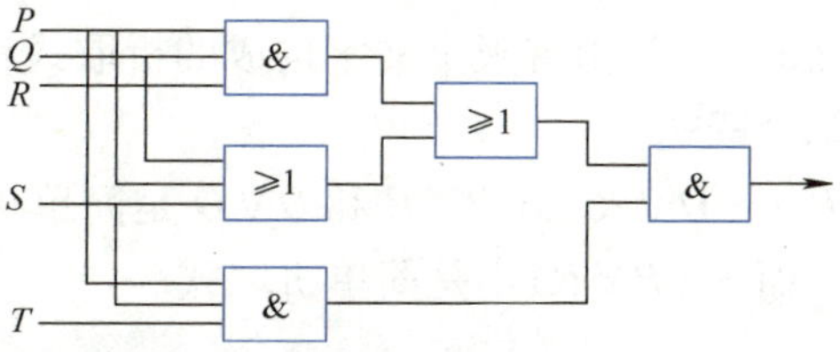

图 1.2

解 根据命题联结词的定义，“串联电路”和“与门”对应联结词“∧”，“并联电路”和“或门”对应联结词“∨”. 图 1.1 和图 1.2 分别表示为以下两个命题公式.

(1) $((P\wedge Q\wedge R)\vee(P\wedge R\wedge S))\wedge((P\wedge Q)\vee(P\wedge S))$;

(2) $((P\wedge Q\wedge R)\vee(P\vee Q\vee S))\wedge(P\wedge S\wedge T)$.

利用命题公式的基本等价公式可对这两个命题公式进行化简.

(1) $((P\wedge Q\wedge R)\vee(P\wedge R\wedge S))\wedge((P\wedge Q)\vee(P\wedge S))$

$\Leftrightarrow((P\wedge R)\wedge(Q\vee S))\wedge(P\wedge(Q\vee S))$

$\Leftrightarrow(P\wedge R)\wedge(Q\vee S)\wedge P\wedge(Q\vee S)$

$\Leftrightarrow((P\wedge R)\wedge P)\wedge(Q\vee S)$

$\Leftrightarrow(P\wedge R)\wedge(Q\vee S)$.

(2) $((P\wedge Q\wedge R)\vee(P\vee Q\vee S))\wedge(P\wedge S\wedge T)$

$\Leftrightarrow((P\wedge Q\wedge R)\vee P\vee Q\vee S)\wedge P\wedge S\wedge T$

$\Leftrightarrow(((P\wedge Q\wedge R)\vee P)\vee Q\vee S)\wedge P\wedge S\wedge T$

$\Leftrightarrow(P\vee Q\vee S)\wedge P\wedge S\wedge T$ （吸收律）

$\Leftrightarrow((P\vee Q\vee S)\wedge P)\wedge S\wedge T$

$\Leftrightarrow P\wedge S\wedge T$. （吸收律）

再把化简后的命题公式还原成相应的电路图. 因此，图 1.1 和图 1.2 可化简为图 1.3 和图 1.4.

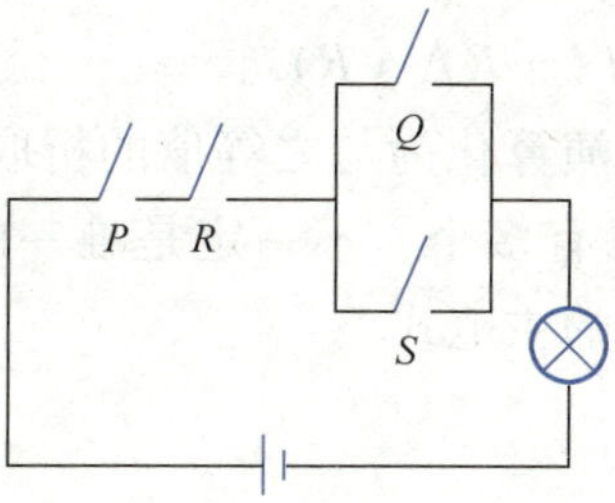

图 1.3

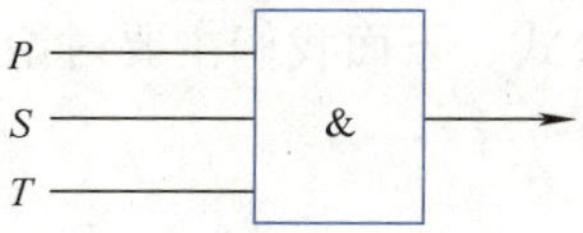

图 1.4

1.3 命题公式的范式与主范式

通过等价公式我们发现很多命题公式虽然形式不同，但是实质上是等价的. 为了能够方便地识别公式是否等价，本节讨论命题公式的标准形式——范式. 为了方便，我们将命题变元或命题变元的否定式统称为**文字**.

1.3.1 析取范式与合取范式

定义 1.8 仅由有限个文字构成的析取式称为**简单析取式**；仅由有限个文字构成的合取式称为**简单合取式**.

如 $P\vee\neg Q\vee R$、$\neg P\vee R$ 和 $Q\vee Q$ 是简单析取式，$\neg P\wedge Q\wedge R$、$\neg P\wedge Q$ 和 $R\wedge\neg R$ 是简单合取式. 而 $\neg(P\vee R)$ 不是简单析取式.

显然，简单析取式是重言式当且仅当它含有同一个变元及其该变元的否定；简单合取式是矛盾式当且仅当它含有同一个变元及其该变元的否定.

定义 1.9 一个命题公式称为**析取范式**当且仅当它有形式 $A_1\vee A_2\vee\cdots\vee A_k(k\geqslant 1)$，其中 $A_1,A_2,\cdots,A_k$ 都是简单合取式.

定义 1.10 一个命题公式称为**合取范式**当且仅当它有形式 $B_1\wedge B_2\wedge\cdots\wedge B_j(j\geqslant 1)$，其中 $B_1,B_2,\cdots,B_j$ 都是简单析取式.

如 $(P\vee\neg Q)\wedge(\neg P\vee R)$ 和 $P\wedge(\neg Q\vee R)$ 是合取范式，$(P\wedge Q)\vee(\neg Q\wedge R)$ 和 $(P\wedge\neg Q\wedge R)\vee(Q\wedge S)$ 是析取范式. 而 $P\vee\neg Q\vee R$ 和 $\neg P\wedge Q\wedge R$ 既是合取范式又是析取范式.

析取范式和合取范式统称为**范式**.

将一个命题公式转化为析取范式和合取范式的主要方法是利用基本的命题等价公式，如德摩根律、分配律、蕴涵等值律、同一律、排中律和吸收律等，将公式转化为要求的范式.

例 1.27 将命题公式 $(P\to Q)\to\neg R$ 分别化成与之等价的析取范式和合取范式.

解 $(P\to Q)\to\neg R$

$\Leftrightarrow(\neg P\vee Q)\to\neg R$

$\Leftrightarrow\neg(\neg P\vee Q)\vee\neg R$

$\Leftrightarrow(P\wedge\neg Q)\vee\neg R$ （析取范式）

$\Leftrightarrow(P\vee\neg R)\wedge(\neg Q\vee\neg R)$ （合取范式）

$\Leftrightarrow((P\vee\neg R)\wedge\neg Q)\vee((P\vee\neg R)\wedge\neg R)$

$\Leftrightarrow(P\wedge\neg Q)\vee(\neg R\wedge\neg Q)\vee(P\wedge\neg R)\vee(\neg R\wedge\neg R).$ （析取范式）

由此可以看出，一个命题公式总可以通过等值演算化为与之等值的析取范式和合取范式，但是一个命题公式的析取范式和合取范式分别可以有多个，不一定是唯一的. 为了能够唯一地表示一个命题公式，下面我们主要讨论命题公式的主范式.

1.3.2 主范式

定义 1.11 设命题公式有 n 个命题变元，由这 n 个命题变元及其它们的否定按照一定的顺序（字母顺序或变元的排序）构成的简单合取式称为**极小项**，其中每个变元与它的否定不能同时出现，但必须出现一个.

定义 1.12 设命题公式有 n 个命题变元，由这 n 个命题变元及其它们的否定按照一定的顺序（字母顺序或变元的排序）构成的简单析取式称为**极大项**，其中每个变元与它的否定不能同时出现，但必须出现一个.

如一个命题公式有3个变元 P，Q 和 R. 一般按照字母的顺序排列，它构成的极小项有 $P\wedge Q\wedge R$，$P\wedge Q\wedge\neg R$，$P\wedge\neg Q\wedge R$，$P\wedge\neg Q\wedge\neg R$，$\neg P\wedge Q\wedge R$，$\neg P\wedge Q\wedge\neg R$，$\neg P\wedge\neg Q\wedge R$，$\neg P\wedge\neg Q\wedge\neg R$；它构成的极大项有：$P\vee Q\vee R$，$P\vee Q\vee\neg R$，$P\vee\neg Q\vee R$，$P\vee\neg Q\vee\neg R$，$\neg P\vee Q\vee R$，$\neg P\vee Q\vee\neg R$，$\neg P\vee\neg Q\vee R$，$\neg P\vee\neg Q\vee\neg R$.

一般说来，n 个命题变元可以构成 2^n 个极小项和 2^n 个极大项.

为了便于讨论，我们分别给极小项和极大项一种编码. 极小项的编码规则：命题变元及其否定分别对应1和0，极大项的编码规则：命题变元及其否定分别对应0和1. 为了编码规则的一致性，极小项和极大项中出现的命题变元和命题变元的否定按字母表的先后顺序出现. 表1-11列出了3个变元的极小项、极大项和它们的编码.

表1-11　3个变元的极小项与极大项的编码

极小项	极大项
$m_{000}(m_0)=\neg P\wedge\neg Q\wedge\neg R$	$M_{000}(M_0)=P\vee Q\vee R$
$m_{001}(m_1)=\neg P\wedge\neg Q\wedge R$	$M_{001}(M_1)=P\vee Q\vee\neg R$
$m_{010}(m_2)=\neg P\wedge Q\wedge\neg R$	$M_{010}(M_2)=P\vee\neg Q\vee R$
$m_{011}(m_3)=\neg P\wedge Q\wedge R$	$M_{011}(M_3)=P\vee\neg Q\vee\neg R$
$m_{100}(m_4)=P\wedge\neg Q\wedge\neg R$	$M_{100}(M_4)=\neg P\vee Q\vee R$
$m_{101}(m_5)=P\wedge\neg Q\wedge R$	$M_{101}(M_5)=\neg P\vee Q\vee\neg R$
$m_{110}(m_6)=P\wedge Q\wedge\neg R$	$M_{110}(M_6)=\neg P\vee\neg Q\vee R$
$m_{111}(m_7)=P\wedge Q\wedge R$	$M_{111}(M_7)=\neg P\vee\neg Q\vee\neg R$

当然，如果有多个变量，编码的方式可以类似做推广. 下面讨论极小项和极大项的真值情况见表1-12和表1-13.

表1-12　极小项的真值情况

P　Q　R	m_{111}	m_{110}	m_{101}	m_{100}	m_{011}	m_{010}	m_{001}	m_{000}
1　1　1	1	0	0	0	0	0	0	0
1　1　0	0	1	0	0	0	0	0	0
1　0　1	0	0	1	0	0	0	0	0
1　0　0	0	0	0	1	0	0	0	0
0　1　1	0	0	0	0	1	0	0	0
0　1　0	0	0	0	0	0	1	0	0
0　0　1	0	0	0	0	0	0	1	0
0　0　0	0	0	0	0	0	0	0	1

表1-13　极大项的真值情况

P　Q　R	M_{000}	M_{001}	M_{010}	M_{011}	M_{100}	M_{101}	M_{110}	M_{111}
1　1　1	1	1	1	1	1	1	1	0
1　1　0	1	1	1	1	1	1	0	1
1　0　1	1	1	1	1	1	0	1	1
1　0　0	1	1	1	1	0	1	1	1

（续）

P Q R	M_{000}	M_{001}	M_{010}	M_{011}	M_{100}	M_{101}	M_{110}	M_{111}
0 1 1	1	1	1	0	1	1	1	1
0 1 0	1	1	0	1	1	1	1	1
0 0 1	1	0	1	1	1	1	1	1
0 0 0	0	1	1	1	1	1	1	1

从表 1-12 和表 1-13 中，我们容易归纳得到极小项和极大项的如下性质，具体见表 1-14.

表 1-14 极小项与极大项的性质

极小项的性质	极大项的性质
每个极小项有且仅有一个成真赋值	每个极大项有且仅有一个成假赋值
成真赋值与该极小项的编码下标一致	成假赋值与该极大项的编码下标一致
任意两个不同极小项的合取为永假式	任意两个不同极大项的析取为永真式
全体极小项的析取为永真式	全体极大项的合析取为永假式

定义 1.13 设 A 是一个命题公式，如果 A 等价于 $A_1 \vee A_2 \vee \cdots \vee A_k (k \geqslant 1)$，且 $A_1, A_2, \cdots, A_k$ 都是极小项，则 $A_1 \vee A_2 \vee \cdots \vee A_k$ 是公式 A 的**主析取范式**.

定义 1.14 设 B 是一个命题公式，如果 B 等价于 $B_1 \wedge B_2 \wedge \cdots \wedge B_j (j \geqslant 1)$，且 $B_1, B_2, \cdots, B_j$ 都是极大项，则 $B_1 \wedge B_2 \wedge \cdots \wedge B_j$ 是公式 B 的**主合取范式**.

定理 1.2 任何命题公式都存在与之等值的主析取范式和主合取范式，并且是唯一的.

该定理的证明从略，后面几个求主范式的例题可以展示该定理的证明过程. 定理 1.2 揭示了主范式的存在性和唯一性，下面我们讨论两种方法求公式的主范式.

方法一（等值添项法）

求主析取范式的主要步骤：

第 1 步：将命题公式化为析取范式；

第 2 步：在每个不是极小项的简单合取式中用排中律增加缺少的文字（注意按照一定顺序添加）；

第 3 步：用分配律展开得到新的析取范式；如果还存在简单合取式不是极小项时，重复第 2 步；

第 4 步：删除重复的极小项，得到主析取范式.

求主合取范式的主要步骤：

第 1 步：将命题公式化为合取范式；

第 2 步：在每个不是极大项的简单析取式中用矛盾律增加缺少的文字（注意按照一定顺序添加）；

第 3 步：用分配律展开得到新的合取范式；如果还存在简单析取式不是极大项时，重复第 2 步；

第 4 步：删除重复的极大项，得到主合取范式.

永假式无法由极小项的析取式来表示，故规定永假式的主析取范式为命题常元 0；永真式也无法由极大项的合取式来表示，故规定永真式的主合取范式为命题常元 1.

例 1.28 求$(P\wedge Q)\vee(\neg P\wedge R)$的主析取范式与主合取范式.

解 $(P\wedge Q)\vee(\neg P\wedge R)$(已经是析取范式，且按照字母先后顺序)

$\Leftrightarrow(P\wedge Q\wedge(R\vee\neg R))\vee(\neg P\wedge(Q\vee\neg Q)\wedge R)$

$\Leftrightarrow(P\wedge Q\wedge R)\vee(P\wedge Q\wedge\neg R)\vee(\neg P\wedge Q\wedge R)\vee(\neg P\wedge\neg Q\wedge R)$(主析取范式).

又因为$(P\wedge Q)\vee(\neg P\wedge R)$

$\Leftrightarrow((P\wedge Q)\vee\neg P)\wedge((P\wedge Q)\vee R)$

$\Leftrightarrow(P\vee\neg P)\wedge(Q\vee\neg P)\wedge(P\vee R)\wedge(Q\vee R)$(合取范式)

$\Leftrightarrow(\neg P\vee Q)\wedge(P\vee R)\wedge(Q\vee R)$(化简，并按照字母顺序整理)

$\Leftrightarrow(\neg P\vee Q\vee(R\wedge\neg R))\wedge(P\vee(Q\wedge\neg Q)\vee R)\wedge((P\wedge\neg P)\vee Q\vee R)$

$\Leftrightarrow(\neg P\vee Q\vee R)\wedge(\neg P\vee Q\vee\neg R)\wedge(P\vee Q\vee R)\wedge(P\vee\neg Q\vee R)\wedge(P\vee Q\vee R)\wedge(\neg P\vee Q\vee R)$

$\Leftrightarrow(\neg P\vee Q\vee R)\wedge(\neg P\vee Q\vee\neg R)\wedge(P\vee Q\vee R)\wedge(P\vee\neg Q\vee R)$(主合取范式).

例 1.29 求$(P\rightarrow Q)\wedge R$的主析取范式和主合取范式.

解 $(P\rightarrow Q)\wedge R$

$\Leftrightarrow(\neg P\vee Q)\wedge R$

$\Leftrightarrow(\neg P\wedge R)\vee(Q\wedge R)$(析取范式)

$\Leftrightarrow(\neg P\wedge(Q\vee\neg Q)\wedge R)\vee((P\vee\neg P)\wedge Q\wedge R)$

$\Leftrightarrow(\neg P\wedge Q\wedge R)\vee(\neg P\wedge\neg Q\wedge R)\vee(P\wedge Q\wedge R)\vee(\neg P\wedge Q\wedge R)$(有重复的极小项)

$\Leftrightarrow(\neg P\wedge Q\wedge R)\vee(\neg P\wedge\neg Q\wedge R)\vee(P\wedge Q\wedge R)$(主析取范式).

又因为$(P\rightarrow Q)\wedge R$

$\Leftrightarrow(\neg P\vee Q)\wedge R$(合取范式)

$\Leftrightarrow(\neg P\vee Q\vee(R\wedge\neg R))\wedge((P\wedge\neg P)\vee R)$

$\Leftrightarrow(\neg P\vee Q\vee R)\wedge(\neg P\vee Q\vee\neg R)\wedge(P\vee R)\wedge(\neg P\vee R)$

$\Leftrightarrow(\neg P\vee Q\vee R)\wedge(\neg P\vee Q\vee\neg R)\wedge(P\vee(Q\wedge\neg Q)\vee R)\wedge(\neg P\vee(Q\wedge\neg Q)\vee R)$

$\Leftrightarrow(\neg P\vee Q\vee R)\wedge(\neg P\vee Q\vee\neg R)\wedge(P\vee Q\vee R)\wedge(P\vee\neg Q\vee R)\wedge(\neg P\vee Q\vee R)\wedge(\neg P\vee\neg Q\vee R)$

$\Leftrightarrow(\neg P\vee Q\vee R)\wedge(\neg P\vee Q\vee\neg R)\wedge(P\vee Q\vee R)\wedge(P\vee\neg Q\vee R)\wedge(\neg P\vee\neg Q\vee R)$(主合取范式).

定理 1.3 一个命题公式的真值表中，成真赋值对应的极小项的析取是该公式的主析取范式；成假赋值对应的极大项的合取是该公式的主合取范式.

证明略.

方法二(真值表法)

真值表法求主析取范式的主要步骤：

第 1 步：求公式的真值表；

第 2 步：找出所有的成真赋值，并形成对应的极小项的编码(注意编码的转化问题)；

第 3 步：将极小项的编码转化成极小项，得到主析取范式.

真值表法求主合取范式的主要步骤：

第 1 步：求公式的真值表；

第 2 步：找出所有的成假赋值，并形成对应的极大项的编码(注意编码的转化问题)；

第 3 步：将极大项的编码转化成极大项，得到主合取范式.

我们用真值表法再次求解例 1.28.

解 首先给出公式$(P\wedge Q)\vee(\neg P\wedge R)$的真值表见表 1-15.

表 1-15 $(P\wedge Q)\vee(\neg P\wedge R)$的真值表

P	Q	R	$(P\wedge Q)\vee(\neg P\wedge R)$
1	1	1	1
1	1	0	1
1	0	1	0
1	0	0	0
0	1	1	1
0	1	0	0
0	0	1	1
0	0	0	0

所以$(P\wedge Q)\vee(\neg P\wedge R)$的主析取范式为

$(P\wedge Q)\vee(\neg P\wedge R)$

$\Leftrightarrow m_{111}\vee m_{110}\vee m_{011}\vee m_{001}$

$\Leftrightarrow(P\wedge Q\wedge R)\vee(P\wedge Q\wedge\neg R)\vee(\neg P\wedge Q\wedge R)\vee(\neg P\wedge\neg Q\wedge R)$(主析取范式).

又 $(P\wedge Q)\vee(\neg P\wedge R)$

$\Leftrightarrow M_{101}\wedge M_{100}\wedge M_{010}\wedge M_{000}$

$\Leftrightarrow(\neg P\vee Q\vee\neg R)\wedge(\neg P\vee Q\vee R)\wedge(P\vee\neg Q\vee R)\wedge(P\vee Q\vee R)$(主合取范式).

这个结果与等值添项法一致. 读者可以用真值表法求解例 1.29.

主范式的性质:

(1) 主析取范式和主合取范式具有互补性(即它们的编码恰好构成全体赋值情况), 若已知主析取范式, 则可以得到主合取范式; 若已知主合取范式, 也可以得到主析取范式.

(2) 重言式的主析取范式是全体极小项的析取, 其主合取范式规定为 1; 矛盾式的主合取范式是全体极大项的合取, 其主析取范式规定为 0.

(3) 如果两个不同形式的公式等值, 则它们的真值表相同, 因而它们有相同的主范式.

(4) n 个命题变元可以构成 2^n 个极小项, 2^n 个极小项可以构成 2^{2^n} 个不等值的主析取范式(包括永假式, 它看作特殊的主析取范式, 即没有极小项), 因此, n 个命题变元可以构成 2^{2^n} 个不等值的命题公式.

例 1.30 设命题公式 A 的主析取范式是$(P\wedge\neg Q\wedge R)\vee(\neg P\wedge Q\wedge\neg R)\vee(\neg P\wedge Q\wedge R)$, 求 A 的主合取范式.

解 根据主析取范式和主合取范式具有互补性来求解本题.

$A\Leftrightarrow(P\wedge\neg Q\wedge R)\vee(\neg P\wedge Q\wedge\neg R)\vee(\neg P\wedge Q\wedge R)$

$\Leftrightarrow m_{101}\vee m_{010}\vee m_{011}$

$\Leftrightarrow M_{000}\wedge M_{001}\wedge M_{100}\wedge M_{110}\wedge M_{111}$

$\Leftrightarrow(P\vee Q\vee R)\wedge(P\vee Q\vee\neg R)\wedge(\neg P\vee Q\vee R)\wedge(\neg P\vee\neg Q\vee R)\wedge(\neg P\vee\neg Q\vee\neg R)$.

一个公式的主范式是唯一的(不考虑极小项和极大项的顺序). 主范式的主要用途在于:

(1) 规范命题公式的形式;

(2) 求公式的成真赋值和成假赋值;

(3) 判定公式是否等值;

(4) 实际应用等.

例 1.31 某公司需要从 A, B 和 C 这 3 名骨干人员中派 2 名到国外考察, 由于工作需要, 选派时需要满足以下条件:

(1) 若 A 去, 则 C 同去;

(2) 若 B 去, 则 C 不能去;

(3) 若 C 不去, 则 A 或 B 可以去.

请问如何安排?

解 设 P: A 去; Q: B 去; R: C 去;

条件符号化为 $(P\rightarrow R)\wedge(Q\rightarrow\neg R)\wedge(\neg R\rightarrow(P\vee Q))$.

用等值添项法或真值表法, 我们很容易得到条件的主析取范式为

$(P\rightarrow R)\wedge(Q\rightarrow\neg R)\wedge(\neg R\rightarrow(P\vee Q))$

$\Leftrightarrow(\neg P\wedge\neg Q\wedge R)\vee(\neg P\wedge Q\wedge\neg R)\vee(P\wedge\neg Q\wedge R)$.

因此, 符合条件的只有一种情况: A 去, B 不去, C 去.

如果只安排一个人参加, 则有两种情况: (1) A 不去, B 不去, C 去; (2) A 不去, B 去, C 不去.

例 1.32 设命题公式 A 等价于 $(P\vee\neg Q\vee R)\wedge(\neg P\vee Q\vee\neg R)\wedge(\neg P\wedge\neg Q\wedge R)$, 求公式 A 的成真赋值和成假赋值.

解 因为 $(P\vee\neg Q\vee R)\wedge(\neg P\vee Q\vee\neg R)\wedge(\neg P\wedge\neg Q\wedge R)$ 是由极大项的合取构成的, 即它是公式 A 的主合取范式. 在已知 A 的主合取范式时, 它的成假赋值容易通过编码得到, 即 $(P\vee\neg Q\vee R)\wedge(\neg P\vee Q\vee\neg R)\wedge(\neg P\wedge\neg Q\wedge R)\Leftrightarrow M_{010}\wedge M_{101}\wedge M_{110}$, 所以成假赋值为 (按照字母顺序) 010, 101, 110; 其他赋值都是 A 的成真赋值: 000, 001, 011, 100, 111.

例 1.33 设计一个简单的表决器: 表决器上有一个按钮, 若同意, 则表决者按下按钮; 若不同意, 则表决者不按按钮. 当表决结果超过半数时, 会场电铃会响, 否则电铃就不会响. 试以 3 名表决者为例设计表决电路的逻辑关系.

解 设 P, Q, R 为 3 个按钮, 其中 1 表示按下按钮, 0 表示不按按钮, S 表示电铃, 其中 1 表示电铃响, 0 表示电铃不响. 根据题意, 电铃 S 的响铃结果见表 1-16.

表 1-16 电铃 S 的响铃结果

P	Q	R	S
1	1	1	1
1	1	0	1
1	0	1	1
1	0	0	0
0	1	1	1
0	1	0	0
0	0	1	0
0	0	0	0

即 $S \Leftrightarrow (\neg P \wedge Q \wedge R) \vee (P \wedge \neg Q \wedge R) \vee (P \wedge Q \wedge \neg R) \vee (P \wedge Q \wedge R)$

$\Leftrightarrow ((\neg P \wedge Q \wedge R) \vee (P \wedge Q \wedge R)) \vee ((P \wedge \neg Q \wedge R) \vee (P \wedge Q \wedge R))$

$\vee ((P \wedge Q \wedge \neg R) \vee (P \wedge Q \wedge R))$

$\Leftrightarrow ((\neg P \vee P) \wedge Q \wedge R) \vee (P \wedge (\neg Q \vee Q) \wedge R) \vee (P \wedge Q \wedge (\neg R \vee R))$

$\Leftrightarrow (1 \wedge Q \wedge R) \vee (P \wedge 1 \wedge R) \vee (P \wedge Q \wedge 1)$

$\Leftrightarrow (Q \wedge R) \vee (P \wedge R) \vee (P \wedge Q)$.

其电路图如图 1.5 所示.

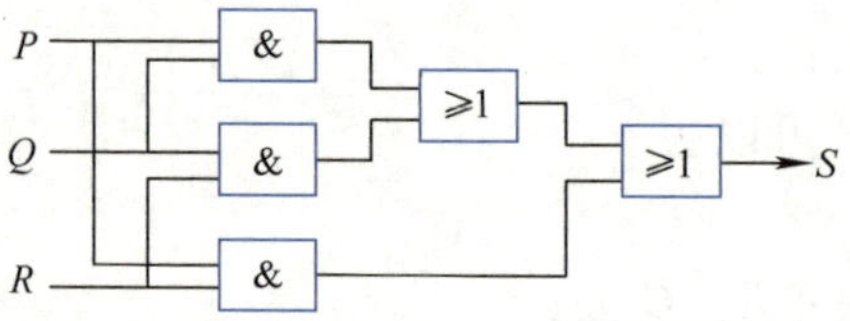

图 1.5

例 1.34 张三说李四在说谎，李四说王五在说谎，王五说张三、李四都在说谎. 问张三、李四和王五 3 个人到底谁在说真话，谁在说假话？

解 设 P：张三在说谎；Q：李四在说谎；R：王五在说谎. 根据题意可得，张三在说谎当且仅当李四没有说谎，李四在说谎当且仅当王五没有说谎，王五在说谎当且仅当张三、李四都在说谎的否定，即 $P \leftrightarrow \neg Q$，$Q \leftrightarrow \neg R$，$R \leftrightarrow \neg (P \wedge Q)$.

由已知复合命题记为 $S = (P \leftrightarrow \neg Q) \wedge (Q \leftrightarrow \neg R) \wedge (R \leftrightarrow \neg (P \wedge Q))$，其真值表见表 1-17.

表 1-17 复合命题 S 的真值表

P	Q	R	$P \leftrightarrow \neg Q$	$Q \leftrightarrow \neg R$	$R \leftrightarrow \neg (P \wedge Q)$	S
0	0	0	0	0	0	0
0	0	1	0	1	1	0
0	1	0	1	1	0	0
0	1	1	1	0	1	0
1	0	0	1	0	0	0
1	0	1	1	1	1	1
1	1	0	0	1	1	0
1	1	1	0	0	0	0

由 S 的真值表求得其主析取范式为

$$S = (P \leftrightarrow \neg Q) \wedge (Q \leftrightarrow \neg R) \wedge (R \leftrightarrow \neg (P \wedge Q)) \Leftrightarrow P \wedge \neg Q \wedge R.$$

所以，张三在说谎，李四在说真话，王五在说谎.

1.4 联结词的完备集

1.4.1 *n* 元真值函数

n 元函数就是有 n 个自变量的函数，**n 元真值函数**就是自变量和函数值都是真值(即 0 或 1)的函数. 含有 1 个命题变元的一元真值函数共有 4 个，见表 1-18. 含有 2 个命题变元的二元真值函数共有 16 个，见表 1-19，依次类推 n 元真值函数有 2^{2^n} 个.

表 1-18　含有 1 个命题变元的一元真值函数

P	$F_0^{(1)}$	$F_1^{(1)}$	$F_2^{(1)}$	$F_3^{(1)}$
0	0	0	1	1
1	0	1	0	1

表 1-19　含有 2 个命题变元的二元真值函数

P	Q	$F_0^{(2)}$	$F_1^{(2)}$	$F_2^{(2)}$	$F_3^{(2)}$	$F_4^{(2)}$	$F_5^{(2)}$	$F_6^{(2)}$	$F_7^{(2)}$
0	0	0	0	0	0	0	0	0	0
0	1	0	0	0	0	1	1	1	1
1	0	0	0	1	1	0	0	1	1
1	1	0	1	0	1	0	1	0	1
P	Q	$F_8^{(2)}$	$F_9^{(2)}$	$F_{10}^{(2)}$	$F_{11}^{(2)}$	$F_{12}^{(2)}$	$F_{13}^{(2)}$	$F_{14}^{(2)}$	$F_{15}^{(2)}$
0	0	1	1	1	1	1	1	1	1
0	1	0	0	0	0	1	1	1	1
1	0	0	0	1	1	0	0	1	1
1	1	0	1	0	1	0	1	0	1

对于每个真值函数，都可以找到许多与之等值的命题公式. 以二元真值函数为例，所有矛盾式都与 $F_0^{(2)}$ 等值，所有的重言式都与 $F_{15}^{(2)}$ 等值. 又如 $F_{13}^{(2)} \Leftrightarrow P \to Q \Leftrightarrow \neg P \vee Q$ 等. 每个真值函数与唯一的一个主析取范式(主合取范式)等值. 还以二元真值函数为例，$F_0^{(2)} \Leftrightarrow 0$(即所有的矛盾式没有主析取范式)，$F_1^{(2)} \Leftrightarrow P \wedge Q$，$F_2^{(2)} \Leftrightarrow P \wedge \neg Q$，$F_3^{(2)} \Leftrightarrow (P \wedge \neg Q) \vee (P \wedge Q)$，…，$F_{15}^{(2)} \Leftrightarrow (P \wedge Q) \vee (P \wedge \neg Q) \vee (\neg P \wedge Q) \vee (\neg P \wedge \neg Q)$(即重言式). 每个主析取范式对应无穷多个与之等价的命题公式，所以每个真值函数对应无穷多个与之等价的命题公式. 每个命题公式对应唯一的与之等值的真值函数. 另外，根据主范式的互补的性质，每个主合取范式对应无穷多个与之等价的命题公式.

1.4.2　联结词完备集

命题公式是由命题变元、命题联结词和括号组成的符号串. 由基本等价定律知 $P \to Q \Leftrightarrow \neg P \vee Q$，$P \leftrightarrow Q \Leftrightarrow (P \to Q) \wedge (Q \to P) \Leftrightarrow (\neg P \vee Q) \wedge (\neg Q \vee P)$，“$\to$”和“$\leftrightarrow$”可用“$\neg$，$\wedge$，$\vee$”等价表示. 因此我们可以寻找联结词集合，使得任何命题公式都可以用这个联结词集合等价表示.

定义 1.15　设 S 是一个联结词集合，如果任何 $n(n \geqslant 1)$ 元真值函数都可以由仅含 S 中的联结词构成的公式表示，则称 S 是**联结词完备集**.

例 1.35　根据定义 1.14 下列联结词集合都是完备集.

(1) $S_1 = \{\neg, \wedge, \vee, \to, \leftrightarrow\}$；

(2) $S_2 = \{\neg, \wedge, \vee, \leftrightarrow\}$；

(3) $S_3 = \{\neg, \wedge, \vee, \to\}$；

(4) $S_4 = \{\neg, \wedge, \vee\}$；

(5) $S_5=\{\neg, \wedge\}$;

(6) $S_6=\{\neg, \vee\}$;

(7) $S_7=\{\neg, \rightarrow\}$.

证明 (1)(2)和(3)成立是显然的.

(4) 由于任何命题公式都可以转化为与之等价的主范式，而主范式只含否定、合取和析取联结词，所以(4)是完备集.

(5)由于析取可以转化为否定与合取，即 $P\vee Q\Leftrightarrow\neg\neg(P\vee Q)\Leftrightarrow\neg(\neg P\wedge\neg Q)$；单条件可以转化为否定与析取，即 $P\rightarrow Q\Leftrightarrow\neg P\vee Q$；双条件可以转化为单条件与合取，即 $P\leftrightarrow Q\Leftrightarrow(P\rightarrow Q)\wedge(Q\rightarrow P)$；因此(5)是完备集.

(6)与(5)的证明类似.

(7)由于合取可以转化为单条件与否定，即 $P\wedge Q\Leftrightarrow\neg\neg(P\wedge Q)\Leftrightarrow\neg(\neg P\vee\neg Q)\Leftrightarrow\neg(P\rightarrow\neg Q)$；而析取可以转化为否定与合取，即 $P\vee Q\Leftrightarrow\neg\neg(P\vee Q)\Leftrightarrow\neg(\neg P\wedge\neg Q)$；而双条件可以转化为单条件和合取，即 $P\leftrightarrow Q\Leftrightarrow(P\rightarrow Q)\wedge(Q\rightarrow P)$. 所以(7)是完备集.

例 1.36 试将公式 $(P\rightarrow(Q\vee\neg R))\wedge(\neg P\wedge Q)$ 用联结词的完备集 $\{\neg, \vee\}$ 等价表示.

解 $(P\rightarrow(Q\vee\neg R))\wedge(\neg P\wedge Q)$

$\Leftrightarrow(\neg P\vee(Q\vee\neg R))\wedge\neg P\wedge Q$

$\Leftrightarrow((\neg P\vee(Q\vee\neg R))\wedge\neg P)\wedge Q$ （结合律）

$\Leftrightarrow\neg P\wedge Q$ （吸收律）

$\Leftrightarrow\neg\neg(\neg P\wedge Q)$

$\Leftrightarrow\neg(P\vee\neg Q)$.

1.4.3 单元联结词构成的联结词完备集

人们还可构造形式上更为简单的联结词完备集. 在计算机硬件设计中，用与非门或者或非门来设计逻辑线路时，就需要构造新联结词完备集.

定义 1.16 设 P、Q 为两个命题，复合命题"P 与 Q 的否定式"称作 P、Q 的与非式，记作 $P\uparrow Q$. 符号 $\uparrow$ 称作与非联结词. $P\uparrow Q$ 为真当且仅当 P 与 Q 不同时为真. 与非的真值表见表 1-20.

定义 1.17 设 P、Q 为两个命题，复合命题 "P 或 Q 的否定式"称作 P、Q 的或非式，记 $P\downarrow Q$. 符号 $\downarrow$ 称作或非联结词. $P\downarrow Q$ 为真当且仅当 P 与 Q 同时为假. 或非的真值表见表 1-20.

表 1-20 与非和或非的真值表

P	Q	$P\uparrow Q$	$P\downarrow Q$
1	1	0	0
1	0	1	0
0	1	1	0
0	0	1	1

由定义不难看出：$P\uparrow Q\Leftrightarrow\neg(P\wedge Q)$，$P\downarrow Q\Leftrightarrow\neg(P\vee Q)$.

定理 1.4　{↑}，{↓}都是联结词完备集.

证明　已知{¬，∧，∨}为联结词完备集，因而只需证明其中的每个联结词都可以由↑定义即可. 而

$\neg P \Leftrightarrow \neg(P \wedge P) \Leftrightarrow P \uparrow P$;

$P \wedge Q \Leftrightarrow \neg\neg(P \wedge Q) \Leftrightarrow \neg(P \uparrow Q) \Leftrightarrow (P \uparrow Q) \uparrow (P \uparrow Q)$;

$P \vee Q \Leftrightarrow \neg\neg(P \vee Q) \Leftrightarrow \neg(\neg P \wedge \neg Q) \Leftrightarrow \neg P \uparrow \neg Q \Leftrightarrow (P \uparrow P) \uparrow (Q \uparrow Q)$.

这说明与非可以表示否定、合取和析取联结词，而

$P \rightarrow Q \Leftrightarrow \neg P \vee Q$，$P \leftrightarrow Q \Leftrightarrow (P \rightarrow Q) \wedge (Q \rightarrow P)$.

所以，否定、合取、析取、单条件和双条件都可以用与非表示.

又因为$\neg P \Leftrightarrow \neg(P \vee P) \Leftrightarrow P \downarrow P$;

$P \wedge Q \Leftrightarrow \neg\neg(P \wedge Q) \Leftrightarrow \neg(\neg P \vee \neg Q) \Leftrightarrow \neg P \downarrow \neg Q \Leftrightarrow (P \downarrow P) \downarrow (Q \downarrow Q)$;

$P \vee Q \Leftrightarrow \neg\neg(P \vee Q) \Leftrightarrow \neg(P \downarrow Q) \Leftrightarrow (P \downarrow Q) \downarrow (P \downarrow Q)$,

这说明或非可以表示否定、合取和析取联结词，而

$P \rightarrow Q \Leftrightarrow \neg P \vee Q$，$P \leftrightarrow Q \Leftrightarrow (P \rightarrow Q) \wedge (Q \rightarrow P)$.

所以，否定、合取、析取、单条件和双条件都可以用或非表示. 因此，{↑}，{↓}都是联结词完备集.

读者可以自己思考：能否找到其他二元联结词，其单个联结词就能构成联结词的完备集？

1.5　命题推理理论

人工智能的重要研究内容是知识的表示与推理，如果将知识用命题符号化的形式给出后，如何按照一定的规则推导出新的结论是一个重要的内容. 本节将介绍一些经典的命题推理规则和推理方法. 一般说来，根据经验，如果前提是真的，那么根据提供的推理规则所推出的结论也应该是真的. 给出一些推理规则，从前提出发推导出结论，这种结论称为有效结论，这种论证过程称为有效论证. 在数理逻辑中，重点研究的是推理的有效性，而不是通常所说的正确性. 只有在前提都为真命题时，由此而推导出的有效结论才为真命题，由于通常作为前提并非是永真式，所以它的有效结论并不一定都是真命题. 因为当前提为假时，不论结论是否为真，前提都是可以得到结论的. 这一点与通常实际中应用的推理是不同的.

定义 1.18　设$H_1,H_2,\cdots,H_n,B$都是命题公式，对于$H_1,H_2,\cdots,H_n,B$中出现的命题变元任意一组赋值，或者有$H_1 \wedge H_2 \wedge \cdots \wedge H_n$为假，或者当$H_1 \wedge H_2 \wedge \cdots \wedge H_n$为真时$B$也为真，即$H_1 \wedge H_2 \wedge \cdots \wedge H_n \rightarrow B$为重言式，称由前提$H_1,H_2,\cdots,H_n$推出的结论$B$是**有效的**，或者称$B$是$H_1,H_2,\cdots,H_n$的**有效结论(逻辑结论)**，记为$H_1 \wedge H_2 \wedge \cdots \wedge H_n \Rightarrow B$.

由定义1.18可知，要证明B是$H_1,H_2,\cdots,H_n$的有效结论，关键是要证明$H_1 \wedge H_2 \wedge \cdots \wedge H_n \rightarrow B$是重言式. 根据前面几节的讨论可知，可以用真值表法、等值演算(或等值添项等)和主范式的方法证明$H_1 \wedge H_2 \wedge \cdots \wedge H_n \rightarrow B$是否是永真式. 但是，在前提和结论中，若命题变元的数目较大时，使用真值表的方法、等值演算、等值添项和主范式的方法都显得很麻烦. 此时可以采用以下方法进行证明. 因此，接下来引入构造论证的方法，这种方法需要一些等值定律和推理规则，分别见表1-21和表1-22.

刘徽(约 225—约 295)，魏晋时期伟大的数学家，中国古典数学理论的奠基人之一．他不仅在数学领域贡献卓越，尤其是在《九章算术注》和《海岛算经》中展示了其深厚的数学造诣，而且他也是中国最早明确主张用逻辑推理的方式来论证数学命题的数学家．他通过逻辑推理和证明，为数学命题提供了更为严谨和系统的支撑，推动了数学和逻辑学的发展．他的工作为中国数学和逻辑学的发展奠定了坚实的基础，被誉为“中国数学史上的牛顿”．

表 1-21　等值定律

序号	等值公式	公式名称
1	$\neg\neg P\Leftrightarrow P$	双重否定律
2	$P\wedge P\Leftrightarrow P$ $P\vee P\Leftrightarrow P$	幂等律
3	$P\wedge Q\Leftrightarrow Q\wedge P$ $P\vee Q\Leftrightarrow Q\vee P$	交换律
4	$(P\wedge Q)\wedge R\Leftrightarrow P\wedge(Q\wedge R)$ $(P\vee Q)\vee R\Leftrightarrow P\vee(Q\vee R)$	结合律
5	$P\wedge(Q\vee R)\Leftrightarrow(P\wedge Q)\vee(P\wedge R)$ $P\vee(Q\wedge R)\Leftrightarrow(P\vee Q)\wedge(P\vee R)$	分配律
6	$\neg(P\wedge Q)\Leftrightarrow\neg P\vee\neg Q$ $\neg(P\vee Q)\Leftrightarrow\neg P\wedge\neg Q$	德摩根律
7	$P\vee(P\wedge Q)\Leftrightarrow P$ $P\wedge(P\vee Q)\Leftrightarrow P$	吸收律
8	$P\vee\neg P\Leftrightarrow 1$	排中律
9	$P\wedge\neg P\Leftrightarrow 0$	矛盾律
10	$P\vee 1\Leftrightarrow 1$，$P\vee 0\Leftrightarrow 0$	零律
11	$P\vee 0\Leftrightarrow P$，$P\wedge 1\Leftrightarrow P$	同一律
12	$P\to Q\Leftrightarrow\neg P\vee Q$	蕴涵等值式
13	$P\leftrightarrow Q\Leftrightarrow(P\to Q)\wedge(Q\to P)$	等价等值式
14	$P\to Q\Leftrightarrow\neg Q\to\neg P$	假言易位
15	$P\leftrightarrow Q\Leftrightarrow\neg P\leftrightarrow\neg Q$	等价否定等值式

表 1-22　推理规则

序号	规则	规则名称
1	$P\wedge Q\Rightarrow P$ $P\wedge Q\Rightarrow Q$	化简规则
2	$P\Rightarrow P\vee Q$ $Q\Rightarrow P\vee Q$	附加规则

（续）

序号	规则	规则名称
3	$P,\ Q \Rightarrow P \wedge Q$	合取引入规则
4	$P \wedge (P \rightarrow Q) \Rightarrow Q$	假言推理规则
5	$\neg Q \wedge (P \rightarrow Q) \Rightarrow \neg P$	拒取式规则
6	$\neg P \wedge (P \vee Q) \Rightarrow Q$	析取三段论规则
7	$(P \rightarrow Q) \wedge (Q \rightarrow R) \Rightarrow P \rightarrow R$	假言三段论规则
8	$(P \vee Q) \wedge (P \rightarrow R) \wedge (Q \rightarrow R) \Rightarrow R$	构造性二难规则
9	在证明过程中引入前提	前提引入规则（P 规则）
10	在证明过程中引入得到的结论	结论引入规则（T 规则）
11	在证明过程中用到等值公式（见表 1-21 的等值式）	置换规则

下面举例说明推理定律和推理规则的应用.

例 1.37 前提：$P \rightarrow (Q \rightarrow R)$，$S \rightarrow P$，$Q$，

结论：$\neg S \vee R$.

证明
① $P \rightarrow (Q \rightarrow R)$ 前提引入
② $\neg P \vee (\neg Q \vee R)$ ①置换
③ $\neg Q \vee (\neg P \vee R)$ ②置换
④ $Q \rightarrow (P \rightarrow R)$ ③置换
⑤ Q 前提引入
⑥ $P \rightarrow R$ ④⑤假言推理
⑦ $S \rightarrow P$ 前提引入
⑧ $S \rightarrow R$ ⑥⑦假言三段论
⑨ $\neg S \vee R$ ⑧置换

例 1.38 前提：$P \vee Q$，$Q \rightarrow R$，$P \rightarrow S$，$\neg S$，

结论：$(P \vee Q) \wedge R$.

证明
① $P \rightarrow S$ 前提引入
② $\neg S$ 前提引入
③ $\neg P$ ①②拒取式
④ $P \vee Q$ 前提引入
⑤ Q ③④析取三段论
⑥ $Q \rightarrow R$ 前提引入
⑦ R ⑤⑥假言推理
⑧ $(P \vee Q) \wedge R$ ④⑦合取引入

以上两个例子主要是直接证明的方法，下面讨论两种间接证明的方法.

1. 附加前提法（CP 规则法）

如果要证明的结论是条件式，如 $H_1 \wedge H_2 \wedge \cdots \wedge H_n \Rightarrow B \rightarrow C$，根据有效结论的定义，即证明 $H_1 \wedge H_2 \wedge \cdots \wedge H_n \rightarrow (B \rightarrow C)$ 是重言式. 因为

$H_1 \wedge H_2 \wedge \cdots \wedge H_n \to (B \to C)$

$\Leftrightarrow \neg (H_1 \wedge H_2 \wedge \cdots \wedge H_n) \vee (\neg B \vee C)$

$\Leftrightarrow (\neg (H_1 \wedge H_2 \wedge \cdots \wedge H_n) \vee \neg B) \vee C$

$\Leftrightarrow \neg (H_1 \wedge H_2 \wedge \cdots \wedge H_n \wedge B) \vee C$

$\Leftrightarrow H_1 \wedge H_2 \wedge \cdots \wedge H_n \wedge B \to C$,

所以 $H_1 \wedge H_2 \wedge \cdots \wedge H_n \wedge B \to C$ 是重言式，即 $H_1 \wedge H_2 \wedge \cdots \wedge H_n \wedge B \Rightarrow C$. 这种将结论的前件作为一个已知条件和已有的已知条件一起证明结论后件的方法称为**附加前提法**(或 **CP 规则法**).

例 1.37 中，要证明的结论是一个析取式，可由 $\neg S \vee R \Leftrightarrow S \to R$ 将其转化为一个条件式，再用 CP 规则法证明.

证明 ① S　　附加前提引入
② $S \to P$　　前提引入
③ P　　①②假言推理
④ $P \to (Q \to R)$　　前提引入
⑤ $Q \to R$　　③④假言推理
⑥ Q　　前提引入
⑦ R　　⑤⑥假言推理
⑧ $S \to R$　　①⑦ CP 规则
⑨ $\neg S \vee R$　　⑧置换

例 1.39 如果今天是劳动节，我们就要去洪崖洞或磁器口玩；如果磁器口游人太多，我们就不去磁器口玩；今天是劳动节且磁器口游人太多. 所以，我们去洪崖洞玩. 判断上述推理是否有效?

分析：首先根据题意找出其中的原子命题，以“;”或“.”为标志分离出每一个前提，通常表示结论的词“所以”或“因此”后面为结论，最后将整段文字符号化.

解 设 P：今天是劳动节；Q：我们去洪崖洞玩；R：我们去磁器口玩；S：磁器口游人太多.

前提符号化为 $P \to (Q \vee R)$，$S \to \neg R$，$P \wedge S$，

结论符号化为 Q.

证明 ① $P \wedge S$　　前提引入
② S　　①化简
③ $S \to \neg R$　　前提引入
④ $\neg R$　　②③假言推理
⑤ P　　①化简
⑥ $P \to (Q \vee R)$　　前提引入
⑦ $Q \vee R$　　⑤⑥假言推理
⑧ Q　　⑤⑦析取三段论

所以，推理是有效的.

2. 归谬法(反证法)

要证 $H_1 \wedge H_2 \wedge \cdots \wedge H_n \Rightarrow B$，即证明 $H_1 \wedge H_2 \wedge \cdots \wedge H_n \to B$ 是重言式，因为

$H_1 \wedge H_2 \wedge \cdots \wedge H_n \rightarrow B$

$\Leftrightarrow \neg (H_1 \wedge H_2 \wedge \cdots \wedge H_n) \vee B$

$\Leftrightarrow \neg (H_1 \wedge H_2 \wedge \cdots \wedge H_n \wedge \neg B)$，

所以证明 $H_1 \wedge H_2 \wedge \cdots \wedge H_n \rightarrow B$ 是重言式可以转化为证明 $H_1 \wedge H_2 \wedge \cdots \wedge H_n \wedge \neg B$ 为矛盾式.

例 1.40 前提：$P \vee Q$，$P \rightarrow R$，$Q \rightarrow R$，

结论：R.

证明

① $\neg R$　　结论否定引入

② $P \rightarrow R$　　前提引入

③ $\neg P$　　①②拒取式

④ $P \vee Q$　　前提引入

⑤ Q　　③④析取三段论

⑥ $Q \rightarrow R$　　前提引入

⑦ R　　⑤⑥假言推理

⑧ $R \wedge \neg R$　　①⑦合取引入，矛盾

所以，结论是有效的.

例 1.41 将例 1.37 中的证明用归谬法证明.

前提：$P \rightarrow (Q \rightarrow R)$，$S \rightarrow P$，$Q$，

结论：$\neg S \vee R$.

证明

① $\neg (\neg S \vee R)$　　结论否定引入

② $S \wedge \neg R$　　①置换

③ S　　②化简

④ $S \rightarrow P$　　前提引入

⑤ P　　③④假言推理

⑥ $P \rightarrow (Q \rightarrow R)$　　前提引入

⑦ $Q \rightarrow R$　　⑤⑥假言推理

⑧ Q　　前提引入

⑨ R　　⑦⑧假言推理

⑩ $\neg R$　　②化简

⑪ $R \wedge \neg R$　　⑨⑩合取引入，矛盾

所以，结论是有效的.

命题逻辑是数理逻辑的基础，这里讲述的直接推理和间接推理方法都是一些基本推理模型，为后继谓词逻辑打下基础.

习题 1

1. 下列语句哪些是命题，哪些不是命题？如果是命题，请指出真值情况.

(1) 数理逻辑是用数学方法研究逻辑或形式逻辑的学科.

(2) 3 能被 6 整除.

(3) 我喜欢看音乐剧.

(4) 今天的努力，明天的实力！

(5) 此处禁止喧哗.

(6) 你今天会完成报告吗？

(7) 如果 $x>5$，则 $x>4$.

(8) $x-2y=1$.

(9) 宇宙中存在除地球之外的有生命的星球.

(10) 我正在说谎.

(11) 如果2是素数，则太阳从西边升起.

(12) 小刚和小明是好朋友.

2. 将下列命题符号化.

(1) 并不是没有最小的自然数.

(2) 我们虽然失败了很多次，但我们没有放弃.

(3) 这本书和那本书一样好.

(4) 如果我是一名音乐家，那么我将用音乐来表达情感.

(5) 只要天下雨，我们就不去看电影.

(6) 只有天下雨，我才待在家里看书.

(7) 除非你认真听课，否则你的成绩不会好.

(8) 两个三角形全等当且仅当两个三角形的三边对应相等.

(9) 如果你缺考或迟到15min以上，你就不能进入考场.

(10) 我点外卖，仅当我没时间去吃饭.

(11) 除非你们出具邀请函或发邮件通知我，否则我不会参加这次活动.

(12) 明天我在办公室当且仅当 $1+1=2$ 或0是奇数.

3. 试求下列各对比特串的按位OR、按位AND及按位XOR.

(1) 101 1110，010 0001.

(2) 1111 0000，1010 1010.

(3) 00 0111 0001，10 0100 1000.

(4) 11 1111 1111，00 0000 0000.

4. 设原子命题 P：$2+3=5$，Q：大熊猫是中国的国宝，R：4是素数，S：所有的鸟都能飞行. 试求下列复合命题的真值.

(1) $P\vee(Q\wedge R)\vee\neg S$.

(2) $\neg R\rightarrow(\neg P\vee\neg Q\vee S)$.

(3) $(P\wedge Q\wedge\neg R)\leftrightarrow((\neg P\vee\neg Q)\rightarrow S)$.

(4) $(P\rightarrow Q)\wedge(\neg R\leftrightarrow P)$.

(5) $\neg(P\wedge Q)\rightarrow\neg R$.

(6) $\neg(P\wedge Q\vee R)\rightarrow((P\vee S)\wedge Q)$.

5. 试判断下列符号串是否为命题公式.

(1) $((P\wedge(Q\vee R))\leftrightarrow(Q\wedge((\neg S)\rightarrow R)))$.

(2) $(\neg P)\rightarrow Q\wedge$.

(3) $P\rightarrow\neg P\wedge Q$.

(4) $((P\vee\neg Q)\wedge(Q\wedge R)\leftrightarrow(S\rightarrow R)$.

(5) $(P\vee\neg R)+Q$.

(6) $(\neg R\leftrightarrow(P\rightarrow Q))\vee 1$.

6. 设命题 P：离散数学很有趣，Q：习题很难，R：这门课深受同学们喜欢. 将下列命题符号化.

(1) 离散数学很有趣，但习题却很难.

(2) 只有离散数学很有趣，习题也不难，这门课才深受同学们喜欢.

(3) 或者离散数学很有趣，或者习题很难，二者必居其一.

(4) 这门课深受同学们喜欢当且仅当离散数学很有趣且习题不难.

(5) 如果离散数学很有趣，这门课就深受同学们喜欢；或者如果习题不难，这门课也深受同学们喜欢.

7. 试求下列命题公式的真值表，并判断公式的类型.

(1) $(P\rightarrow Q)\leftrightarrow(\neg Q\wedge P)$.

(2) $P\wedge(P\rightarrow Q)\rightarrow Q$.

(3) $(P\rightarrow Q)\leftrightarrow R$.

(4) $(P\wedge Q)\vee(P\wedge\neg Q)\vee(\neg P\wedge Q)\vee(\neg P\wedge\neg Q)$.

(5) $(((P\rightarrow Q)\leftrightarrow(\neg Q\rightarrow P))\vee\neg R)$.

(6) $(P\wedge\neg(Q\rightarrow R))\wedge(P\wedge Q\wedge R)$.

8. 证明下列公式等价.

(1) $\neg P\rightarrow(P\rightarrow Q)\Leftrightarrow P\rightarrow(\neg Q\rightarrow P)$.

(2) $P\rightarrow(Q\rightarrow R)\Leftrightarrow(P\wedge Q)\rightarrow R$.

(3) $\neg(P\leftrightarrow Q)\Leftrightarrow(P\vee Q)\wedge\neg(P\wedge Q)\Leftrightarrow(P\wedge\neg Q)\vee(\neg P\wedge Q)$.

(4) $\neg(P\leftrightarrow Q)\Leftrightarrow\neg P\leftrightarrow Q\Leftrightarrow P\leftrightarrow\neg Q$.

9. 化简下列各式.

(1) $(P\wedge(P\rightarrow Q))\rightarrow Q$.

(2) $\neg A\rightarrow(\neg A\vee Q)$.

(3) $((\neg P\vee Q)\wedge(Q\rightarrow\neg P))\rightarrow(P\rightarrow R)$.

(4) $\neg(\neg Q\vee\neg R)\vee\neg(Q\rightarrow R)$.

(5) $P\wedge(((P\vee Q)\wedge\neg P)\rightarrow Q)$.

(6) $(\neg P\wedge(\neg Q\wedge R))\vee((Q\wedge R)\vee(P\wedge R))$.

10. 已知 $P\rightarrow(P\wedge Q)$ 为矛盾式，试判断 $(P\rightarrow(P\vee Q))\wedge(\neg(P\leftrightarrow Q)\vee(\neg Q\wedge\neg P))$ 及 $(P\vee\neg Q)\wedge(\neg P\vee Q)$ 的真值.

11. 已知 $((P\rightarrow\neg Q)\wedge Q)\vee((P\vee\neg Q)\wedge\neg P)$ 为矛盾式，试判断公式 $\neg P\leftrightarrow(\neg P\wedge Q)$ 及 $(\neg P\wedge Q)\rightarrow(P\vee\neg Q)$ 的真值.

12. 判定下列命题是否正确.

(1) 若 $A\vee B\Leftrightarrow C\vee B$，则有 $A\Leftrightarrow C$？

(2) 若 $A\wedge B\Leftrightarrow C\wedge B$，则有 $A\Leftrightarrow C$？

(3) 若 $\neg A\Leftrightarrow\neg B$，则有 $A\Leftrightarrow B$？

(4) 若 $A\to B\Leftrightarrow C\to B$，则有 $A\Leftrightarrow C$？

(5) 若 $A\leftrightarrow B\Leftrightarrow C\leftrightarrow B$，则有 $A\Leftrightarrow C$？(这里 A，B，C 都是公式).

13. 下列陈述句是否是命题，如果是命题，是真命题还是假命题？

(1) 永真式的否定是一个永假式.

(2) 永假式的否定是一个永真式.

(3) 任何两个永真式的合取，仍然是一个永真式.

(4) 任何两个永真式的析取，仍然是一个永真式.

(5) 任何两个永假式的合取，仍然是一个永假式.

(6) 任何两个永假式的析取，仍然是一个永假式.

14. 下列命题公式哪些是析取范式？哪些是合取范式？

(1) $(P\wedge\neg Q)\vee(Q\wedge R)$.

(2) $(P\vee Q)\wedge(\neg P\vee\neg Q)$.

(3) $(P\wedge R)\vee\neg Q$.

(4) $(\neg P\vee\neg Q)\wedge P$.

(5) $P\vee\neg Q$.

(6) $P\wedge\neg Q\wedge R$.

(7) P.

(8) $\neg Q$.

(9) 1.

(10) 0.

15. 下列由 3 个命题变元 P，Q，R 组成的命题公式中，试指出哪些是主析取范式？哪些是主合取范式？

(1) $(\neg P\wedge Q\wedge\neg R)\vee(P\wedge\neg Q\wedge R)$.

(2) $(\neg P\vee\neg Q\vee\neg R)\wedge(P\vee Q\vee R)$.

(3) $(P\wedge Q\wedge R)\vee\neg P$.

(4) $(P\vee R)\wedge(\neg P\vee Q\vee\neg R)$.

(5) $\neg P\vee Q\vee\neg R$.

(6) $P\wedge\neg Q\wedge\neg R$.

(7) 1.

(8) 0.

16. 把下列各式化为析取范式.

(1) $(P\to\neg Q)\to R$.

(2) $P\to((P\vee Q)\to R)$.

17. 把下列各式化为合取范式.

(1) $P\to(Q\to R)$.

(2) $\neg P\vee(\neg Q\to\neg R)$.

18. 求出下列各式的主析取范式和主合取范式.

(1) $\neg((P\wedge Q)\vee R)\to R$.

(2) $P\to(P\wedge(Q\to P))$.

(3) $(\neg P\wedge Q)\vee(R\wedge P)$.

(4) $(P\to Q)\wedge(Q\to R)$.

(5) $(P\wedge Q)\vee(\neg P\wedge Q\wedge R)$.

(6) $\neg(P\vee Q)\to\neg R$.

(7) $\neg((P\to Q)\vee Q\vee R)$.

(8) $(P\vee(Q\wedge R))\to(P\vee Q\vee R)$.

19. 从 A，B，C，D 这 4 位同学中选派 2 人参加本次学校组织的出国游学活动，要求满足下述条件：如果 A 参加，则必须在 C 或 D 中选 1 人参加；B 和 C 中选 1 人参加；C 和 D 中选 1 人参加. 试用主范式分析选派方案.

20. 一家航空公司为了保证安全，用计算机复核飞行计划. 每台计算机能给出飞行计划正确或有误的回答. 由于计算机有可能发生故障，因此采用 3 台计算机同时复核. 由所给答案，再根据“少数服从多数”的原则做出判断，试将结果用命题公式表示，并加以简化，画出电路图.

21. 回答下列问题：

(1) $\{\neg,\leftrightarrow\}$ 是否为联结词完备集？

(2) $\{\neg,\wedge,\vee,\to,\leftrightarrow\}$ 中有无单元素构成联结词完备集？

22. 将下列公式转化为只含 $\{\neg,\wedge\}$ 中的联结词的等价公式.

(1) $(P\to Q)\vee R$.

(2) $P\leftrightarrow Q$.

23. 将下列公式转化为只含 $\{\neg,\vee\}$ 中的联结词的等价公式.

(1) $(P\wedge Q)\to R$.

(2) $(\neg P\wedge Q)\vee(P\to Q)$.

24. 将下列公式转化为只含与非联结词的等价公式.

(1) $P\leftrightarrow Q$.

(2) $(\neg P\wedge Q)\vee(P\to Q)$.

25. 用命题推理理论构造下列推理.

(1) 前提：$P\to Q$，$\neg(Q\wedge R)$，R，

结论：$\neg P$.

(2) 前提：$P\to Q$，$\neg Q\vee R$，$S\vee\neg R$，

结论：$P\to S$.

（3）前提：$P \lor Q$，$Q \to R$，$P \to S$，$\neg S$，
结论：$(P \lor Q) \land R$.

（4）前提：$P \to (Q \to (R \land S))$，$P$，
结论：$Q \to S$.

（5）前提：$(P \lor Q) \to (R \land S)$，$(S \lor T) \to U$，
结论：$P \to U$.

（6）前提：$\neg (P \to Q) \to \neg (R \lor S)$，$(Q \to P) \lor \neg R$，$R$，
结论：$P \leftrightarrow Q$.

（7）前提：$P \to (Q \to R)$，P，Q，
结论：$R \lor S$.

（8）前提：$Q \to P$，$Q \leftrightarrow S$，$S \leftrightarrow T$，$T \land R$，
结论：$P \land Q \land R$.

26. 判断下列命题推理的有效性.

（1）若下午气温超过30℃，则我们要上游泳课；若我们要上游泳课，我们就不上数学课；所以，若我们上数学课，那么下午气温没有超过30℃.

（2）如果今天有马拉松比赛，那么我去当志愿者或去图书馆上自习；如果我没有面试成功，那么我不去当志愿者；今天有马拉松比赛，但我没有面试成功. 所以我去图书馆上自习.

（3）如果认真，他就能写得好；如果方法对，他就能写得快；他写得不好或者写得不快. 所以他不认真或者方法不对.

（4）端午节有甲、乙、丙、丁4支队伍进行划龙舟比赛，如果甲队第三，则当乙队第二时，丙队第四；或者丁队不是第一，或者甲队第三；事实上，乙队第二. 因此，如果丁队第一，那么丙队第四.

（5）如果王平到过案发现场并且11点以前没有离开，则王平犯盗窃罪；王平曾到过案发现场；如果王平在11点以前离开，门卫就会看见他；门卫没有看见他，所以王平犯了盗窃罪.

27. 用命题推理证明下列说法不可能同时成立.

（1）如果王平因参加社团活动缺了许多课，那么他考试将不及格.

（2）如果王平考试不及格，那么他没有学好专业知识.

（3）如果王平读了许多书，那么他学好了专业知识.

（4）王平因参加社团活动缺了许多课，而且他读了许多书.

第 2 章 谓词逻辑

在命题逻辑一章我们主要讨论了命题和命题推理. 在命题逻辑中，原子命题是不可再分解的. 但是，命题之间还可能有一些共同的性质，可以做进一步的描述，同时命题逻辑的推理结构还有很大的局限性，有些很简单的论断也不能用命题逻辑进行推证. 例如：

所有的人都是要死的.

苏格拉底是人.

所以苏格拉底是要死的.

这是著名的苏格拉底三段论，用命题推理无法完成这个简单推证. 因为在命题逻辑中只能将推理中出现的三个简单命题依次符号化为 P，Q，R，将推理的形式结构符号化为$(P\land Q)\to R$. 由于上式不是重言式，所以不能由它判断推理的正确性. 究其原因在于，命题逻辑没有研究命题内部的逻辑结构. 事实上，对原子命题还可以做进一步的分解，分解出个体词、谓词和量词，以达到表达出个体与总体的内在联系和数量关系，这就是一阶逻辑所研究的内容，本书称为谓词逻辑. 谓词逻辑在人工智能领域的知识表示、知识推理和机器证明等方面有重要意义.

2.1 谓词与量词

个体词、谓词和量词是一阶谓词逻辑命题符号化的三个基本要素. 下面讨论这三个要素.

2.1.1 个体词

定义 2.1 所研究对象中可以独立存在的具体的或抽象的客体称为**个体词**.

例如，高铁、小李、中国等都可以作为个体词. 将表示具体或特定的客体的个体词称作**个体常元**，一般用小写英文字母 a，b，c，…表示；而将表示抽象或泛指的个体词称为**个体变元**，常用 x，y，z，…表示. 称个体变元的取值范围为**个体域**（或**论域**），通常用大写字母 D 表示. 有一个特殊的个体域，它是由宇宙间一切事物组成的，称它为**全总个体域**.

> 本书在论述或推理中如没有指明所采用的个体域，一般都是全总个体域.

2.1.2 谓词

考虑下面两个命题：小明热爱生活；小刚热爱生活. 在命题逻辑中只能用 P，Q 两个符号分别表示. 但 P，Q 所表示的两个命题具有相同的属性：“热爱生活”. 因此，引入一个符号表示“热爱生活”这个性质，例如用 $A(x)$ 表示“x 热爱生活”. a 表示小明，b 表示小刚，则

$A(a)$表示小明热爱生活；$A(b)$表示小刚热爱生活. 这里的 a，b 为个体，$A(x)$就称为谓词.

定义 2.2 用来刻画个体词的性质以及个体词之间相互关系的词称为**谓词**.

由一个谓词如 P 和 n 个客体变元如 $x_1,x_2,\cdots,x_n$ 组成的 $P(x_1,x_2,\cdots,x_n)$ 的形式，称为 **n 元原子谓词公式**或 **n 元命题函数**. 例如，$P(x)$称为一元谓词公式，x 可以代表任一个客体，$P(x,y)$称为二元谓词公式，$H(x,y,z)$称为三元谓词公式，以此类推. 特别是 $n=0$，称为零元谓词公式. 零元谓词公式是命题.

例 2.1 分析下列语句中的个体词和谓词.

(1) 重庆人热情好客.

(2) x 是素数.

(3) 小张坐在小王和小李中间.

解 (1) "重庆人"是个体常元，"热情好客"是谓词，表示个体的性质.

(2) x 是个体变元，"是素数"是谓词，表示个体的性质.

(3) "小张""小王""小李"是个体常元，"……坐在……和……中间"是谓词，表示个体之间的关系.

例 2.2 用零元谓词符号化下列命题，并指出其真值.

(1) 2 是奇数当且仅当 4 也是奇数.

(2) 熊猫不是动物.

(3) 2 大于 3 仅当 2 大于 4

(4) 朝天门码头位于渝中区.

解 (1)设 a：2，b：4，$P(x)$：x 是奇数. 符号化为 $P(a)\leftrightarrow P(b)$，真值为 1.

(2) 设 a：熊猫，$P(x)$：x 是动物. 符号化为 $\neg P(a)$，真值为 0.

(3) 设 a：2，b：3，c：4，$Q(x,y)$：x 大于 y. 符号化为 $Q(a,b)\rightarrow Q(a,c)$，真值为 1.

(4) 设 a：朝天门码头，$P(x)$：x 位于渝中区. 符号化为 $P(a)$，真值为 1.

注：

(1) 个体词通常是语句中可以独立存在的主语或宾语.

(2) 一元谓词表示个体词具有某种性质，多元谓词描述个体词之间具有某种关系.

(3) 谓词公式 $P(x)$和 $Q(x,y)$中的个体变元没有被指定为具体的个体，因此谓词不是命题；但如果将谓词公式中的个体变元指定为个体常元，如 $\neg P(a)$，$P(a)\leftrightarrow P(b)$等这样的 0 元谓词表示一个命题，因此，命题是谓词的特殊形式.

(4) 对同一个命题，根据研究重点的不同，对谓词的选取也不同. 例如，对命题"朝天门码头位于渝中区"，当研究个体词"朝天门码头"是否具有"位于渝中区"这个性质时，可以用一元谓词表示；当研究"朝天门码头"与"渝中区"的关系时，需要用"……位于……"二元谓词来表示.

2.1.3 量词

除了可以用客体名称代换客体变元获得命题外，还可以用量化变元的方法获得命题. 例如：每个人都是大学生. 这显然是一个命题，要判断这个命题是真或假，就要将客体变元代替换为每个具体客体，然后判断真假. 当每个客体代换客体变元后得到的命题均为真，这时该命题的真值才是真；只要有一个客体代换客体变元后得到真值为假，该命题的真值就是假.接下来我们讨论两种量词，即全称量词和存在量词.

1. 全称量词

在日常生活中和数学中常用的“一切的”“所有的”“每个”“任意的”“凡是”“都”等词可统称为**全称量词**. 用 $\forall x$ 来表示“对所有的 x”“对每一个 x”“对一切 x”或“对任何一个 x”等.

$(\forall x)P(x)$：表示个体域中的每个个体都具有性质 P. 其中 $\forall x$ 称为**全称量词**，x 称为**指导变元**.

例 2.3 在个体域分别限制为(a)和(b)条件时，将下面两个命题符号化：

(1) 凡是人都需要休息.

(2) 所有的人都在努力奋斗.

其中：(a)个体域 D_1 为人类集合；(b)个体域 D_2 为全总个体域.

解 (a)设 $P(x)$：x 需要休息. $Q(x)$：x 在努力奋斗. 因为个体域是人类，没有其他物种，所以，

(1) 符号化为 $(\forall x)P(x)$；

(2) 符号化为 $(\forall x)Q(x)$.

(b) D_2 中除了有人外，还有万物，因而在(1)(2)符号化时，必须考虑将人分离出来. 令 $M(x)$：x 是人. 在 D_2 中，(1)(2)可以分别重述如下：

(1)′ 对于宇宙间一切事物而言，如果事物是人，那么他或她需要休息.

(2)′ 对于宇宙间一切事物而言，如果事物是人，那么他或她在努力奋斗.

于是(1)的符号化形式为 $(\forall x)(M(x)\rightarrow P(x))$；

(2)的符号化形式为 $(\forall x)(M(x)\rightarrow Q(x))$.

2. 存在量词

在日常生活和数学中常用的“存在”“有一些”“部分”“至少有”等词统称为**存在量词**，用 $\exists x$ 表示“至少有一个 x”“对于一些 x”“有些 x”“某个 x”或“部分 x”等.

$(\exists x)P(x)$ 表示个体域中有个体具有性质 P. $\exists x$ 称为**存在量词**，x 称为**指导变元**.

弗雷格(1848—1925)，德国数学家、逻辑学家和哲学家，被公认为现代数理逻辑的奠基人. 他建立了第一个完整的现代逻辑系统，即一阶谓词逻辑. 他提出了量词的概念，并在其著作《概念文字》中详细阐述了这一思想，为现代数理逻辑的发展奠定了基础. 他区分了心理与逻辑、主观与客观，提出了数学可以化归为逻辑的思想，成为逻辑主义的创始人. 弗雷格的工作对20世纪的数学、哲学、语言学及计算机科学产生了深远影响.

例 2.4 在个体域分别限制为(a)和(b)条件时，将下面两个命题符号化：

(1) 有的人学识渊博.

(2) 部分人不喜欢与人交流.

其中：(a)个体域 D_1 为人类集合；

(b)个体域 D_2 为全总个体域.

解 (a) 设 $P(x)$：x 学识渊博. $Q(x)$：x 喜欢与人交流. 因为个体域是人类，没有其他物种，所以，

(1) 符号化为 $(\exists x)P(x)$；

(2) 符号化为 $(\exists x)\neg Q(x)$.

(b) D_2 中除了有人外，还有万物，因而在(1)(2)符号化时，必须考虑将人分离出来. 令 $M(x)$：x 是人. 在 D_2 中，(1)(2)可以分别重述如下：

(1)′ 对于宇宙间一切事物而言，有的事物是人，且他学识渊博.

(2)′ 对于宇宙间一切事物而言，有的事物是人，且他不喜欢与人交流.

于是(1)的符号化形式为 $(\exists x)(M(x)\wedge P(x))$；

(2)的符号化形式为 $(\exists x)(M(x)\wedge\neg Q(x))$.

注：

(1) 从例 2.3 和例 2.4 可以看出，同一个语句在不同个体域上符号化的复杂程度不一样，因此，对于谓词过多的语句可以通过限定个体域的方式化简符号串.

(2) 如果个体域是全总个体域，一般要用一个谓词来限定个体的变化范围，如例 2.3 和例 2.4 中的 $M(x)$，我们称 $M(x)$ 为限定谓词，而 $P(x)$ 和 $Q(x)$ 称为中心谓词.

(3) 用全称量词进行命题符号化时，限定谓词与中心谓词之间用单条件联结词；而用存在量词进行命题符号化时，限定谓词与中心谓词之间用合取联结词.

(4) 谓词公式成为命题的方法有两种：①将谓词公式中个体变元指定为个体常元；②在谓词公式前加量词来量化个体变元. 即公式 $A(x)$，$(\forall x)A(x)$，$(\exists x)A(x)$ 是不同的，$A(x)$ 不是命题，而 $(\forall x)A(x)$，$(\exists x)A(x)$ 是命题.

例 2.5 将下列命题用谓词进行符号化.

(1) 所有的机会都应该被好好把握.

(2) 有些函数不是连续的.

(3) 不是所有的牛奶都叫作特仑苏.

(4) 没有人去过那座小岛.

(5) 有的鱼可以在陆地上生存.

(6) 尽管有些学生喜欢玩游戏，但未必所有学生都喜欢玩游戏.

解 本题在全总个体域下进行讨论.

(1) 设 $P(x)$：x 是机会. $Q(x)$：x 应该被好好把握.

本命题符号化为 $(\forall x)(P(x)\rightarrow Q(x))$.

(2) 设 $F(x)$：x 是函数. $C(x)$：x 是连续的.

本命题符号化为 $(\exists x)(F(x)\wedge\neg C(x))$.

(3) 设 $M(x)$：x 是牛奶. $T(x)$：x 叫作特仑苏.

本命题符号化为 $\neg(\forall x)(M(x)\rightarrow T(x))$.

本题可以理解为“有些牛奶不叫作特仑苏”，因此我们可以用存在量词进行符号化：$(\exists x)(M(x)\wedge\neg T(x))$.

(4) 设 $P(x)$：x 是人. $Q(x)$：x 去过那座小岛.

本命题符号化为$\neg(\exists x)(P(x) \wedge Q(x))$.

本题可以理解为“所有人都没去过那座小岛”，因此我们可以用全称量词进行符号化：$(\forall x)(P(x) \rightarrow \neg Q(x))$.

(5) 设$F(x)$：x是鱼. $L(x)$：x可以在陆地上生存.

本命题符号化为$(\exists x)(F(x) \wedge L(x))$.

(6) 设$S(x)$：x是学生. $G(x)$：x喜欢玩游戏.

本命题符号化为$(\exists x)(S(x) \wedge G(x)) \wedge \neg(\forall x)(S(x) \rightarrow G(x))$.

谓词逻辑符号化步骤

(1) 确定语句中的个体词、谓词和量词.

1) 全称量词后面限定谓词与中心谓词用单条件联结词；

2) 存在量词后面限定谓词与中心谓词用合取联结词.

(2) 用符号表示个体词常元与谓词，刻画个体具有某种性质的用一元谓词，刻画个体间具有某种关系的用多元谓词.

(3) 对量词前有“并非”“不是”“没”等否定词的语句，先忽略掉这个否定词，进行肯定形式符号化，最后在结果的前面加上“¬”联结词即可.

(4) 按照语义正确表示为符号串.

另外，全称量词和存在量词不仅可以单独出现，而且还可以以组合形式出现. 下面我们给出几个用二元谓词进行命题符号化的例子.

例 2.6 设$A(x,y)$表示x和y同姓，x的个体域是甲班同学，y的个体域是乙班同学，则有

$(\forall x)(\forall y)A(x,y)$：甲班任何一个同学与乙班所有同学同姓.

$(\forall y)(\forall x)A(x,y)$：乙班任何一个同学与甲班所有同学同姓.

$(\forall x)(\exists y)A(x,y)$：对甲班任何一个同学乙班都有同学与其同姓.

$(\exists y)(\forall x)A(x,y)$：存在一个乙班同学和甲班所有同学同姓.

由此知道量词出现的顺序是重要的，不能随便进行交换.

设$P(x,y)$表示二元原子谓词公式，对于两个量词的组合形式，最多有 8 种情况：

(1)$(\forall x)(\forall y)P(x,y)$； (2)$(\forall x)(\exists y)P(x,y)$；

(3)$(\exists x)(\forall y)P(x,y)$； (4)$(\exists x)(\exists y)P(x,y)$；

(5)$(\forall y)(\exists x)P(x,y)$； (6)$(\exists y)(\forall x)P(x,y)$；

(7)$(\exists y)(\exists x)P(x,y)$； (8)$(\forall y)(\forall x)P(x,y)$.

其中(1)和(8)等价；(4)和(7)等价. 其他的不一定等价，大家可以自己思考.

例 2.7 将下列命题符号化.

(1) 兔子比乌龟跑得快.

(2) 有的兔子比所有的乌龟跑得快.

(3) 所有的兔子比有的乌龟跑得快.

(4) 部分兔子比部分乌龟跑得快.

解 设$F(x)$：x是兔子；$G(x)$：x是乌龟；$H(x,y)$：x比y跑得快. 原命题符号化为

(1) $(\forall x)(F(x) \rightarrow (\forall y)(G(y) \rightarrow H(x,y)))$；

(2) $(\exists x)(F(x)\land(\forall y)(G(y)\to H(x,y)))$;

(3) $(\forall x)(F(x)\to(\exists y)(G(y)\land H(x,y)))$;

(4) $(\exists x)(F(x)\land(\exists y)(G(y)\land H(x,y)))$.

二元谓词、多元谓词等比一元谓词要复杂得多，本书主要介绍一元谓词的相关基础知识.

2.2 谓词公式

2.2.1 谓词公式的概念

类似于命题公式的定义，我们给出谓词公式的定义.

定义 2.3 谓词合式公式又称为**谓词公式**，其定义如下：

(1) 原子谓词公式是谓词公式.

(2) 若 A 是谓词公式，则 $\neg A$ 是一个谓词公式.

(3) 若 A、B 是谓词公式，则 $(A\land B)$，$(A\lor B)$，$(A\to B)$，$(A\leftrightarrow B)$ 是谓词公式.

(4) 如果 A 是谓词公式，x 是个体变元，则 $(\forall x)A$ 和 $(\exists x)A$ 都是谓词公式.

(5) 当且仅当有限次的应用规则(1)(2)(3)和(4)得到的符号串是谓词公式.

与命题公式一样，约定最外层的括号可以省掉. 但是，如果量词后面有括号，则量词后面的括号不能省略.

如 $(\exists x)(H(x)\land\neg C(x))$，$(\forall y)(\exists x)P(x,y)$，$(\forall x)(G(x)\to S(x))\land(\exists x)(S(x)\land\neg G(x))$ 和 $(\forall x)(F(x)\to(\exists y)(G(y)\land H(x,y)))$ 都是谓词合式公式，简称谓词公式.

注意：

(1) 谓词公式是由原子谓词公式、逻辑联结词、量词和括号组成的符号串.

(2) 谓词公式的构成要符合逻辑联结词、量词的构造形式. 例如，$(\exists x)(H(x)\neg C(x))$，$(\forall x)(G(x)\to S(x))\land(\exists x)$ 都不是谓词公式.

(3) 命题公式是特殊的谓词公式.

下面讨论如何将一个用自然语言描述的命题符号化成谓词公式，这在谓词逻辑中是非常重要的，它是进行推理的基础.

例 2.8 存在一个小于 0 的偶数.

解 设 $P(x)$：$x<0$；$Q(x)$：x 是偶数.

则原命题可以符号化为 $(\exists x)(P(x)\land Q(x))$.

例 2.9 不存在最大的实数.

解 设 $R(x)$：x 是实数；$L(x,y)$：x 比 y 大.

则原命题可以符号化为 $(\forall x)(R(x)\to(\exists y)(R(y)\land L(y,x)))$.

例 2.10 尽管有些人聪明，但未必一切人都聪明.

解 设 $A(x)$：x 是人；$B(x)$：x 聪明.

则原命题可以符号化为 $(\exists x)(A(x)\land B(x))\land\neg(\forall x)(A(x)\to B(x))$.

图灵(1912—1954)，英国数学家、逻辑学家、密码分析学家和理论生物学家，被誉为“计算机科学之父”和“人工智能之父”．图灵在数理逻辑领域的贡献卓越，提出了著名的图灵机概念，为现代计算机的发展奠定了理论基础．他的论文《论可计算数及其在判定问题中的应用》被誉为现代计算机原理的开山之作．图灵机概念描述了可实现通用计算的假想机器，对计算机科学的发展产生了深远的影响．此外，图灵还提出了“图灵测试”的概念，用于判断机器是否具有智能，这一测试方法在人工智能领域具有广泛的影响．

2.2.2 约束变元与自由变元的概念

定义 2.4 在谓词公式$(\forall x)A$和$(\exists x)A$中，称量词$\forall$和$\exists$符号后的变元x为**指导变元**，称A为量词$\forall x$和$\exists x$的**辖域**，辖域中与指导变元相同的个体变元称为**约束变元**，不是约束变元的个体变元称为**自由变元**.

例 2.11 指出下列谓词公式中量词的辖域、自由变元和约束变元.

(1) $(\forall x)(P(x)\rightarrow(\exists y)Q(x,y))$;

(2) $(\exists y)(\neg P(x,y)\wedge Q(x))$;

(3) $(\forall x)P(x,y)\rightarrow(\exists y)Q(x,y)$;

(4) $(\forall x)(P(x,y)\rightarrow(\exists x)(Q(x,y)\vee R(z)))$.

解 (1) $\forall x$的辖域是$P(x)\rightarrow(\exists y)Q(x,y)$，$\exists y$的辖域是$Q(x,y)$，$P(x)$和$Q(x,y)$中的$x$是约束变元，$Q(x,y)$中的$y$也是约束变元.

(2) $\exists y$的辖域是$\neg P(x,y)\wedge Q(x)$，$\neg P(x,y)$和$Q(x)$中的x是自由变元，$\neg P(x,y)$中的y是约束变元.

(3) $\forall x$的辖域是$P(x,y)$，$\exists y$的辖域是$Q(x,y)$，$P(x,y)$中的x是约束变元，y是自由变元，$Q(x,y)$中的x是自由变元，y是约束变元.

(4) $\forall x$的辖域是$P(x,y)\rightarrow(\exists x)(Q(x,y)\vee R(z))$，$\exists x$的辖域是$Q(x,y)\vee R(z)$，$P(x,y)$中的$x$是约束变元，$y$是自由变元，$Q(x,y)$中的$x$是约束变元，$y$是自由变元，$R(z)$中的$z$是自由变元.

量词辖域与变元类型的判别方法

(1) 辖域的判别.

1) 量词后有括号，辖域就是括号内的公式;

2) 量词后无括号，辖域就是量词后的谓词公式.

(2) 变元类型的判别.

主要看变元前面是否有量词约束它，如果有量词约束它，则为约束变元；如果没有量词约束它，则为自由变元.

从约束变元的概念可以看出，$P(x_1,x_2,\cdots,x_n)$是 n 元谓词公式或者称为 n 元命题函数. 它有 n 个相互独立的自由变元. 若对其中 k 个变元进行约束，则称为$(n-k)$元谓词公式. 因此，谓词公式中如果没有自由变元出现，则该公式就称为一个命题. 例如，$(\forall x)P(x,y,z)$是二元谓词公式，$(\exists y)(\forall x)P(x,y,z)$是一元谓词公式.

2.2.3 约束变元的换名与自由变元的替换

在一个公式中，某个变元可以既是约束变元，又是自由变元. 为了避免由于某个变元既是约束变元又是自由变元，引起概念上的混乱，可以对约束变元进行换名，原因是一个公式的约束变元和自由变元所使用的名称符号是无关紧要的.

例如，$(\forall x)P(x)$与$(\forall y)P(y)$都具有相同的意义.

设 $P(x)$：x 不小于 0，那么$(\forall x)P(x)$表示一切 x 都使得 x 不小于 0；$(\forall y)P(y)$表示一切 y 不小于 0.

同理$(\exists x)P(x)$和$(\exists y)P(y)$的意义也相同.

因此，可以对谓词公式中的约束变元更改名称符号，称为约束变元**换名**. 约束变元换名使得一个变元在一个公式中只呈现一种形式，即呈自由出现或呈约束出现.

约束变元换名的规则：

（1）换名时，更改的变元名称范围是量词中的指导变元，以及该量词辖域中该变元的所有出现. 公式其余部分不变.

（2）换名时一定要更改为辖域中没有出现的变元名称.

例 2.12 对公式$(\forall x)P(x,y)\rightarrow(\exists y)Q(x,y)$进行换名.

解 将约束变元 x 换名为 u，y 换名为 v 后得

$$(\forall u)P(u,y)\rightarrow(\exists v)Q(x,v).$$

例 2.13 对公式$(\forall x)(\exists y)(P(x,y)\rightarrow(\exists x)Q(x,y))\wedge R(x,y)$进行换名.

解 将 $\forall x$ 约束的变元 x 换名为 u，$\exists y$ 约束的变元 y 换名为 v 后得

$$(\forall u)(\exists v)(P(u,v)\rightarrow(\exists x)Q(x,v))\wedge R(x,y).$$

在例 2.13 中换名后还是有混淆，当然我们可以将 $\exists x$ 约束的变元进行继续换名. 但是，我们也可以对自由变元 x 进行替换. 对公式中的自由变元也可以更改名称符号，这种更改叫作**替换**.

自由变元的替换规则：

（1）对于公式中的自由变元，可以做替换，应该注意需对公式中出现该自由变元的每一处都进行替换.

（2）用以替换的变元与原公式中所有变元的名称不能相同.

例 2.14 对$(\exists x)P(x)\wedge R(x,y)$中的自由变元替换.

解 将自由变元 x 用 z 代入后得$(\exists x)P(x)\wedge R(z,y)$.

2.2.4 谓词公式的赋值

在谓词公式中常包含命题变元和客体变元，当客体变元由确定的客体取代，命题变元用确定的命题所取代或指派一真值时，一个谓词公式就有确定的真值 T 和 F. 下面我们讨论谓词

公式的赋值.

一个 n 元谓词公式 $P(x_1,x_2,\cdots,x_n)$ 不是命题，如果要使谓词公式成为确定的命题，必须对变元 $x_1,x_2,\cdots,x_n$ 赋以确定的个体，对谓词 P 赋予确定的含义. 因此对谓词公式赋值要比对命题公式赋值复杂得多. 如对 $P(x,y)$ 进行赋值讨论，如果 $P(x,y)$ 表示：$x>y$，则 $P(3,2)$ 为真，$P(4,5)$ 为假，而 $P(2i,3i)$ 不是命题(因为 2i,3i 是虚数，无法比较)；如果 $P(x,y)$ 表示：x 是 y 的儿子，则 $P(3,2)$，$P(4,5)$ 和 $P(2i,3i)$ 都不是命题. 零元谓词是命题，它的真值又如何呢? 例如 $(\forall x)(\exists y)P(x,y)$，它的真值依赖于个体变元的个体域和谓词 P 的具体含义.

例 2.15 讨论 $(\forall x)(\exists y)P(x,y)$ 在 $P(x,y)$ 具有下列意义下的真值情况. 个体域为实数集合.

(1) $P(x,y)$：$x+y=0$;

(2) $P(x,y)$：$x\times y=0$;

(3) $P(x,y)$：$x+y=1$;

(4) $P(x,y)$：$x\times y=1$.

解 (1) $(\forall x)(\exists y)P(x,y)$ 表示：对于任意一个实数都存在另外一个实数，它们相加等于0. 是真命题.

(2) $(\forall x)(\exists y)P(x,y)$ 表示：对于任意一个实数都存在另外一个实数，它们相乘等于0. 是真命题.

(3) $(\forall x)(\exists y)P(x,y)$ 表示：对于任意一个实数都存在另外一个实数，它们相加等于1. 是真命题.

(4) $(\forall x)(\exists y)P(x,y)$ 表示：对于任意一个实数都存在另外一个实数，它们相乘等于1. 是假命题.

一般地，如果个体变元是有限个体域，如个体域 $D=\{a_1,a_2,\cdots,a_n\}$，则 $(\forall x)P(x)$ 的真值依赖于 $P(a_1),P(a_2),\cdots,P(a_n)$ 的真值，如果 $P(a_1),P(a_2),\cdots,P(a_n)$ 都为真，则 $(\forall x)P(x)$ 为真，如果 $P(a_1),P(a_2),\cdots,P(a_n)$ 中至少有一个为假，则 $(\forall x)P(x)$ 为假. 而 $(\exists x)P(x)$ 的真值依赖于 $P(a_1),P(a_2),\cdots,P(a_n)$ 的真值，如果 $P(a_1),P(a_2),\cdots,P(a_n)$ 至少有一个为真，则 $(\exists x)P(x)$ 为真，如果 $P(a_1),P(a_2),\cdots,P(a_n)$ 都为假，则 $(\exists x)P(x)$ 为假.

2.2.5 谓词公式的分类

定义 2.5 设 A 为一谓词公式，若 A 在任何赋值下均为真，则称 A 为**永真式**. 若 A 在任何赋值下均为假，则称 A 为**永假式**. 若至少存在一个赋值使 A 为真，则称 A 为**可满足式**.

说明：这里的任意赋值包括个体变元的赋值和谓词含义的赋值两个部分. 因此判定一个谓词公式是否是永真式和永假式是非常困难的事情. 如果一个公式存在成真赋值，也存在成假赋值，则该公式是可满足式，如 $(\forall x)(\exists y)P(x,y)$ 是可满足式.

定义 2.6 设 A 是含命题变项 $P_1,P_2,\cdots,P_n$ 的命题公式，$A_1,A_2,\cdots,A_n$ 是 n 个谓词公式，用 $A_i(1\leqslant i\leqslant n)$ 处处代替 A 中的 P_i，所得公式称为命题公式 A 的**代换实例**.

定理 2.1 重言式的代换实例是永真式，矛盾式的代换实例是矛盾式.

例 2.16 判断下列公式中哪些是永真式，哪些是矛盾式?

(1) $(\forall x)(F(x)\rightarrow G(x))$;

(2) $(\exists x)(F(x)\wedge G(x))$;

(3) $(\forall x)F(x)\to((\exists x)(\exists y)G(x,y)\to(\forall x)F(x))$；

(4) $\neg((\forall x)F(x)\to(\exists y)G(y))\wedge(\exists y)G(y)$.

解 (1) 设个体域为实数集，$F(x)$表示 x 是整数，$G(x)$表示 x 是有理数，则$(\forall x)(F(x)\to G(x))$是真命题；又设个体域为实数集，$F(x)$表示 x 是有理数，$G(x)$表示 x 是整数，则$(\forall x)(F(x)\to G(x))$是假命题. 所以$(\forall x)(F(x)\to G(x))$是可满足式.

(2) 设个体域是实数集，设 $F(x)$表示 x 是整数，$G(x)$表示 x 是偶数，则$(\exists x)(F(x)\wedge G(x))$是真命题；又设个体域是实数集，设 $F(x)$表示 x 是奇数，$G(x)$表示 x 是偶数，则$(\exists x)(F(x)\wedge G(x))$是假命题. 所以$(\exists x)(F(x)\wedge G(x))$是可满足式.

(3) 因为$(\forall x)F(x)\to((\exists x)(\exists y)G(x,y)\to(\forall x)F(x))$是 $P\to(Q\to P)$的代换实例，又因为 $P\to(Q\to P)\Leftrightarrow\neg P\vee(\neg Q\vee P)\Leftrightarrow 1$，该公式是重言式，所以(3)是永真式.

(4) 因为$\neg((\forall x)F(x)\to(\exists y)G(y))\wedge(\exists y)G(y)$是$\neg(P\to Q)\wedge Q$ 代换实例，又因为$\neg(P\to Q)\wedge Q\Leftrightarrow P\wedge\neg Q\wedge Q\Leftrightarrow 0$，该公式是矛盾式，所以(4)是矛盾式.

2.3 谓词公式的等值演算

在谓词逻辑中，同一命题可能有不同的符号化形式. 例如“没有不透风的墙”，当个体域取全总个体域时，设 $P(x)$：x 是墙，$Q(x)$：x 是透风的，符号化为$\neg(\exists x)(P(x)\wedge\neg Q(x))$，也可以理解为“所有的墙都是透风的”，符号化为$(\forall x)(P(x)\to Q(x))$. 这两个谓词公式在任意的赋值下都有相同的值，与命题逻辑中情况一样，称它们是**等价的**. 下面给出谓词公式等价的定义.

定义 2.7 设 A，B 是谓词公式，如果 $A\leftrightarrow B$ 为永真式，则称 A 和 B **等价**(**等值**)，并记为 $A\Leftrightarrow B$.

有了谓词公式的等价和永真式的概念，就可以讨论谓词公式之间的等价问题. 但是要判定 $A\leftrightarrow B$ 为永真式非常困难，因此，我们有必要将重要的等价公式给出来，以便我们在推理时使用.

下面分类给出谓词等价公式.

第一组：命题等价公式的代换实例.

这组公式非常多，只要命题公式是等价的，它们的代换实例就等价. 如由公式 $P\to Q\Leftrightarrow\neg P\vee Q$ 可以得到$(\forall x)P(x)\to(\exists y)Q(y)\Leftrightarrow\neg(\forall x)P(x)\vee(\exists y)Q(y)$等. 应用时大家要灵活掌握.

第二组：消去全称量词和存在量词(有限个体域).

设有限个体域 $D=\{a_1,a_2,\cdots,a_n\}$，则

$(\forall x)P(x)\Leftrightarrow P(a_1)\wedge P(a_2)\wedge\cdots\wedge P(a_n)$；

$(\exists x)P(x)\Leftrightarrow P(a_1)\vee P(a_2)\vee\cdots\vee P(a_n)$.

第三组：量词与否定词交换顺序.

$\neg(\forall x)P(x)\Leftrightarrow(\exists x)\neg P(x)$；

$\neg(\exists x)P(x)\Leftrightarrow(\forall x)\neg P(x)$.

量词与否定词之间交换顺序，量词要改变名称.

第四组：量词辖域的扩张律和收缩律.

(1) $(\forall x)(A(x) \vee B) \Leftrightarrow (\forall x)A(x) \vee B$;

(2) $(\forall x)(A(x) \wedge B) \Leftrightarrow (\forall x)A(x) \wedge B$;

(3) $(\exists x)(A(x) \vee B) \Leftrightarrow (\exists x)A(x) \vee B$;

(4) $(\exists x)(A(x) \wedge B) \Leftrightarrow (\exists x)A(x) \wedge B$;

(5) $(\forall x)(A(x) \to B) \Leftrightarrow (\exists x)A(x) \to B$;

(6) $(\exists x)(A(x) \to B) \Leftrightarrow (\forall x)A(x) \to B$;

(7) $(\forall x)(B \to A(x)) \Leftrightarrow B \to (\forall x)A(x)$;

(8) $(\exists x)(B \to A(x)) \Leftrightarrow B \to (\exists x)A(x)$.

第五组：量词分配等值式.

$(\forall x)(A(x) \wedge B(x)) \Leftrightarrow (\forall x)A(x) \wedge (\forall x)B(x)$;

$(\exists x)(A(x) \vee B(x)) \Leftrightarrow (\exists x)A(x) \vee (\exists x)B(x)$.

全称量词对合取运算满足分配律，存在量词对析取满足分配律. 但是全称量词对析取运算是否满足分配律？存在量词对合取运算是否满足分配律？答案是否定的. 但是，

$(\forall x)A(x) \vee (\forall x)B(x) \Rightarrow (\forall x)(A(x) \vee B(x))$;

$(\exists x)(A(x) \wedge B(x)) \Rightarrow (\exists x)A(x) \wedge (\exists x)B(x)$. (“$\Rightarrow$”称为蕴涵).

第六组：置换原理.

设 $\Phi(A)$ 是含公式 A 的公式，$\Phi(B)$ 是用公式 B 取代 $\Phi(A)$ 中所有的 A 之后的公式，若 $A \Leftrightarrow B$，则 $\Phi(A) \Leftrightarrow \Phi(B)$.

例 2.17 设个体域为 $D=\{1,2,3\}$，将下列各公式的量词消去.

(1) $(\forall x)(F(x) \to \neg G(x))$;

(2) $(\forall x)F(x) \vee (\exists y)G(y)$;

(3) $(\forall x)(\exists y)F(x,y)$.

解 (1) $(\forall x)(F(x) \to \neg G(x))$

$\Leftrightarrow (F(1) \to \neg G(1)) \wedge (F(2) \to \neg G(2)) \wedge (F(3) \to \neg G(3))$.

(2) $(\forall x)F(x) \vee (\exists y)G(y)$

$\Leftrightarrow (F(1) \wedge F(2) \wedge F(3)) \vee (G(1) \vee G(2) \vee G(3))$.

(3) $(\forall x)(\exists y)F(x,y)$

$\Leftrightarrow (\forall x)(F(x,1) \vee F(x,2) \vee F(x,3))$

$\Leftrightarrow (F(1,1) \vee F(1,2) \vee F(1,3)) \wedge (F(2,1) \vee F(2,2) \vee F(2,3))$

$\wedge (F(3,1) \vee F(3,2) \vee F(3,3))$.

例 2.18 证明下列各等值式.

(1) $(\forall x)(A(x) \to B) \Leftrightarrow (\exists x)A(x) \to B$;

(2) $(\exists x)(B \to A(x)) \Leftrightarrow B \to (\exists x)A(x)$.

证明 (1) $(\forall x)(A(x) \to B)$

$\Leftrightarrow (\forall x)(\neg A(x) \vee B)$

$\Leftrightarrow (\forall x) \neg A(x) \vee B$

$\Leftrightarrow \neg (\exists x)A(x) \vee B$

$\Leftrightarrow (\exists x)A(x) \to B$.

(2) $(\exists x)(B\to A(x))$

$\Leftrightarrow(\exists x)(\neg B\vee A(x))$

$\Leftrightarrow\neg B\vee(\exists x)A(x)$

$\Leftrightarrow B\to(\exists x)A(x)$.

例 2.19 证明下列各等值式.

(1) $(\exists x)(F(x)\to G(x))\Leftrightarrow(\forall x)F(x)\to(\exists x)G(x)$;

(2) $\neg(\forall x)(F(x)\to G(x))\Leftrightarrow(\exists x)(F(x)\wedge\neg G(x))$.

证明 (1) $(\exists x)(F(x)\to G(x))$

$\Leftrightarrow(\exists x)(\neg F(x)\vee G(x))$

$\Leftrightarrow(\exists x)\neg F(x)\vee(\exists x)G(x)$ (量词分配等值式)

$\Leftrightarrow\neg(\forall x)F(x)\vee(\exists x)G(x)$

$\Leftrightarrow(\forall x)F(x)\to(\exists x)G(x)$.

(2) $\neg(\forall x)(F(x)\to G(x))$

$\Leftrightarrow(\exists x)\neg(F(x)\to G(x))$

$\Leftrightarrow(\exists x)\neg(\neg F(x)\vee G(x))$

$\Leftrightarrow(\exists x)(F(x)\wedge\neg G(x))$.

2.4 谓词公式的前束范式

由2.3节知，同一个谓词公式有与之等价的不同表达形式. 类似于命题公式，谓词公式也有范式，但只有前束范式是与原公式等价的. 下面给出前束范式的定义.

定义 2.8 设 A 为谓词公式，若 A 具有如下形式：

$$(\sim x_1)(\sim x_2)\cdots(\sim x_n)B$$

则称$(\sim x_1)(\sim x_2)\cdots(\sim x_n)B$ 为 A 的**前束范式**，其中 $\sim$ 表示为$\forall$或$\exists$，且 B 为不含任何量词的公式.

例如，$(\forall x)(F(x)\to\neg G(x))$是前束范式，而$(\exists x)(F(x)\to(\forall y)G(y))$和$\neg(\exists x)(F(x)\wedge G(x))$都不是前束范式.

在后面的谓词推理理论中，需要将谓词公式转化为前束范式才能进行推理. 下面讨论如何转化的问题.

定理 2.2 任何一个谓词公式都可以转化为与之等价的前束范式.

本定理的证明略去.

谓词公式化为前束范式主要通过2.3节的等价公式、换名规则、替换规则和置换原理等.

例 2.20 将下列公式转化为前束范式.

(1) $(\forall x)F(x)\wedge\neg(\exists x)G(x)$;

(2) $(\forall x)F(x)\vee\neg(\exists x)G(x)$.

解 (1) $(\forall x)F(x)\wedge\neg(\exists x)G(x)$

$\Leftrightarrow(\forall x)F(x)\wedge(\forall x)\neg G(x)$

$\Leftrightarrow(\forall x)(F(x)\wedge\neg G(x))$. (前束范式)

(2) $(\forall x)F(x)\vee\neg(\exists x)G(x)$

$\Leftrightarrow(\forall x)F(x)\vee(\forall x)\neg G(x)$

$\Leftrightarrow(\forall x)F(x)\vee(\forall y)\neg G(y)$ （换名规则）

$\Leftrightarrow(\forall x)(\forall y)(F(x)\vee\neg G(y))$. （前束范式）

注意：

（1）在量词前移之前，可利用约束变元的换名规则和自由变元的替换规则消去有歧义的变元；

（2）一个谓词公式的前束范式不一定唯一.

例 2.21 将下列公式转化为前束范式.

（1）$(\exists x)F(x)\wedge(\forall x)G(x)$；

（2）$(\forall x)F(x)\to(\exists x)G(x)$；

（3）$(\forall x)F(x,y)\to(\exists y)G(x,y)$.

解 （1）$(\exists x)F(x)\wedge(\forall x)G(x)$

$\Leftrightarrow(\exists x)F(x)\wedge(\forall y)G(y)$ （换名规则）

$\Leftrightarrow(\exists x)(\forall y)(F(x)\wedge G(y))$. （前束范式）

（2）$(\forall x)F(x)\to(\exists x)G(x)$

$\Leftrightarrow(\forall x)F(x)\to(\exists y)G(y)$

$\Leftrightarrow\neg(\forall x)F(x)\vee(\exists y)G(y)$

$\Leftrightarrow(\exists x)\neg F(x)\vee(\exists y)G(y)$

$\Leftrightarrow(\exists x)(\exists y)(\neg F(x)\vee G(y))$ （前束范式）

$\Leftrightarrow(\exists x)(\exists y)(F(x)\to G(y))$. （前束范式）

（3）$(\forall x)F(x,y)\to(\exists y)G(x,y)$

$\Leftrightarrow\neg(\forall x)F(x,y)\vee(\exists y)G(x,y)$

$\Leftrightarrow(\exists x)\neg F(x,y)\vee(\exists y)G(x,y)$

$\Leftrightarrow(\exists u)\neg F(u,y)\vee(\exists v)G(x,v)$ （换名规则）

$\Leftrightarrow(\exists u)(\exists v)(F(u,y)\to G(x,v))$， （前束范式）

或者$(\forall x)F(x,y)\to(\exists y)G(x,y)$

$\Leftrightarrow\neg(\forall x)F(x,y)\vee(\exists y)G(x,y)$

$\Leftrightarrow(\exists x)\neg F(x,y)\vee(\exists y)G(x,y)$

$\Leftrightarrow(\exists x)\neg F(x,s)\vee(\exists y)G(t,y)$ （替换规则）

$\Leftrightarrow(\exists x)(\exists y)(\neg F(x,s)\vee G(t,y))$.

求谓词公式的前束范式的步骤：

（1）消去公式中的“$\to$”和“$\leftrightarrow$”联结词；

（2）将量词前的“$\neg$”移至量词的辖域内；

（3）对公式中有歧义的变元进行约束变元的换名或自由变元的替换；

（4）使用量词辖域的扩张律和收缩律中的前4个等值式或量词分配等值式将量词按顺序移到公式的最前面.

2.5 谓词演算的推理理论

与命题推理理论相似，从前提 $A_1,A_2,\cdots,A_k$ 出发，推得有效结论 B 的过程，即证明$(A_1\wedge A_2\wedge\cdots\wedge A_k)\to B$ 为重言式的过程. 本节重点介绍谓词演算的构造性证明.

2.5.1 推理定律的来源

第一组：命题推理定律的代换实例.

如命题推理中假言推理规则：$P\wedge(P\rightarrow Q)\Rightarrow Q$，即$(P\wedge(P\rightarrow Q))\rightarrow Q$为重言式，所以它的代换实例$(\forall x)P(x)\wedge((\forall x)P(x)\rightarrow(\exists y)Q(y))\rightarrow(\exists y)Q(y)$是重言式，因此我们有$(\forall x)P(x)\wedge((\forall x)P(x)\rightarrow(\exists y)Q(y))\Rightarrow(\exists y)Q(y)$. 这组规则有很多，读者在应用时要熟记命题推理理论的推理定律.

第二组：基本等价公式生成的推理定律.

如$\neg(\forall x)P(x)\Leftrightarrow(\exists x)\neg P(x)$，即$\neg(\forall x)P(x)\leftrightarrow(\exists x)\neg P(x)$为重言式，又因为$\neg(\forall x)P(x)\leftrightarrow(\exists x)\neg P(x)\Leftrightarrow(\neg(\forall x)P(x)\rightarrow(\exists x)\neg P(x))\wedge((\exists x)\neg P(x)\rightarrow\neg(\forall x)P(x))$，因此，$\neg(\forall x)P(x)\rightarrow(\exists x)\neg P(x)$和$(\exists x)\neg P(x)\rightarrow\neg(\forall x)P(x)$都是重言式，即可以得到$\neg(\forall x)P(x)\Rightarrow(\exists x)\neg P(x)$和$(\exists x)\neg P(x)\Rightarrow\neg(\forall x)P(x)$两个推理规则.

第三组：几个非等价的重要推理定律.

(1) $(\forall x)A(x)\vee(\forall x)B(x)\Rightarrow(\forall x)(A(x)\vee B(x))$;

(2) $(\exists x)(A(x)\wedge B(x))\Rightarrow(\exists x)A(x)\wedge(\exists x)B(x)$;

(3) $(\forall x)(A(x)\rightarrow B(x))\Rightarrow(\forall x)A(x)\rightarrow(\forall x)B(x)$;

(4) $(\exists x)(A(x)\rightarrow B(x))\Rightarrow(\exists x)A(x)\rightarrow(\exists x)B(x)$.

第四组：消、添量词定律.

(1) 全称量词消去规则(**UI 规则**)

$$(\forall x)P(x)\Rightarrow P(a).$$

这里的a是个体域中的任意一个具体的客体.

(2) 全称量词引入规则(**UG 规则**)

$$P(a)\Rightarrow(\forall x)P(x).$$

这里的a是一个具体的客体，且它可以是个体域中的任意一个具体的客体. 即只有个体域中的任意个体a都有$P(a)$为真时，才有$(\forall x)P(x)$为真. 全称量词引入规则要非常谨慎.

(3) 存在量词消去规则(**EI 规则**)

$$(\exists x)P(x)\Rightarrow P(a).$$

这里的a是个体域中的某个具体的客体.

(4) 存在量词引入规则(**EG 规则**)

$$P(a)\Rightarrow(\exists x)P(x).$$

这里的a是个体域中的某个具体的客体即可.

总的来说，我们常见的推理规则如下：

(1) 前提引入规则；(相当于已知条件)

(2) 结论引入规则；(相当于已证的结论)

(3) 置换规则；(相当于等价公式)

(4) 假言推理规则；

(5) 附加规则；

(6) 化简规则；

(7) 拒取式规则；

(8) 假言三段论规则；
(9) 析取三段论规则；
(10) 构造性二难规则；
(11) 合取引入规则；
(12) UI 规则
(13) UG 规则；
(14) EI 规则；
(15) EG 规则.

本书主要讨论单个量词的谓词推理，在使用 UI 规则、UG 规则、EI 规则和 EG 规则时，所用的公式都必须是前束范式.

2.5.2 推理的实例

例 2.22 验证著名的苏格拉底三段论的正确性.

所有的人都是要死的.
苏格拉底是人.
所以苏格拉底是要死的.

解 设 $P(x)$：x 是人；$D(x)$：x 会死；s：苏格拉底.

前提符号化为 $(\forall x)(P(x)\rightarrow D(x))$；$P(s)$；

结论符号化为 $D(s)$.

证明

① $(\forall x)(P(x)\rightarrow D(x))$	前提引入
② $P(s)\rightarrow D(s)$	①UI 规则
③ $P(s)$	前提引入
④ $D(s)$	②③假言推理

亚里士多德(前 384—前 322)，是古希腊的哲学家、科学家和教育家，被誉为希腊哲学的集大成者，对西方哲学产生了深远的影响. 他创立了形式逻辑学，提出著名的“三段论”，奠定了数理逻辑的基础. 亚里士多德强调判断的主词和宾词联系反映事物间的客观关系，为传统逻辑的发展奠定了基础. 他的著作丰富，涉及伦理学、形而上学、心理学等多个领域，对后世影响深远. 他的逻辑思想为科学研究和哲学思考提供了有力工具，是西方思想史上的重要人物.

例 2.23 构造推理证明：

前提：$(\forall x)(F(x)\rightarrow G(x))$，$(\exists x)\neg G(x)$；

结论：$\neg(\forall x)F(x)$.

证明

① $(\exists x)\neg G(x)$	前提引入
② $\neg G(a)$	①EI 规则
③ $(\forall x)(F(x)\rightarrow G(x))$	前提引入

④ $F(a) \to G(a)$ ③UI 规则
⑤ $\neg F(a)$ ②④拒取式
⑥ $(\exists x)\neg F(x)$ ⑤EG 规则
⑦ $\neg(\forall x)F(x)$ ⑥置换

注：

（1）同一个推理过程中需要使用 UI 规则和 EI 规则时，为了保证消去量词后代入个体域中同一个体常元，应先使用 EI 规则，再使用 UI 规则.

（2）当采用直接证明法缺少前提条件时，与命题逻辑推理一样，可以使用间接证明法，即 CP 规则法和反证法.

例 2.24 构造推理证明：

前提：$(\forall x)(A(x) \to B(x))$，

结论：$(\forall x)A(x) \to (\forall x)B(x)$.

方法一（CP 规则）

证明 ① $(\forall x)A(x)$ 附加前提引入
② $A(a)$ ①UI 规则
③ $(\forall x)(A(x) \to B(x))$ 前提引入
④ $A(a) \to B(a)$ ③UI 规则
⑤ $B(a)$ ②④假言推理
⑥ $(\forall x)B(x)$ ⑤UG 规则
⑦ $(\forall x)A(x) \to (\forall x)B(x)$ ①⑥CP 规则

注：一般地，如果消量词用了 EI 规则，则只能用 EG 规则添量词，如果全是用 UI 规则消的量词，则可以用 UG 规则添加量词，也可以用 EG 规则添加量词.

方法二（反证法）

证明 ① $\neg((\forall x)A(x) \to (\forall x)B(x))$ 结论否定引入
② $\neg(\neg(\forall x)A(x) \vee (\forall x)B(x))$ ①置换
③ $(\forall x)A(x) \wedge \neg(\forall x)B(x)$ ②置换
④ $\neg(\forall x)B(x)$ ③化简
⑤ $(\exists x)\neg B(x)$ ④置换
⑥ $\neg B(a)$ ⑤EI 规则
⑦ $(\forall x)A(x)$ ③化简
⑧ $A(a)$ ⑦UI 规则
⑨ $(\forall x)(A(x) \to B(x))$ 前提引入
⑩ $A(a) \to B(a)$ ⑨UI 规则
⑪ $B(a)$ ⑧⑩假言推理
⑫ $B(a) \wedge \neg B(a)$ ⑥⑪合取引入，矛盾

例 2.25 判断下面推理是否有效？

在这个班上有某个学生没有读过这本书，这个班上的每个人都通过了第一次考试，因此

通过第一次考试的某个人没有读过这本书.

解 设 $P(x)$：x 在这个班上；$Q(x)$：x 读过这本书；$R(x)$：x 通过了第一次考试.

前提：$(\exists x)(P(x)\land\neg Q(x))$，$(\forall x)(P(x)\to R(x))$，

结论：$(\exists x)(R(x)\land\neg Q(x))$.

证明

① $(\exists x)(P(x)\land\neg Q(x))$ 前提引入

② $P(a)\land\neg Q(a)$ ①EI 规则

③ $P(a)$ ②化简

④ $(\forall x)(P(x)\to R(x))$ 前提引入

⑤ $P(a)\to R(a)$ ④UI 规则

⑥ $R(a)$ ③⑤假言推理

⑦ $\neg Q(a)$ ②化简

⑧ $R(a)\land\neg Q(a)$ ⑥⑦合取引入

⑨ $(\exists x)(R(x)\land\neg Q(x))$ ⑧EG 规则

习题 2

1. 设个体域为自然数集 **N**，$E(x)$：x 是偶数，$P(x)$：x 是素数，用零元谓词将下列命题符号化，并讨论它们的真假.

(1) 3 是奇素数.

(2) 除非 2 是偶数，否则 4 不是偶数.

(3) 只有 2 是素数，6 才是素数.

(4) 2 是素数当且仅当 4 是素数.

(5) 3 不是偶数当且仅当 5 是偶数.

(6) 2 或 3 是素数.

2. 将下列命题用谓词进行符号化.

(1) 小王学过英语和计算机.

(2) 凡是鸟都有翅膀.

(3) 有些同学收到了复试通知.

(4) 有的人用左手写字.

(5) 不是所有的命题公式都是永假式.

(6) 有些人喜欢重庆火锅，但未必所有人都喜欢重庆火锅.

(7) 不存在完美无缺的人.

(8) 不是每个人都会成为你的朋友并且跟你兴趣相同.

3. 使用多个量词(至少 2 个)符号化下列命题.

(1) 没有最小的整数.

(2) 有的火车比所有汽车都快.

(3) 有的学生比有的老师还熟练.

4. 分别以学生和所有人为个体域，符号化下列命题.

(1) 有的学生喜欢骑单车.

(2) 不存在不喜欢去食堂吃饭的学生.

(3) 每个学生都喜欢名师讲堂.

(4) 凡是学生或者喜欢骑单车或者喜欢步行，二者居其一.

(5) 不是每个学生都是天才并且有的学生并不是完美的.

(6) 所有的学生都要保持警惕并且远离各种骗局.

5. 将下列命题符号化，如果个体域是实数集 **R**，指出各个命题的真值.

(1) 对所有的 x，都存在 y，使得 $xy=0$.

(2) 对所有的 x，都存在 y，使得 $y=x+1$.

(3) 对所有的 x 和 y，都有 $xy=yx$.

(4) 存在 x，对所有的 y，使得 $xy=1$.

6. 将下列公式翻译成自然语言，如果个体域是整数集 **Z**，指出各个命题的真值.

(1) $(\forall x)(\forall y)(\exists z)(x-y=z)$.

(2) $(\forall x)(\exists y)(xy=1)$.

(3) $(\exists x)(\forall y)(x+y=0)$.

(4) $(\exists x)(\forall y)(xy=0)$.

7. 试判断下列符号串是否为谓词公式.

(1) $\neg P(a)\land(Q(x,y)\to(\forall z)R(z))$.

(2) $(\exists y)\neg P(x,y)\lor(\forall x)Q(x,y))$.

(3) $(\forall x)(P(x,y)\to\neg R(x)\land(\exists y)Q(y))$.

(4) $(\forall x)P(x,y)(\exists y)(\neg R(x)\land Q(y))$.

(5) $(\forall x)P(x)\land(\exists y)Q(x,y)\land\cdots$.

(6) $(\forall x)P(x,y,z)+\exists(y)Q(x,y)$.

8. 指出下列各个公式中量词的辖域及变元的

类型.

(1) $(\forall x)F(x)\rightarrow G(x,z)$.

(2) $(\forall x)(P(x)\rightarrow F(x,y))\vee(\exists y)G(x,y)$.

(3) $(\forall x)(\exists y)F(x,y)\rightarrow(\exists z)G(x,y,z)$.

(4) $(\exists x)(\forall y)(F(x,y)\rightarrow(\forall x)G(x,y,z))$.

(5) $(\forall x)(\exists z)(P(x,y)\rightarrow R(z))\wedge Q(x,y,z)$.

(6) $\exists(x)(P(x,y)\rightarrow\neg(\forall z)R(x,z))$.

9. 设个体域 $D=\{a,b\}$，消去下列公式的量词.

(1) $(\forall x)F(x)\wedge(\exists y)G(y)$.

(2) $(\exists x)\neg(F(x)\rightarrow(\forall y)G(y))$.

(3) $(\exists x)(\forall y)F(x,y)$.

(4) $(\forall x)(\exists y)(F(x,y)\rightarrow Q(x))$.

10. 设解释 I 为 $D=\{a,b\}$，$P(a,a)=1$，$P(a,b)=0$，$P(b,a)=1$，$P(b,b)=0$，$f(a)=b$，$f(b)=a$，试确定下列谓词公式在 I 下的真值.

(1) $(\forall x)(\exists y)P(x,y)$.

(2) $(\exists x)(\forall y)P(f(x),y)$.

(3) $(\forall x)(\forall y)P(x,f(y))$.

(4) $(\exists x)(\exists y)(P(x,y)\rightarrow\neg P(y,x))$.

11. 计算下列各式的真值，其中 D 为个体域.

(1) $(\exists x)(P(x)\vee R(x))\rightarrow Q(2)$. 解释：$D=\{1,2,3\}$；$P(x)$：$x\geqslant 1$；$Q(x)$：$x$ 是奇数；$R(x)$：$x-1\in D$.

(2) $(\forall x)((P(x)\rightarrow Q)\leftrightarrow R(x))$. 解释：$D=\{2,3,5\}$；$P(x)$：$x\leqslant 2$；$Q$：三角形内角和不等于 $180°$；$R(x)$：x 能整除 6.

(3) $(\exists x)(P(x)\vee\neg Q(x))\vee 0$. 解释：$D=\{2,3,5\}$；$P(x)$：$x^2\in D$；$Q(x)$：$x=0$.

12. 判定下列公式的类型.

(1) $(\forall x)P(x)\rightarrow(\exists x)P(x)$.

(2) $P(x)\rightarrow(\neg Q(x,y)\rightarrow P(x))$.

(3) $(\exists x)P(x)\rightarrow(\forall x)P(x)$.

(4) $\neg(P(x)\rightarrow(\forall y)(G(x,y)\rightarrow P(x)))$.

13. 举例说明 $(\forall x)(\exists y)P(x,y)$ 与 $(\exists y)(\forall x)P(x,y)$ 不等价.

14. 证明：(1) $(\forall x)A(x)\rightarrow B\Leftrightarrow(\exists x)(A(x)\rightarrow B)$.

(2) $B\rightarrow(\forall x)A(x)\Leftrightarrow(\forall x)(B\rightarrow A(x))$.

15. 求出下列公式的前束范式.

(1) $(\forall x)F(x)\rightarrow(\forall y)G(x,y)$.

(2) $(\forall x)(F(x,y)\rightarrow(\forall y)G(x,y,z))$.

(3) $(\forall x)(F(x,y)\rightarrow(\exists x)G(x,y))$.

16. 构造下列谓词推理.

(1) 前提：$(\forall x)(P(x)\vee Q(x))$，$\neg(\exists x)Q(x)$，
结论：$(\exists x)P(x)$.

(2) 前提：$(\forall x)(P(x)\rightarrow Q(x))$，
结论：$(\exists x)P(x)\rightarrow(\exists x)Q(x)$.

(3) 前提：$(\exists x)P(x)\rightarrow(\exists x)Q(x)$，
结论：$(\exists x)(P(x)\rightarrow Q(x))$.

(4) 前提：$(\forall x)(P(x)\rightarrow(Q(x)\wedge R(x)))$，$(\exists x)P(x)$，
结论：$(\exists x)(P(x)\wedge Q(x))$.

(5) 前提：$(\exists x)P(x)\rightarrow(\forall y)((P(y)\vee Q(y))\rightarrow R(y))$，$(\exists x)P(x)$，
结论：$(\exists x)(P(x)\wedge R(x))$.

(6) 前提：$(\forall x)(\neg P(x)\rightarrow Q(x))$，$(\forall x)(\neg Q(x)\vee\neg R(x))$，$(\forall x)R(x)$，
结论：$(\forall x)P(x)$.

17. 符号化下列命题，判断它们是否有效？

(1) 每个人都有梦想，不是所有人都能坚持到底，所以，存在有梦想但不能坚持到底的人.

(2) 所有的年轻人都喜欢新事物，苏明是学生且是年轻人，所以，有的学生喜欢新事物.

(3) 每个人或者辛苦工作或者享受生活，每个人当且仅当有一份好职业时享受生活，并非所有人都有一份好职业，因此，有些人辛苦工作.

(4) 每个勤奋努力的人都可以弥补天资的不足，所以，如果没有人可以弥补天资不足就没有人勤奋努力.（个体域取人类全体组成的集合）

18. 令谓词“$P(x)$：x 是婴儿，$Q(x)$：x 的行为合逻辑，$R(x)$：x 能管理鳄鱼，$S(x)$：x 被人轻视”，个体域为所有人的集合. 试用 $P(x)$，$Q(x)$，$R(x)$，$S(x)$、量词和逻辑联结词符号化下列语句.

(1) 婴儿行为不合逻辑.

(2) 能管理鳄鱼的人不被人轻视.

(3) 行为不合逻辑的人被人轻视.

(4) 婴儿不能管理鳄鱼.

请问，能从(1)(2)和(3)推出(4)吗？若不能，请写出(1)(2)和(3)的一个有效结论，并用演绎推理法证明之.

数理逻辑部分小结

这里我们介绍了数理逻辑的两个最基本的也是最重要的部分，就是“命题逻辑”和“谓词逻辑”．命题逻辑是研究关于命题如何通过一些逻辑联结词构成更复杂的命题以及逻辑推理的方法．如果我们把命题看作运算的对象，如同代数中的数字、字母或代数式，而把逻辑联结词看作运算符号，就像代数中的“加、减、乘、除”那样，那么由简单命题组成复合命题的过程，就可以当作逻辑运算的过程，也就是命题的演算．命题逻辑的一个具体模型就是逻辑代数．逻辑代数的运算特点如同电路分析中的开和关、高电位和低电位等现象完全一样，都只有两种不同的状态，因此，它在电路分析中得到广泛的应用．谓词逻辑也叫作命题函数逻辑，它是把命题的内部结构分析成具有主词和谓词的逻辑形式，由命题变元、联结词和量词构成，然后研究它们的逻辑推理关系．数理逻辑和计算机的发展有着密切的联系，它为机器证明、自动程序设计、计算机辅助设计等计算机应用和理论研究提供必要的理论基础．

数理逻辑部分知识结构图

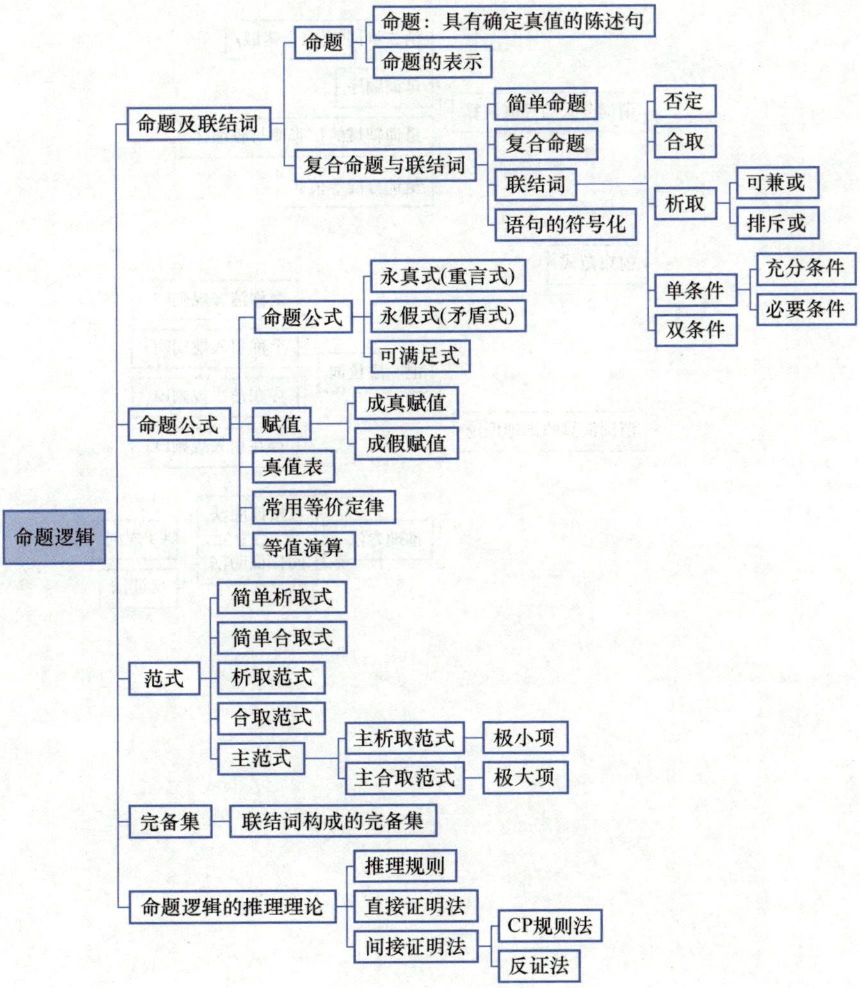

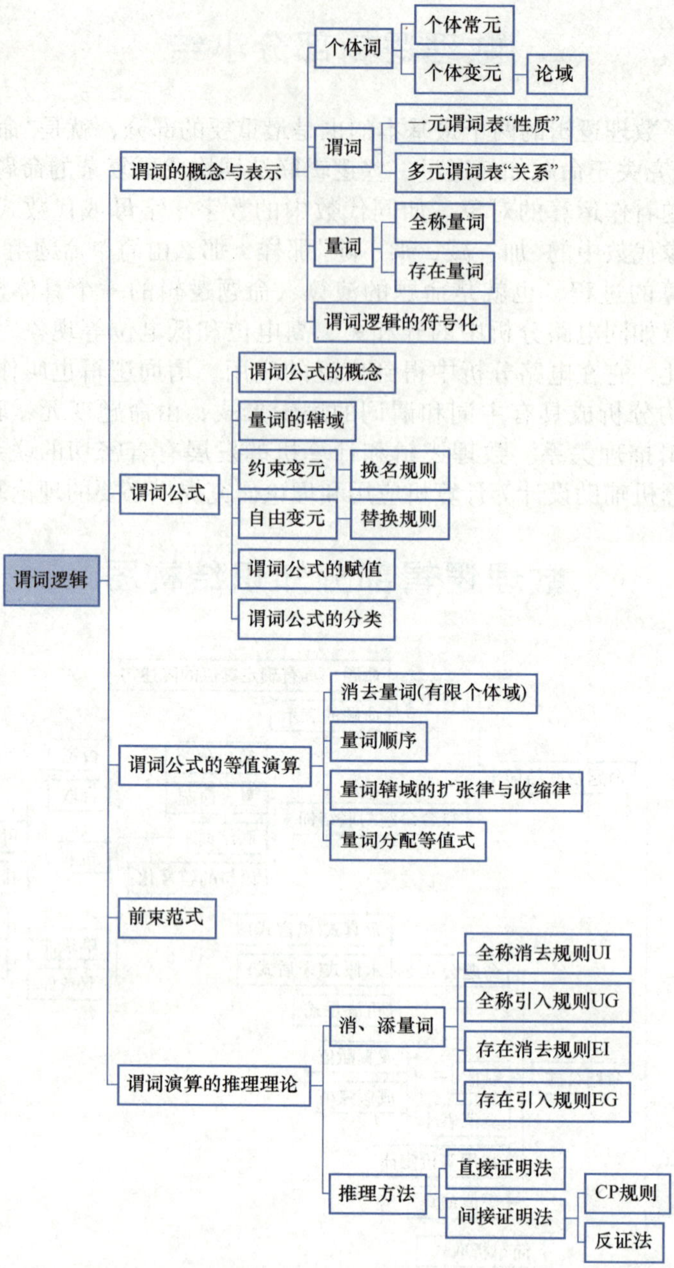

谓词逻辑
谓词的概念与表示
个体词
个体常元
个体变元
论域
谓词
一元谓词表“性质”
多元谓词表“关系”
量词
全称量词
存在量词
谓词逻辑的符号化
谓词公式
谓词公式的概念
量词的辖域
约束变元
换名规则
自由变元
替换规则
谓词公式的赋值
谓词公式的分类
谓词公式的等值演算
消去量词(有限个体域)
量词顺序
量词辖域的扩张律与收缩律
量词分配等值式
前束范式
谓词演算的推理理论
消、添量词
全称消去规则UI
全称引入规则UG
存在消去规则EI
存在引入规则EG
推理方法
直接证明法
间接证明法
CP规则
反证法

第 2 部分　集合论

集合论是现代数学的一个独立分支，被视为各个数学分支的共同语言和基础. 集合论在数学中占有独特的地位，它的基本概念已渗透到数学的所有领域，它是研究集合(由一堆抽象物件构成的整体)的数学理论，包含了集合、元素和成员关系等最基本的数学概念. 集合论作为数学中最富创造性的伟大成果之一，是在 19 世纪末由德国的康托尔(1845—1918)创立起来的. 按现代数学观点，数学各分支的研究对象或者本身是带有某种特定结构的集合(如群、环、拓扑空间)，或者是可以通过集合来定义的(如自然数、实数、函数). 从这个意义上说，集合论可以说是整个现代数学的基础. 集合论是关于无穷集合和超穷数的数学理论. 集合作为数学中最原始的概念之一，通常是指按照某种特征或规律结合起来的事物的总体. 例如国家图书馆的全部藏书，自然数的全体以及直线上所有点的总体等，集合论主要是围绕无穷集合而展开的. 集合论在几何、代数、分析、概率论、数理逻辑及程序语言等各个数学分支中，都有广泛的应用，尤其在计算机科学、人工智能、逻辑学、经济学、语言学和心理学等方面起着重要的应用. 集合的元素应该满足某些公理，有关集合论基础的重要问题至今还没有得到完满的解决. 本部分从集合的定义、元素、元素与集合的关系等方面出发，介绍有关集合论的一些基本知识，给出集合运算、二元关系、函数以及集合基数等方面的基本概念，即通常所谓的“朴素的集合论”，为信息类学科相关专业学习提供集合论基础. 这对大部分读者已经是足够的了，那些对集合的理论有进一步需求的读者，建议去研读有关公理集合论的专著.

第 3 章 集合

康托尔创建的集合论体系，在 20 世纪初被发现存在着种种悖论. 其中，罗素给出如下著名的悖论：“M 是由一切不属于自身的集合所构成的集合.”悖论产生的根源在于集合论无法研究“所有的集合组成的集合”. 为了解决这类问题，数学家们提出了集合论的公理体系. 但这部分内容对许多初学者来说较为困难，因此，本章只对集合运算、运算律，以及集合恒等式的证明等相关问题做简单的介绍.

3.1 集合的基本概念

3.1.1 集合的表示

集合论是从一个对象和集合之间的二元关系开始：若对象是集合的元素，可表示为对象属于集合. 由于集合也是一个对象，因此，上述关系也可以用在集合与集合的关系. 集合(即通常所谓的“集体”)是由它的元素(即通常所谓的“个体”)构成的. 集合通常用大写的英文字母表示，例如 $\mathbf{Z}$ 表示全体整数构成的集合，称为整数集；$\mathbf{Q}$ 表示全体有理数构成的集合，称为有理数集；$\mathbf{R}$ 表示全体实数构成的集合，称为实数集；$\mathbf{C}$ 表示全体复数构成的集合，称为复数集. 常见集合专用字符的约定具体如下所示.

$\mathbf{N}$—自然数集合　　$\mathbf{Z}$—整数集合($\mathbf{Z}^+$,$\mathbf{Z}^-$)

$\mathbf{Q}$—有理数集合($\mathbf{Q}^+$,$\mathbf{Q}^-$)　　$\mathbf{R}$—实数集合($\mathbf{R}^+$,$\mathbf{R}^-$)

$\mathbf{C}$—复数集合　　F—分数集合(F^+,F^-)

P—素数集合　　E—偶数集合

O—奇数集合

注：上标 + 和 - 是对正、负的区分.

集合有两种常见的表示法：

(1)列举法：把集合中的元素一一列举出来. 例如，

$$字母集\ A=\{a,b,c,\cdots,z\},$$

$$整数集\ \mathbf{Z}=\{\cdots,-2,-1,0,1,2,\cdots\}.$$

(2)描述法：用文句来描述一个集合由哪些元素构成. 即$\{x\mid x具有性质\ P\}$，通常也称作谓词法. 例如，集合可以表示为

$$字母集\ A=\{x\mid x\ 是英文字母\}.$$

$$整数集\ A=\{无小数部分的实数\}.$$

康托尔(Georg Cantor，1845—1918)是德国杰出的数学家，被誉为集合论的奠基人．他对数学的贡献不可估量，尤其是他提出的集合论，不仅奠定了实数系和整个微积分理论体系的基础，而且还创新性地引入了势和良序的概念．康托尔深刻认识到在两个集合成员间建立一对一关系的重要性，并成功定义了无限且有序的集合，这一突破性贡献在数学领域产生了深远的影响．

一般说来，集合的元素可以是任何类型的事物，但集合的元素构成具有以下共性：互异性(即各不相同)、无序性(即不考虑顺序)、确定性(即元素是明确的，不是模棱两可的)．集合也可以没有元素，例如平方等于2的有理数的集合，既大于1又小于2的整数的集合都没有任何元素．这种没有元素的集合称之为**空集**，记作$\varnothing$．此外，仅由一个元素构成的集合，我们常称为**单点集**．当集合A中元素个数有限时，则称A为**有限集**，否则称为**无限集**．

3.1.2 常用符号

以下是一些常用的符号：

$\in$：表示元素与集合的关系，如：$a\in A$，读作 ***a* 属于 *A***，表示a是集合A的元素．

$\subseteq$：表示集合与集合的关系，如：$A\subseteq B$(等价于$(\forall x)(x\in A\to x\in B)$)，读作 ***A* 包含于 *B***，表示$A$是$B$的子集．

$\supseteq$：表示与上述相反的含义．

$=$：表示两个集合相等，如：$A=B$(等价于$A\subseteq B\wedge B\subseteq A$)，表示 ***A* 等于 *B***．

$\subset$：设A，B为集合，$A\subseteq B$，但$A\neq B$，则$A\subset B$，表示A **真包含于 *B***，即A是B的真子集．

$\supset$：表示与上述相反的含义．

注：(1) $\notin$，$\nsubseteq$，$\neq$，$\not\subset$分别读作“不属于”，“不包含于”，“不等于”，“不真包含于”．分别表示与上述对应相反的意思．

(2) 空集是一切集合的子集．

定义 3.1 设A为集合，称A的全体子集构成的集合叫作A的**幂集**，记为$P(A)$或2^A．即符号化为$P(A)=\{X\mid X\subseteq A\}$．

例 3.1 设$A=\{1,2,3\}$，求$P(A)$．

解 $P(A)=\{\varnothing,\{1\},\{2\},\{3\},\{1,2\},\{1,3\},\{2,3\},\{1,2,3\}\}$．

定理 3.1 如果有限集A有n个元素，则其幂集$P(A)$有2^n个元素．

证明 集合A的所有由k个元素组成的子集数为从n个元素中取k个元素的组合数．即

$$C_n^k=\frac{n(n-1)(n-2)\cdots(n-k+1)}{k!}.$$

另外，因$\varnothing\subseteq A$，故$P(A)$的元素个数$|P(A)|$可表示为

$$|P(A)| = 1 + C_n^1 + C_n^2 + \cdots + C_n^k + \cdots + C_n^n = \sum_{k=0}^{n} C_n^k.$$

由于 $(x+y)^n = \sum_{k=0}^{n} C_n^k x^k y^{n-k}$，且令 $x = y = 1$，得 $2^n = \sum_{k=0}^{n} C_n^k$，故 $P(A)$ 的元素个数是 2^n.

例 3.2 证明：对于"M 是由一切不属于自身的集合所构成的集合"，这样的集合 M 不存在.

证明 用反证法证明. 假设存在这样的集合，即

$$M = \{x \mid x\text{是一个集合} \wedge x \notin x\}.$$

下面考虑集合 M 本身，①若集合 $M \in M$，则由集合 M 的定义，则有 $M \notin M$，矛盾. ②若集合 $M \notin M$，则由集合 M 的定义，则有 $M \in M$，矛盾. 由①②可知，集合 M 是不存在的.

为了体系上的严谨性，一般规定：对任何集合 A 都有 $A \notin A$.

定义 3.2 在一个具体问题中，如所涉及的集合都是某个集合的子集，则称这个集合为**全集**，记作 E.

全集的选择具有相对性，可根据需要选择不同的集合，但在同一系统中前后要保证其统一性，不能前后出现两个全集.

3.2 集合的基本运算

3.2.1 集合的二元运算

给定集合 A 和 B，通过在集合之间的下列运算可以生成新的集合.

定义 3.3 设 A，B 为集合，构造下列运算：

A 与 B 的**并**：　$A \cup B = \{x \mid x \in A \vee x \in B\}$.

A 与 B 的**交**：　$A \cap B = \{x \mid x \in A \wedge x \in B\}$.

A 与 B 的**差**：　$A - B = \{x \mid x \in A \wedge x \notin B\}$.

A 与 B 的**对称差**：　$A \oplus B = (A - B) \cup (B - A)$.

定义 3.4 设 E 为全集，$A \subseteq E$，则称 $\widetilde{A}$ 为 A 的**补集**，其中

$$\widetilde{A} = \{x \mid x \in E \wedge x \notin A\}.$$

说明 (1) 两个集合交或并可以推广成 n 个集合、无穷多个集合的交或并. 即

$$A_1 \cup A_2 \cup \cdots \cup A_n = \{x \mid x \in A_1 \vee x \in A_2 \vee \cdots \vee x \in A_n\}.$$

$$A_1 \cap A_2 \cap \cdots \cap A_n = \{x \mid x \in A_1 \wedge x \in A_2 \wedge \cdots \wedge x \in A_n\}.$$

$$A_1 \cup A_2 \cup \cdots \cup A_n \cup \cdots = \{x \mid x \in A_1 \vee x \in A_2 \vee \cdots \vee x \in A_n \vee \cdots\}.$$

$$A_1 \cap A_2 \cap \cdots \cap A_n \cap \cdots = \{x \mid x \in A_1 \wedge x \in A_2 \wedge \cdots \wedge x \in A_n \wedge \cdots\}.$$

以上集合可以分别简单记作 $\bigcup_{i=1}^{n} A_i$，$\bigcap_{i=1}^{n} A_i$，$\bigcup_{i=1}^{\infty} A_i$，$\bigcap_{i=1}^{\infty} A_i$.

(2) A 与 B 的交集为空集，以后常称它们不交或相交为空.

(3) $A\oplus\varnothing=A$，$A\oplus A=\varnothing$.

(4) $E-A=\widetilde{A}$，表示集合 A 在集合 E 中的补集.

(5) $A-B=A\cap\widetilde{B}$.

例 3.3 设 $A=\{a,b,c\}$，$B=\{b,c\}$，求下列集合 $A\cup B$，$A\cap B$，$A-B$，$A\oplus B$.

解 $A\cup B=\{a,b,c\}$，

$A\cap B=\{b,c\}$，

$A-B=\{a\}$，

$A\oplus B=\{a\}$.

3.2.2 文氏图

集合之间的相互关系和有关的运算结果可以用文氏图给予形象的描述. 文氏图的构造如下：先画个大矩形表示全集 E，其次在矩形内画些圆，用圆的内部表示某个集合. 如图 3.1 所示是集合间的某种关系和运算的具体实例.

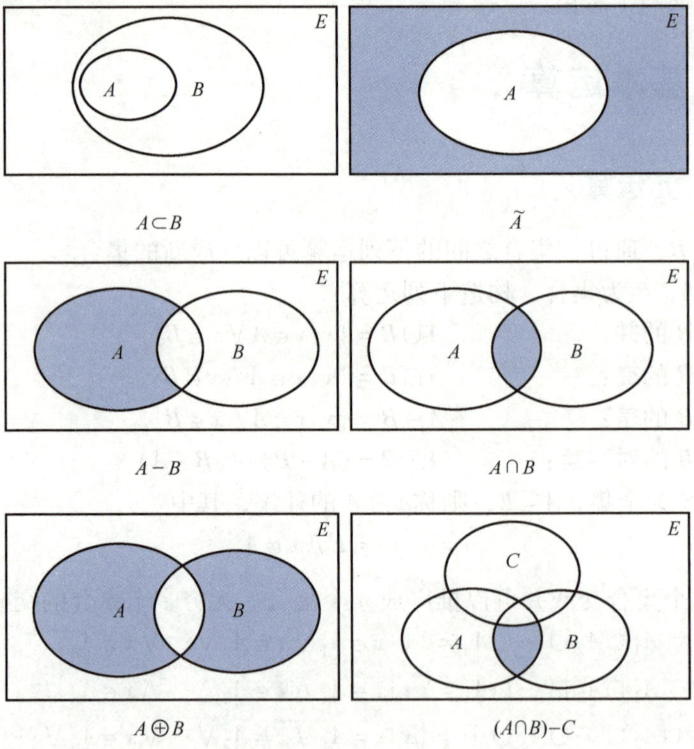

图 3.1

集合的交、并、补等运算大家都比较熟悉，它们的性质这里不再赘述，根据对称差的定义容易推得如下性质：

(1) $A\oplus B=B\oplus A$；

(2) $A\oplus\varnothing=A$；

(3) $A \oplus A=\varnothing$;

(4) $A \oplus B=(A \cap \widetilde{B}) \cup(\widetilde{A} \cap B)$;

(5) $(A \oplus B) \oplus C=A \oplus(B \oplus C)$.

对称差运算的结合性亦可用图 3.2 说明.

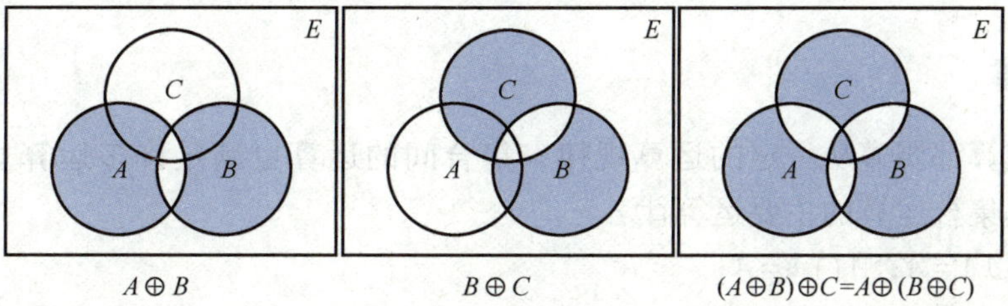

图 3.2

3.2.3 集合的一元运算

以上运算是多个集合间的运算，下面介绍建立在一个集合上的几类运算.

定义 3.5 设 S 为集合，S 的元素的元素构成的集合称为 S 的**广义并**，记为$\cup S$，即

$$\cup S=\{x \mid(\exists z)(z \in S \wedge x \in z)\}.$$

定义 3.6 设 S 为非空集合，S 的元素的公共元素构成的集合称为 S 的**广义交**，记为$\cap S$，即

$$\cap S=\{x \mid(\forall z)(z \in S \rightarrow x \in z)\}.$$

说明 (1) 规定$\cup \varnothing=\varnothing$，$\cap \varnothing$无意义.

(2) 若 $S=\{S_1, S_2, \cdots, S_n\}$，则由定义不难证明

$$\cup S=S_1 \cup S_2 \cup \cdots \cup S_n, \quad \cap S=S_1 \cap S_2 \cap \cdots \cap S_n.$$

(3) 并运算和广义并运算的运算符相同，但前者是二元运算，后者是一元运算，因此在运算过程中不能对运算符$\cup$产生误解.

例 3.4 设集合 $A=\{\{a, b, c\},\{a, c, d\},\{a, c, e\}\}$，求$\cup A$，$\cap A$，$\cup \cup A$，$\cap \cap A$，$\cup \cap A$，$\cap \cup A$.

解 $\cup A=\{a, b, c, d, e\}$;

$\cap A=\{a, c\}$;

$\cup \cup A=a \cup b \cup c \cup d \cup e$;

$\cap \cap A=a \cap c$;

$\cup \cap A=a \cup c$;

$\cap \cup A=a \cap b \cap c \cap d \cap e$.

3.2.4 优先级

为了简单确定地表达各类集合表达式，我们规定集合运算的**优先级**如下：

一元运算符(补集，幂集，广义并，广义交)优先于二元运算符(差集，并集，交集，对称差，笛卡儿积)；二元运算符优先于集合关系符($\in$，$\subseteq$，$=$，$\subset$). 此外，许多集合表达式里还

使用到联结词、逻辑关系符及括号，我们规定：

（1）集合运算优先于逻辑运算.
（2）括号内优先于括号外.
（3）同一括号内，二元运算的同一优先级按照从左到右运算.

3.2.5 运算律

任何代数运算都要遵从一定的运算规律，集合间的运算也满足许多运算规律，下面给出的集合恒等式是集合运算的主要运算律.

幂等律：$A\cup A=A$，$A\cap A=A$；
同一律：$A\cup\varnothing=A$，$A\cap E=A$；
零　律：$A\cup E=E$，$A\cap\varnothing=\varnothing$；
结合律：$(A\cup B)\cup C=A\cup(B\cup C)$，$(A\cap B)\cap C=A\cap(B\cap C)$；
交换律：$A\cup B=B\cup A$，$A\cap B=B\cap A$；
分配律：$A\cup(B\cap C)=(A\cup B)\cap(A\cup C)$，$A\cap(B\cup C)=(A\cap B)\cup(A\cap C)$；
排中律：$A\cup\widetilde{A}=E$；
矛盾律：$A\cap\widetilde{A}=\varnothing$；
吸收律：$A\cap(A\cup B)=A$，$A\cup(A\cap B)=A$；
德摩根律：$\widetilde{A\cup B}=\widetilde{A}\cap\widetilde{B}$，$\widetilde{A\cap B}=\widetilde{A}\cup\widetilde{B}$，$A-(B\cap C)=(A-B)\cup(A-C)$，$A-(B\cup C)=(A-B)\cap(A-C)$；
双重否定律：$\widetilde{\widetilde{A}}=A$.

3.2.6 集合恒等式的证明

以上恒等式的证明，可采用命题逻辑的等值式证明，其基本思想是
欲证：$A=B$，即证：$A\subseteq B\land B\subseteq A$，即证：对任意的 x，$x\in A\Rightarrow x\in B$，且 $x\in B\Rightarrow x\in A$.

例 3.5 证明下列集合恒等式：
（1）$A\cup(B\cap C)=(A\cup B)\cap(A\cup C)$；
（2）$A-B=A\cap\widetilde{B}$；
（3）$A-(B\cap C)=(A-B)\cup(A-C)$.

证明 （1）对任意的 x，

$$\begin{aligned}&x\in A\cup(B\cap C)\\ \Leftrightarrow\ &x\in A\lor x\in(B\cap C)\\ \Leftrightarrow\ &x\in A\lor(x\in B\land x\in C)\\ \Leftrightarrow\ &(x\in A\lor x\in B)\land(x\in A\lor x\in C)\\ \Leftrightarrow\ &x\in A\cup B\land x\in A\cup C\\ \Leftrightarrow\ &x\in(A\cup B)\cap(A\cup C).\end{aligned}$$

（2）对任意的 x，

$$x\in A-B\Leftrightarrow x\in A\land x\notin B\Leftrightarrow x\in A\land x\in\widetilde{B}\Leftrightarrow x\in(A\cap\widetilde{B}).$$

（3）对任意的 x，

$$
\begin{aligned}
& x\in A-(B\cap C)\\
\Leftrightarrow & x\in A\wedge x\notin (B\cap C)\\
\Leftrightarrow & x\in A\wedge \neg\, x\in (B\cap C)\\
\Leftrightarrow & x\in A\wedge \neg\, (x\in B\wedge x\in C)\\
\Leftrightarrow & x\in A\wedge (\neg\, x\in B\vee \neg\, x\in C)\\
\Leftrightarrow & (x\in A\wedge \neg\, x\in B)\vee (x\in A\wedge \neg\, x\in C)\\
\Leftrightarrow & (x\in A\wedge x\notin B)\vee (x\in A\wedge x\notin C)\\
\Leftrightarrow & (x\in A-B)\vee (x\in A-C)\\
\Leftrightarrow & x\in (A-B)\cup (A-C).
\end{aligned}
$$

集合恒等式的证明一般可以采用命题逻辑的等值式的方法，也可以利用以上恒等式直接证明.

例 3.6 证明：(1) $\widetilde{A\cup B}=\widetilde{A}\cap\widetilde{B}$；

(2) $A\oplus B=(A\cup B)-(A\cap B)$.

证明 (1) $\widetilde{A\cap B}=E-(A\cap B)=(E-A)\cup(E-B)=\widetilde{A}\cup\widetilde{B}$；

(2)
$$
\begin{aligned}
A\oplus B &=(A-B)\cup(B-A)\\
&=(A\cap\widetilde{B})\cup(B\cap\widetilde{A})\\
&=(A\cup B)\cap(A\cup\widetilde{A})\cap(\widetilde{B}\cup B)\cap(\widetilde{B}\cup\widetilde{A})\\
&=(A\cup B)\cap(\widetilde{A\cap B})\\
&=(A\cup B)-(A\cap B).
\end{aligned}
$$

例 3.7 证明：$A\subseteq B\Leftrightarrow P(A)\subseteq P(B)$.

证明 (1) 必要性：对任意的 x，

$$x\in P(A)\Rightarrow x\subseteq A\Rightarrow x\subseteq B\Rightarrow x\in P(B)，因此，P(A)\subseteq P(B).$$

(2) 充分性：对任意的 x，

$$x\in A\Rightarrow \{x\}\subseteq A\Rightarrow \{x\}\in P(A)\Rightarrow \{x\}\in P(B)\Rightarrow \{x\}\subseteq B\Rightarrow x\in B,$$

因此，$A\subseteq B$. 结论得证.

例 3.8 证明：对任意的集合 A，有 $\cup P(A)=A$.

证明 对任意的 x，

$$
\begin{aligned}
& x\in \cup P(A)\Leftrightarrow(\exists y)(x\in y\wedge y\in P(A))\\
& \Leftrightarrow(\exists y)(x\in y\wedge y\subseteq A)\\
& \Leftrightarrow x\in A,
\end{aligned}
$$

所以，有 $\cup P(A)=A$ 成立.

除了以上关于集合运算的关系式以外，还有许多集合运算性质的重要结果，以下列出了部分表达式，请读者自己完成证明.

$A-B=A-(A\cap B)$，　　$A\cup B=A\cup(B-A)$，

$A\oplus(A\oplus B)=B$，　　$A=B\Leftrightarrow P(A)=P(B)$，

$P(A)\cup P(B)\subseteq P(A\cup B)$，　　$P(A)\cap P(B)=P(A\cap B)$，

$(A\subseteq B)\wedge(C\subseteq D)\Rightarrow(A-D)\subseteq(B-C)$.

3.3 抽屉原理和容斥原理

3.3.1 抽屉原理(鸽巢原理)

桌上有十个苹果，现在要把这十个苹果放到九个抽屉里，无论怎样放，我们会发现至少会有一个抽屉里面放不少于两个苹果. 这一现象就是我们所说的“抽屉原理”. 抽屉原理的一般含义为：“如果每个抽屉代表一个集合，每一个苹果就可以代表一个元素，假如有 $n+1$ 个元素放到 n 个集合中去，其中必定有一个集合里至少有两个元素.”**抽屉原理**有时也被称为**鸽巢原理**，它是组合数学中一个重要的原理.

定理 3.2 把 n 个物体放到 k 个抽屉里，$k<n$，则至少有一个抽屉里的物体不少于两件.

抽屉原理只能确定至少包含两个物体的抽屉的存在性，但不能指出如何找到这样的抽屉. 运用抽屉原理时必须确定哪些对象相当于物体，而哪些对象相当于抽屉. 一般来说，较多的一方就是物体，较少的一方就是抽屉.

例 3.9 有 10 个人，他们的姓为 Lee、McDuf、Ng，名为 Alice、Bermard、Charles，证明至少有两个人同名同姓.

证明 方法一 抽屉原理，这 10 个人的姓名共有 9 种可能. 将人看作物体，将姓名看作抽屉，将为人指定姓名看作将物体放进抽屉. 根据抽屉原理，至少有两个人(物体)具有相同的姓名(抽屉).

方法二 反证法，假设 10 个人中没有任何两个人有相同的名和姓. 由于有 3 个名字和 3 个姓氏，故最多有 9 人. 这一矛盾说明，至少有两人必然有相同的名和相同的姓.

注：使用抽屉原理给出的证明一般是通过构造矛盾来完成的. (实际上，抽屉原理本身的证明就是利用反证法给出的)尽管这些证明本质上是相同的，考虑一种特殊的情形还是比其他情形更为容易一些.

定理 3.3 设 f 为有限集合 X 到有限集合 Y 的函数，且 $|X|>|Y|$，则必存在 $x_1, x_2 \in X$，$x_1 \neq x_2$，满足 $f(x_1)=f(x_2)$.

其中 X 相当于第一种形式中的物体，Y 相当于第一种形式中的抽屉. 物体 x 放入抽屉 $f(x)$. 由抽屉原理的第一种形式，至少有两个物体($x_1, x_2 \in X$)放入同一个抽屉，即对某两个 $x_1, x_2 \in X$，$x_1 \neq x_2$，满足 $f(x_1)=f(x_2)$.

例 3.10 证明从编号为 1 ~ 300 的计算机科学课程中可选取 151 门不同编号的课程，至少有两门编号相邻.

证明 设选出的课程编号为 $c_1, c_2, \cdots, c_{151}$，将这 151 个数字连同 $c_1+1, c_2+1, \cdots, c_{151}+1$ 共有 302 个数字，取值为 1 ~ 301. 根据抽屉原理第二种形式，至少有两个数字相等. 由于 $c_1, c_2, \cdots, c_{151}$ 中的数字互不相等，$c_1+1, c_2+1, \cdots, c_{151}+1$ 也互不相等，因此 $c_1, c_2, \cdots, c_{151}$ 中必有一个数字与 $c_1+1, c_2+1, \cdots, c_{151}+1$ 中的一个数字相同. 即

$$c_i = c_j + 1.$$

表明课程 c_i 与 c_j 的编号相邻.

定理3.4　把多于 $m\times n+1$（n 不为0）个物体放到 n 个抽屉里，则至少有一个抽屉里有不少于 $m+1$ 个物体.

证明　反证法，假设每个抽屉里最多放入 m 个物体. 考虑 n 个抽屉，它们最多可以容纳的物体数量为 $m\times n$. 然而，我们有多于 $m\times n+1$ 个物体需要放置，这与抽屉的容量相矛盾，因为它超出了抽屉的容量限制. 因此，假设不成立，必然存在至少一个抽屉中包含不少于 $m+1$个物体.

例3.11　有7本书，现在要放在2个书架上，证明至少有4本书放在同一个书架上.

证明　把书抽象成物体，书架抽象成抽屉. $7=3\times2+1$，所以 $n=2$，$m=3$. 由定理3.4得，至少有一个书架有不少于3+1本书.

定理3.5　把 $m\times n-1$ 个物体放入 n 个抽屉中，其中必有一个抽屉中至多有 $m-1$ 个物体.

证明　反证法，假设每个抽屉最多放入 m 个物体. 考虑 n 个抽屉，它们最少需要放入的物体数量为 $m\times n$. 然而，根据题设，我们只有 $m\times n-1$ 个物体需要放置，这与物体的个数相矛盾，因为它超出了物体个数的限制. 因此，假设不成立，必然存在一个抽屉中至多有 $m-1$ 个物体.

例3.12　构造以凸六边形顶点为顶点的所有三角形，如果用红线或蓝线来画连接这六边形每两个顶点间的线段，证明：不论怎样画法，这些三角形中至少有一个同色三角形.

证明　从一个顶点可引5条线段，涂红、蓝两种颜色，由抽屉原理可知，至少有3条线段同色. 在3条同色线段的三个顶点围成的三角形中出现这样的情况：

（1）至少有一条与以上3条同色，此时结论明显成立；

（2）没有一条与以上3条同色，此时，这些线段顶点构成同色三角形.

注：定理3.2和定理3.4都是第一抽屉原理的表述，而定理3.2和定理3.3为抽屉原理的两种形式，定理3.5则为第二抽屉原理.

3.3.2　容斥原理

集合 $A=\{1,2,\cdots,n\}$，它含有 n 个元素，可以说这个集合的基数是 n，记作 $\mathrm{card}(A)=n$. 所谓基数，是表示集合中所含元素多少的量. 如果 A 的基数是 n，也可以记为 $|A|=n$，显然空集的基数是0.

定义3.7　设 A 为集合，若存在自然数 n（0也是自然数），使得 $|A|=\mathrm{card}(A)=n$，则称 A 为**有穷集**，否则称 A 为**无穷集**. 例如 $\{a,b,c\}$ 是有穷集，而 $\mathbf{N}$，$\mathbf{Z}$，$\mathbf{Q}$，$\mathbf{R}$ 都是无穷集.

例3.13　有100个学生，其中47个学生喜欢数学，35个学生喜欢语文，并且有23个学生喜欢这两门学科. 有多少个学生对这两门学科都不喜欢？

解　设 A 和 B 分别表示喜欢数学学科和喜欢语文学科的学生的集合，则该问题可以用图3.3的文氏图来表示. 将喜欢这两门学科的对应人数23填到 $A\cap B$ 的区域内，不难得到 $A-B$ 和 $B-A$ 的人数分别为

$$|A-B|=|A|-|A\cap B|=47-23=24.$$
$$|B-A|=|B|-|A\cap B|=35-23=12.$$

从而得到

$$|A\cup B| = 24 + 23 + 12 = 59.$$
$$|\widetilde{A\cup B}| = 100 - 59 = 41.$$

所以，两门学科都不喜欢的学生有 41 个.

使用文氏图可以很方便地解决有穷集的计数问题. 首先根据已知条件把对应的文氏图画出来. 一般来说，每条性质决定一个集合，有多少条性质，就有多少个集合. 如果没有特殊的说明，任何两个集合都是相交的. 然后将已知集合的基数填入表示该集合的区域内. 通常是从几个集合的交集填起，接着根据计算的结果将数字逐步填入其他空白区域内，直到所有区域都填好为止.

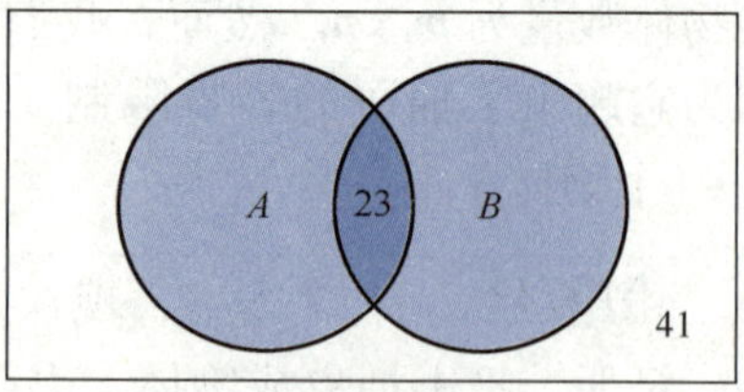

图 3.3

除了使用文氏图的方法外，对于集合的计数还有一条重要的定理——容斥原理. 其核心思想是先忽略重叠情况，计算包含在某个集合中的所有对象的数量，然后通过排除重复计数的部分来保证计算结果既无遗漏又无重复.

定理 3.6 用$|A|$来表示集合 A 的元素个数，假设 $A_1, A_2, \cdots, A_n$是有限集合($A = A_1\cup A_2\cup\cdots\cup A_n$)的子集，记集合 $\widetilde{A}$ 是集合 A 的补集，全集 $E = A\cup\widetilde{A}$. 考虑一组集合 $A_1, A_2, \cdots, A_n$，**容斥原理**的符号化表示为

$$\left|\bigcup_{i=1}^{n} A_i\right| = \sum_{1\leqslant i_1\leqslant n}|A_{i_1}| - \sum_{1\leqslant i_1<i_2\leqslant n}|A_{i_1}\cap A_{i_2}| + \sum_{1\leqslant i_1<i_2<i_3\leqslant n}|A_{i_1}\cap A_{i_2}\cap A_{i_3}| - \cdots +$$
$$(-1)^{n-1}|A_1\cap\cdots\cap A_n| = \sum_{k=1}^{n}(-1)^{k-1}\sum_{1\leqslant i_1<\cdots<i_k\leqslant n}|A_{i_1}\cap\cdots\cap A_{i_k}|.$$

例如，当 $n = 3$ 时，$|A_1\cup A_2\cup A_3| = |A_1| + |A_2| + |A_3| - (|A_1\cap A_2| + |A_2\cap A_3| + |A_3\cap A_1|) + |A_1\cap A_2\cap A_3|$.

下面利用数学归纳法对上述定理进行证明.

证明 (1) 当 $n = 1$ 时，$|A_1| = |A_1|$，显然成立；当 $n = 2$ 时，易知$|A_1\cup A_2| = |A_1| + |A_2| - |A_1\cap A_2|$成立.

(2) 假设当$n\leqslant k(k\geqslant 2)$时，等式成立，即

$$\left|\bigcup_{i=1}^{n} A_i\right| = \sum_{k=1}^{n}(-1)^{k-1}\sum_{1\leqslant i_1<\cdots<i_k\leqslant k}|A_{i_1}\cap\cdots\cap A_{i_k}|.$$

现在要证明 $n = k + 1$，等式两边也成立，令$T_k = A_1\cup A_2\cup\cdots\cup A_k$.

当 $n = k + 1$ 时，容斥原理的式子左边$|T_k\cup A_{k+1}|$，根据证明过程中第一步$|A_1\cup A_2| = |A_1| + |A_2| - |A_1\cap A_2|$，可以写成$|T_k\cup A_{k+1}| = |T_k| + |A_{k+1}| - |T_k\cap A_{k+1}|$，根据集合运算的相关性质可以得到

$$T_k\cap A_{k+1} = (A_1\cup A_2\cup\cdots\cup A_k)\cap A_{k+1} = (A_1\cap A_{k+1})\cup(A_2\cap A_{k+1})\cup\cdots\cup(A_k\cap A_{k+1}),$$

把 $A_1\cap A_{k+1}$当成一个集合整体，由假设 $n\leqslant k$ 可知

$$|T_k\cap A_{k+1}| = \left|\bigcup_{i=1}^{k}(A_i\cap A_{k+1})\right| = \sum_{j=1}^{k}(-1)^{j-1}\sum_{1\leqslant i_1<\cdots<i_j\leqslant n}|(A_{i_1}\cap\cdots\cap A_{i_j})\cap A_{k+1}|.$$

将上式代入$|T_k\cup A_{k+1}| = |T_k| + |A_{k+1}| - |T_k\cap A_{k+1}|$中可以得到

$$\left|\bigcup_{i=1}^{n} A_i\right| = \sum_{k=1}^{n}(-1)^{k-1}\sum_{1\leqslant i_1<\cdots<i_k\leqslant n}|A_{i_1}\cap\cdots\cap A_{i_k}|,$$

其中 $n=k+1$，即证明 $n=k+1$ 时容斥原理式子成立.

例 3.14 某班有 45 名同学，每人都积极报名参加暑假体育训练班，其中报足球班的有 25 人，报篮球班的有 20 人，报游泳班的有 30 人，游泳、篮球都报者有 10 人，足球、游泳都报者有 10 人，足球、篮球都报者有 12 人. 三项都报的有多少人?

解 方法一 将报足球班的人记为 A，报篮球班的人记为 B，报游泳班的人记为 C. 则 $|A|=25$，$|B|=20$，$|C|=30$，$|A\cap B|=12$，$|B\cap C|=10$，$|C\cap A|=10$. 由容斥原理得

$$\begin{aligned}|A_1\cap A_2\cap A_3| &= |A_1\cup A_2\cup A_3| - |A_1| - |A_2| - |A_3| + \\ &\quad (|A_1\cap A_2| + |A_2\cap A_3| + |A_3\cap A_1|) \\ &=45-25-20-30+12+10+10=2.\end{aligned}$$

即三项都报的人数为 2 人.

方法二 画出文氏图，如图 3.4 所示，要求的三项都报的人数 $|A\cap B\cap C|$ 如图中 A，B，C 重叠部分所示，将这部分设为 x，可以列出方程

$$25+20+30-10-10-12+x=45.$$

解得 $x=2$.

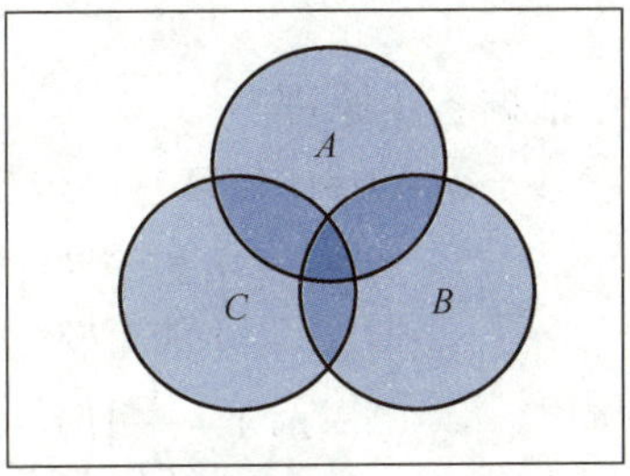

图 3.4

例 3.15 计算 1 ~ 10000 之间，既不是某个整数的平方又不是某个整数的立方的数的个数.

解 设集合 E 是全集，是 1 到 10000 的自然数，$|E| = 10000$；

设集合 A 是 E 中某个数的平方对应的数集合并且该平方数也属于 E，$A=\{x\in E\,|\,x=k^2\wedge k\in E\}$，因此集合 A 的元素是$\{1,4,\cdots,10000\}$.

设集合 B 是 E 中某个数的立方对应的数集合并且该立方数也属于 E，$B=\{x\in E\,|\,x=k^3\wedge k\in E\}$，$B$ 集合元素个数是 $21(21^3=9261)$，因此 B 集合的元素是$\{1,8,\cdots,9261\}$.

设既是平方又是立方对应的数集合 C，$C=\{x\in E\,|\,x=k^6\wedge k\in E\}$，$C$ 集合元素的个数为 4.

题目可以转化成：集合 E 中，既不属于 A 集合，又不属于 B 集合的数字. 其表达式为

$$|E-(A\cup B)| = |E| - |A\cup B|.$$

由容斥原理得

$$|A\cup B| = |A| + |B| - |A\cap B| = 100+21-4=117.$$

代入总的公式，得

$$|E-(A\cup B)| = |E| - |A\cup B| = 10000-117=9883.$$

即 1 ~ 1000 中既不是某个整数的平方又不是某个整数的立方的数的个数为 9883.

例 3.16 求欧拉函数的值. 欧拉函数 φ 是数论中的一个重要函数，在密码学中有着重要的应用.

解 设 n 是正整数，$\varphi(n)$ 表示$\{1,2,\cdots,n-1\}$中与 n 互素的数的个数. 例如，$\varphi(12)=4$，因为与 12 互素的数有 1,5,7,11. 这里认为 $\varphi(1)=1$. 下面利用包含容斥原理给出欧拉函数的计算公式.

给定正整数 n，$n=p_1^{a_1}p_2^{a_2}\cdots p_k^{a_k}$ 为 n 的素因子分解式，令

$$A_i=\{x\,|\,1\leqslant x\leqslant n-1 \text{ 且} p_i \text{整除 } x\},\ i=1,2,\cdots,k.$$

那么

$$\varphi(n)=|\widetilde{A_1}\cap\widetilde{A_2}\cap\cdots\cap\widetilde{A_k}|.$$

下面计算等式右边各项

$$|A_i|=\frac{n}{p_i},i=1,2,\cdots,k.$$

$$|A_i\cap A_j|=\frac{n}{p_ip_j},1\leqslant i<j\leqslant n.$$

$$\vdots$$

$$|A_1\cap A_2\cap\cdots\cap A_k|=\frac{n}{p_1p_2\cdots p_k}.$$

根据容斥原理

$$\begin{aligned}\varphi(n)&=|\widetilde{A_1}\cap\widetilde{A_2}\cap\cdots\cap\widetilde{A_k}|\\&=n-\left(\frac{n}{p_1}+\frac{n}{p_2}+\cdots+\frac{n}{p_k}\right)+\left(\frac{n}{p_1p_2}+\frac{n}{p_2p_3}+\cdots+\frac{n}{p_{k-1}p_k}\right)-\cdots+(-1)^k\frac{n}{p_1p_2\cdots p_k}\\&=n\left(1-\frac{1}{p_1}\right)\left(1-\frac{1}{p_2}\right)\cdots\left(1-\frac{1}{p_k}\right).\end{aligned}$$

例如，$60=2^2\times3\times5$，根据上述公式可得

$$\varphi(60)=60\left(1-\frac{1}{2}\right)\left(1-\frac{1}{3}\right)\left(1-\frac{1}{5}\right)=60\times\frac{1}{2}\times\frac{2}{3}\times\frac{4}{5}=16.$$

小于60且与60互素的正整数有16个，它们是1，7，11，13，17，19，23，29，31，37，41，43，47，49，53，59.

习题3

1. 列出下列集合的元素.

(1) 大于0且小于10的全体素数的集合.

(2) $\{\langle x,y\rangle\,|x,y\in\mathbf{N}\wedge0\leqslant x\leqslant2\wedge3\leqslant y\leqslant5\wedge x+y=5\}$.

2. 用描述法表示下列集合.

(1) $\{2,4,6,8,10,\cdots\}$.

(2) $\{10,20,30,40,50,\cdots\}$.

3. 设A表示计算机学院的学生集合，B表示自动化学院的学生集合，C表示喜欢音乐的学生集合，D表示喜欢运动的学生集合，E表示喜欢学习的学生集合，用集合运算表示下列学生集合.

(1) 计算机学院喜欢音乐学生的集合.

(2) 计算机学院喜欢音乐、喜欢运动、喜欢学习的学生集合.

(3) 计算机学院只喜欢音乐学生的集合.

(4) 所有喜欢音乐的学生集合.

(5) 所有既喜欢音乐、喜欢运动又喜欢学习的学生集合.

(6) 所有既不喜欢音乐、不喜欢运动又不喜欢学习的学生集合.

(7) 所有只喜欢音乐的学生集合.

4. 判断下列命题是否为真.

(1) $\varnothing\in\varnothing$；　(2) $\varnothing\subseteq\varnothing$；

(3) $\varnothing\in\{\varnothing\}$；　(4) $\varnothing\subseteq\{\varnothing\}$；

(5) $\{a\}\in\{a,\{a\}\}$；　(6) $\{a\}\subseteq\{a,\{a\}\}$.

5. 单项选择题

(1) 若集合$A=\{a,b\}$，$B=\{a,b,\{a,b\}\}$，则(　　).

A. $A\subset B$，且$A\in B$　B. $A\in B$，但$A\not\subset B$

C. $A\subset B$，但$A\notin B$　D. $A\not\subset B$，且$A\notin B$

(2) 若集合$A=\{2,a,\{a\},4\}$，则下列表述正确的是(　　).

A. $\{a,\{a\}\}\in A$　B. $\{a\}\subseteq A$

C. $\{2\}\in A$　D. $\varnothing\in A$

(3) 若集合$A=\{a,\{a\},\{1,2\}\}$，则下列表述正确的是(　　).

A. $\{a,\{a\}\}\in A$　B. $\{2\}\subseteq A$

C. $\{a\}\subseteq A$　D. $\varnothing\in A$

(4) 若集合$A=\{a,b,\{1,2\}\}$，$B=\{1,2\}$，则(　　).

A. $B\subset A$，且$B\in A$　B. $B\in A$，但$B\not\subset A$

C. $B\subset A$，但$B\notin A$　D. $B\not\subset A$，且$B\notin A$

(5) 设集合 $A=\{1,a\}$，则 $P(A)=($　　$)$.

A. $\{\{1\},\{a\}\}$　　B. $\{\varnothing,\{1\},\{a\}\}$

C. $\{\varnothing,\{1\},\{a\},\{1,a\}\}$　D. $\{\{1\},\{a\},\{1,a\}\}$

(6) 若集合 A 的元素个数为 10，则其幂集的元素个数为(　　).

A. 1024　　B. 10　　C. 100　　D. 1

6. 设 $A=\{1,2,3,\cdots,60\}$，$A_1=\{x\mid x\in A,\text{且 } x \text{ 能被 2 整除}\}$，$A_2=\{x\mid x\in A,\text{且 } x \text{ 能被 3 整除}\}$，

求：(1) $A_1\cap A_2$，$A_1\cup A_2$；

(2) $|P(A)|$，$|A_1\cap A_2|$，$|A_1\cup A_2|$.

7. 求下列集合的幂集.

(1) $\{1,2,3\}$；　　(2) $\{\varnothing,\{\varnothing\}\}$；

(3) $\{a,\{a,b\}\}$.

8. 设 $E=\{1,2,3,4,5\}$，$A=\{1,5\}$，$B=\{2,3,5\}$，$C=\{2,4\}$，求下列集合.

(1) $A\cap\widetilde{B}$；　　(2) $A\cup B-C$；

(3) $P(A)-P(C)$；　　(4) $A\oplus\widetilde{C}$.

9. 设 $A=\{\{a\},\{a,b,c\},\{b,d\},\{c,e\}\}$，求下列集合.

(1) $\cup A$；　(2) $\cap A$；　(3) $\cup\cup A$；

(4) $\cap\cap A$；　(5) $\cup\cap A$；　(6) $\cap\cup A$.

10. 画出下列集合的文氏图.

(1) $\widetilde{A}\cap\widetilde{B}$；　(2) $(A\cup B)-C$；

(3) $(A\oplus B)\cup C$.

11. (1) 已知 $A\cup B=A\cup C$，则 $B=C$ 是否成立？

(2) 已知 $A\cap B=A\cap C$，则 $B=C$ 是否成立？

(3) 已知 $A\oplus B=A\oplus C$，则 $B=C$ 是否成立？

12. 证明下列集合等式.

(1) $(A-B)-C=(A-C)-B$；

(2) $A-(B\cup C)=(A-B)\cap(A-C)$；

(3) $A-C\subseteq(A-B)\cup(B-C)$；

(4) $A\cap(B\cup\widetilde{A})=A\cap B$.

13. 设 A，B 为任意集合，证明：$A\subseteq B\Leftrightarrow A\cap B=A$.

14. 证明 $P(A)\cup P(B)\subseteq P(A\cup B)$，在什么条件下等式成立？

15. 设 A,B,C 为任意集合，已知 $A\oplus B=A\oplus C$，证明：$B=C$.

16. 有 50 名运动员进行某个项目的单循环赛，假如没有平局，也没有全胜. 试证明：一定有两名运动员积分相同.

17. 从 $1,3,5,\cdots,99$ 中，至少选出多少个数，其中必有两个数的和是 100.

18. 某旅行团共有 48 名游客，都报名参观了三个景点中的至少一个. 其中，只参观了一个景点的人数与至少参观了两个景点的人数相同，是参观了三个景点的人数的 4 倍. 则需要为这些游客购买多少张景点门票？

19. 一个有三种颜色的方块，分别是红色、蓝色和绿色. 我们希望从这些方块中选取若干个，问有多少种颜色的方块至少被选中？

20. 考虑一个由字母组成的长度为 n 的字符串，我们希望知道这个字符串中至少有一个字母出现了奇数次的排列有多少种.

第 4 章 二元关系和函数

当康托尔的集合论在数学中占有重要地位以后，函数的定义得以通过集合概念进一步具体化了，且打破了“变量是数”的限制，变量可以是数，也可以是其他对象. 在第 3 章集合知识的基础上，本章主要讨论了可以以集合形式表示的二元关系，并借助矩阵和图两个重要工具，对关系的运算、性质、闭包以及两种重要的二元关系——等价关系和偏序关系做了详尽的分析. 进一步在二元关系的基础上建立函数概念，并讨论了函数的复合及逆运算，最后对集合的基数做了简单介绍.

4.1 二元关系

4.1.1 笛卡儿积

在日常生活中，有许多事物是成对出现的，而且这种成对出现的事物，具有一定的顺序. 例如，$1<2$，重庆地处中国西南部，平面上点的坐标等. 一般来说，两个具有固定次序的事物组成一个序偶，记作$\langle x,y\rangle$. 上述各例可分别表示为$\langle 1,2\rangle$；〈重庆,中国西南部〉；$\langle a,b\rangle$等. 序偶$\langle a,b\rangle$中两个元素不一定来自同一个集合，它们可以代表不同类型的事物. 例如，a代表操作码，b代表地址码，则序偶$\langle a,b\rangle$就代表一条单地址指令；当然也可将a代表地址码，b代表操作码，$\langle a,b\rangle$仍代表一条单地址指令. 但上述这种约定，一经确定，序偶的次序就不能再予以变化了. 在序偶$\langle a,b\rangle$中，a称为第一元素，b称为第二元素.

定义 4.1 设A，B为集合，用A中元素为第一元素，B中元素为第二元素构成有序对(或序偶)，所有这样的有序对组成的集合叫作A与B的**笛卡儿积**，记作$A\times B$. 笛卡儿积的符号化表示为

$$A\times B=\{\langle x,y\rangle \mid x\in A\wedge y\in B\}.$$

说明 (1) 区别于前面介绍的集合间的交集、并集、差集运算，A与B的笛卡儿积运算改变了集合元素的形态.

(2) A与B的笛卡儿积的元素要考虑顺序，$\langle x,y\rangle$为有序对，通常称为序偶，即只有当$x=y$时，才有下式$\langle x,y\rangle=\langle y,x\rangle$成立.

(3) 笛卡儿积具有如下性质：

1）对任意集合 A，有 $A\times\varnothing=\varnothing,\varnothing\times A=\varnothing$；

2）一般地，笛卡儿积运算不满足交换律，即 $A\times B\neq B\times A$；

3）笛卡儿积运算也不满足结合律，即 $(A\times B)\times C\neq A\times(B\times C)$；

4）笛卡儿积运算对并和交运算满足分配律，即

$$A\times(B\cup C)=(A\times B)\cup(A\times C),$$
$$(B\cup C)\times A=(B\times A)\cup(C\times A),$$
$$A\times(B\cap C)=(A\times B)\cap(A\times C),$$
$$(B\cap C)\times A=(B\times A)\cap(C\times A).$$

下面证明第一式，其他留给读者自己证明.

证明 对任意的 $\langle x,y\rangle$，有

$$\begin{aligned}&\langle x,y\rangle\in A\times(B\cup C)\\ \Leftrightarrow\ &x\in A\wedge y\in(B\cup C)\\ \Leftrightarrow\ &x\in A\wedge(y\in B\vee y\in C)\\ \Leftrightarrow\ &(x\in A\wedge y\in B)\vee(x\in A\wedge y\in C)\\ \Leftrightarrow\ &\langle x,y\rangle\in A\times B\vee\langle x,y\rangle\in A\times C\\ \Leftrightarrow\ &\langle x,y\rangle\in A\times B\cup A\times C.\end{aligned}$$

例 4.1 已知集合 $A=\{0,1\}$，求 $A\times P(A)$.

解 $A\times P(A)=A\times\{\varnothing,\{0\},\{1\},\{0,1\}\}=\{\langle 0,\varnothing\rangle,\langle 0,\{0\}\rangle,\langle 0,\{1\}\rangle,\langle 0,\{0,1\}\rangle,\langle 1,\varnothing\rangle,\langle 1,\{0\}\rangle,\langle 1,\{1\}\rangle,\langle 1,\{0,1\}\rangle\}$.

一般地，有序 n 元组定义为 $\langle x_1,x_2,\cdots,x_{n-1},x_n\rangle=\langle\langle x_1,x_2,\cdots,x_{n-1}\rangle,x_n\rangle$. 且 $\langle x_1,x_2,\cdots,x_n\rangle=\langle y_1,y_2,\cdots,y_n\rangle\Leftrightarrow x_1=y_1\wedge x_2=y_2\wedge\cdots\wedge x_n=y_n$. 有序 n 元组 $\langle x_1,x_2,\cdots,x_n\rangle$ 中的 x_i 称作有序 n 元组的第 i 个坐标. 如有序三元组也是一个序偶，其第一元素本身也是一个序偶，可形式化表示为 $\langle\langle x,y\rangle,z\rangle$. 由序偶相等的定义，可以知道 $\langle\langle x,y\rangle,z\rangle=\langle\langle u,v\rangle,w\rangle$ 当且仅当 $\langle x,y\rangle=\langle u,v\rangle$，$z=w$，即 $x=u$，$y=v$，$z=w$，我们约定有序三元组可记作 $\langle x,y,z\rangle$. 注意：$\langle\langle x,y\rangle,z\rangle\neq\langle x,\langle y,z\rangle\rangle$.

笛卡儿（René Descartes，1596—1650），是法国杰出的数学家，他在数学领域有着举足轻重的地位，被誉为解析几何之父. 笛卡儿通过将代数与几何相结合，引入了坐标几何的概念. 他通过代数方程来描述几何图形，这一方法不仅为数学研究提供了新的视角，还奠定了微积分的基础. 他的这一贡献，使得代数与几何之间的关系得以深入研究，推动了数学的发展. 并且笛卡儿发明了笛卡儿坐标系，这是一种通过代数方式描述几何图形的工具. 在这个坐标系中，数学可以以一个简单的图形来描述，为代数和几何之间建立了桥梁.

4.1.2 二元关系的概念

给定集合 A，我们可以用集合的形式给出集合 A 上的元素之间一些关系，而且这些集合都是 $A\times A$ 的子集.

例 4.2 设 $A=\{1,2,3,4\}$，试用列举法表示出下述 A 上元素之间的关系.

(1) y 整除 x；(2) $x\leqslant y$；(3) $x/y\in A$.

解 (1) $\{\langle x,y\rangle \mid y \text{ 整除 } x\}=\{\langle 1,1\rangle,\langle 2,1\rangle,\langle 3,1\rangle,\langle 4,1\rangle,\langle 2,2\rangle,\langle 4,2\rangle,\langle 3,3\rangle,\langle 4,4\rangle\}$；

(2) $\{\langle x,y\rangle \mid x\leqslant y\}=\{\langle 1,1\rangle,\langle 1,2\rangle,\langle 1,3\rangle,\langle 1,4\rangle,\langle 2,2\rangle,\langle 2,3\rangle,\langle 2,4\rangle,\langle 3,3\rangle,\langle 3,4\rangle,\langle 4,4\rangle\}$；

(3) $\{\langle x,y\rangle \mid x/y\in A\}=\{\langle 1,1\rangle,\langle 2,1\rangle,\langle 2,2\rangle,\langle 3,1\rangle,\langle 3,3\rangle,\langle 4,1\rangle,\langle 4,2\rangle,\langle 4,4\rangle\}$.

例 4.3 设 A，B 和 C 为三个非空集合，则有 $A\subseteq B\Leftrightarrow A\times C\subseteq B\times C\Leftrightarrow C\times A\subseteq C\times B$.

证明 设 $A\subseteq B$，对任意的 $\langle x,y\rangle$ 有

$\langle x,y\rangle\in A\times C\Leftrightarrow x\in A\wedge y\in C\Rightarrow x\in B\wedge y\in C\Leftrightarrow\langle x,y\rangle\in B\times C$.

因此，$A\times C\subseteq B\times C$.

反之，若 $A\times C\subseteq B\times C$，取 $y\in C$，则对 $\forall x$，有

$x\in A\Leftrightarrow x\in A\wedge y\in C\Leftrightarrow\langle x,y\rangle\in A\times C\Rightarrow\langle x,y\rangle\in B\times C\Leftrightarrow x\in B\wedge y\in C\Leftrightarrow x\in B$.

因此，$A\subseteq B$.

$A\subseteq B\Leftrightarrow C\times A\subseteq C\times B$ 的证明类似，留给读者自己完成.

例 4.4 设 A，B，C 和 D 为四个非空集合，则 $A\times B\subseteq C\times D$ 的充要条件为 $A\subseteq C$ 且 $B\subseteq D$.

证明 若 $A\times B\subseteq C\times D$，对任意的 $x\in A$，$y\in B$，有

$$\begin{aligned}(x\in A)\wedge(y\in B)&\Leftrightarrow\langle x,y\rangle\in A\times B\Rightarrow\langle x,y\rangle\in C\times D\\&\Leftrightarrow(x\in C)\wedge(y\in D),\end{aligned}$$

即 $A\subseteq C,B\subseteq D$.

反之，若 $A\subseteq C$ 且 $B\subseteq D$，设任意的 $x\in A,y\in B$，有

$$\begin{aligned}\langle x,y\rangle\in A\times B&\Leftrightarrow(x\in A)\wedge(y\in B)\\&\Rightarrow(x\in C)\wedge(y\in D)\\&\Leftrightarrow\langle x,y\rangle\in C\times D,\end{aligned}$$

因此 $A\times B\subseteq C\times D$.

对于有限个集合可以进行多次笛卡儿积运算. 为了与有序 n 元组一致，我们约定：

$$\begin{aligned}A_1\times A_2\times A_3&=(A_1\times A_2)\times A_3,\\A_1\times A_2\times A_3\times A_4&=(A_1\times A_2\times A_3)\times A_4\\&=((A_1\times A_2)\times A_3)\times A_4.\end{aligned}$$

一般地，$A_1\times A_2\times\cdots\times A_n=(A_1\times A_2\times\cdots\times A_{n-1})\times A_n$

$$=\{\langle x_1,x_2,\cdots,x_n\rangle\mid x_1\in A_1\wedge x_2\in A_2\wedge\cdots\wedge x_n\in A_n\},$$

故 $A_1\times A_2\times\cdots\times A_n$ 是有序 n 元组构成的集合.

特别地，同一集合的 n 次笛卡儿积 $\underbrace{A\times A\times\cdots\times A}_{n}$，记为 A^n，这里 $A^n=A^{n-1}\times A$.

在日常生活中我们都熟悉关系这词的含义，例如，父子关系、上下级关系、同学关系等. 序偶可以表达两个客体、三个客体或 n 个客体之间的联系，因此可以用序偶表达关系这个概念. 例如，电影票与位置之间有对号关系. 设 X 表示电影票的集合，Y 表示位置的集合，则对于任意的 $x\in X$ 和 $y\in Y$，必有 x 与 y 有对号关系和 x 与 y 没有对号关系两种情况的一种. 令

R 表示"对号"关系，则上述问题可以表达为 xRy 或 $x\not R y$，亦可记为 $\langle x,y\rangle \in R$ 或 $\langle x,y\rangle \notin R$，因此，我们看到对号关系 R 是序偶的集合. 一般地，我们可以考虑集合 A，B 间元素的某种关系，类似于集合 A 上的关系，也可以以集合的形式表示，而且这些集合都是 $A\times B$ 的子集.

定义 4.2 设 X、Y 是任意两个集合，则称笛卡儿积 $X\times Y$ 的任一子集为从 X 到 Y 的一个**二元关系**，记为 R，$R\subseteq X\times Y$. 特别地，当 $X=Y$ 时，则称作 X 上的二元关系，**简称关系**.

一般把关系记作 R，若 $\langle x,y\rangle \in R$，可记作 xRy，若 $\langle x,y\rangle \notin R$，则记作 $x\not R y$.

对于任意集合 A，空集 $\varnothing$ 和 $A\times A$ 都是 $A\times A$ 的子集，分别称作集合 A 上空关系和全域关系. 在集合之间，可以根据需要建立起具有相应约束条件的各类关系，常见的如大于关系、整除关系、包含关系等.

下面介绍几种特殊而又非常重要的关系：空关系、全域关系和恒等关系等.

(1) **空关系**：对任意集合 X，Y，$\varnothing\subseteq X\times Y$，$\varnothing\subseteq X\times X$，所以 $\varnothing$ 是由 X 到 Y 的关系，也是 X 上的关系，称为空关系.

(2) **全域关系**：因为 $X\times Y\subseteq X\times Y$，$X\times X\subseteq X\times X$，所以 $X\times Y$ 是一个由 X 到 Y 的关系，称为由 X 到 Y 的全域关系. $X\times X$ 是 X 上的一个关系，称为 X 上的全域关系，通常记作 E_X.

(3) **恒等关系**：设 I_X 是 X 上的二元关系且满足 $I_X=\{\langle x,x\rangle \mid x\in X)\}$，则称 I_X 是 X 上的恒等关系.

例如，$A=\{1,2,3\}$，则 $I_A=\{\langle 1,1\rangle,\langle 2,2\rangle,\langle 3,3\rangle\}$.

例 4.5 设 $A=\{a,b\}$，$B=\{2,5,8\}$，请问 $R_1=\{\langle a,2\rangle,\langle a,8\rangle,\langle b,2\rangle\}$，$R_2=\{\langle a,5\rangle,\langle b,2\rangle,\langle b,5\rangle\}$，$R_3=\{\langle a,2\rangle\}$ 是否为由 A 到 B 的关系？

解 由于 $A\times B=\{\langle a,2\rangle,\langle a,5\rangle,\langle a,8\rangle,\langle b,2\rangle,\langle b,5\rangle,\langle b,8\rangle\}$，

且 $R_1\subseteq A\times B$，$R_2\subseteq A\times B$，$R_3\subseteq A\times B$，所以 R_1，R_2 和 R_3 均是由 A 到 B 的关系.

4.1.3 二元关系的表示

关系除了用集合形式表示外，还可以用**关系矩阵**和**关系图**来表示.

1. 集合表示

由于关系也是一种特殊的集合，所以集合的两种基本的表示法也可以用到关系的表示中. 即可用列举法和描述法来表示关系. 例如，

(1) $R=\{\langle 1,1\rangle,\langle 2,1\rangle,\langle 3,1\rangle,\langle 4,1\rangle,\langle 2,2\rangle,\langle 4,2\rangle,\langle 3,3\rangle,\langle 4,4\rangle\}$；

(2) $R=\{\langle x,y\rangle \mid x$ 是 y 的倍数$\}$.

2. 矩阵表示

用矩阵表示关系，便于用代数方法研究关系的性质，也便于用计算机进行处理. 给定集合 $A=\{a_1,a_2,\cdots,a_n\}$，集合 $B=\{b_1,b_2,\cdots,b_m\}$，设 R 为从 A 到 B 的一个二元关系，构造一个 $n\times m$ 矩阵，用来表示关系 R.

用集合 A 的元素标注矩阵的行，用集合 B 的元素标注矩阵的列，对于 $a_i\in A, b_j\in B$，若 $\langle a_i,b_j\rangle \in R$，则在 i 行和 j 列交叉处标 1，否则标 0. 这样得到的矩阵称为 R 的关系矩阵，记作 $\boldsymbol{M}_R$，即 $\boldsymbol{M}_R=(m_{ij})_{n\times m}$，其中

$$m_{ij}=\begin{cases}1, & \langle a_i,b_j\rangle \in R,\\ 0, & \langle a_i,b_j\rangle \notin R.\end{cases}$$

当 R 为集合 A 上的关系时，$\boldsymbol{M}_R$ 为方阵.

3. 关系图表示

有限集的二元关系还可以用关系图来表示，设 $A=\{a_1,a_2,\cdots,a_n\}$，集合 $B=\{b_1,b_2,\cdots,b_m\}$，R 为从 A 到 B 的一个二元关系，可以采用如下方法表示关系 R：

（1）在平面上作出 n 个点，分别记作 $a_1,a_2,\cdots,a_n$；

（2）再在平面上作出 m 个点，分别记作 $b_1,b_2,\cdots,b_m$；

（3）如果 $a_i\in A$，$b_j\in B$ 且 $\langle a_i,b_j\rangle\in R$，则自结点 a_i 到结点 b_j 作出一条有向弧，其箭头指向 b_j. 如果 $\langle a_i,b_j\rangle\notin R$，则结点 a_i 和结点 b_j 之间没有线段联结.

用这种方法得到的图称为 R 的关系图，记作 G_R. 对于集合 A 上的关系 R，G_R 可以仅以 A 的元素为顶点作出.

例 4.6 设集合 $A=\{1,2,3,4,5\}$，$B=\{a,b,c\}$，R 是 A 到 B 上的关系，$R=\{\langle 1,a\rangle,\langle 2,b\rangle,\langle 3,a\rangle\}$，试以关系矩阵和关系图来表示关系 R.

解 （1）关系矩阵为 $\begin{pmatrix}1&0&0\\0&1&0\\1&0&0\\0&0&0\\0&0&0\end{pmatrix}$.

（2）关系图如图 4.1 所示.

例 4.7 设集合 $A=\{a,b,c,d\}$，R 是 A 上的关系 $R=\{\langle a,a\rangle,\langle a,b\rangle,\langle a,c\rangle,\langle b,c\rangle,\langle d,c\rangle,\langle d,d\rangle\}$，试以关系矩阵和关系图来表示关系 R.

解 （1）关系矩阵为 $\begin{pmatrix}1&1&1&0\\0&0&1&0\\0&0&0&0\\0&0&1&1\end{pmatrix}$.

（2）关系图如图 4.2 所示.

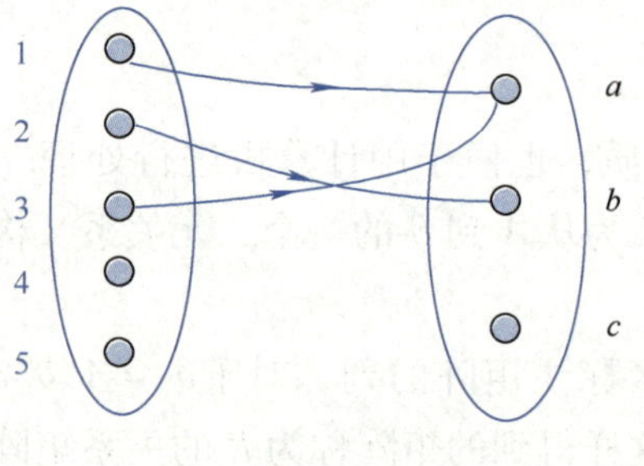

图 4.1

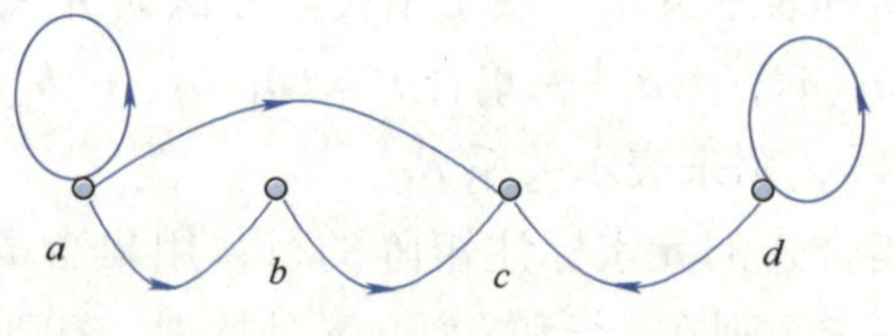

图 4.2

4.2 关系的运算

4.2.1 二元关系的域

关系作为集合，除满足集合的基本运算交、并、差、补，除此之外，还可以建立如下几类新的运算.

定义 4.3 设 R 是二元关系.

(1) R 中所有的有序对的第一元素构成的集合称为 R 的**定义域**，记作 $\mathrm{dom}(R)$.

$$\mathrm{dom}(R)=\{x\mid(\exists y)(\langle x,y\rangle\in R)\}.$$

(2) R 中所有的有序对的第二元素构成的集合称为 R 的**值域**，记作 $\mathrm{ran}(R)$.

$$\mathrm{ran}(R)=\{y\mid(\exists x)(\langle x,y\rangle\in R)\}.$$

(3) R 的定义域和值域的并集称为 R 的**域**，记作 $\mathrm{fld}(R)$.

$$\mathrm{fld}(R)=\mathrm{dom}(R)\cup\mathrm{ran}(R).$$

例 4.8 设 $R=\{\langle 1,1\rangle,\langle 1,4\rangle,\langle 2,2\rangle,\langle 3,3\rangle\}$，则

$\mathrm{dom}(R)=\{1,2,3\}$，$\mathrm{ran}(R)=\{1,2,3,4\}$，$\mathrm{fld}(R)=\{1,2,3,4\}$.

定义 4.4 设 R 为二元关系，A 是集合.

(1) R 在 A 上的限制，记作 $R\uparrow A$，其中 $R\uparrow A=\{\langle x,y\rangle\mid xRy\wedge x\in A\}$；

(2) A 在 R 下的像，记作 $R[A]$，其中 $R[A]=\mathrm{ran}(R\uparrow A)$.

从定义容易得出 $R\uparrow A\subseteq R$，$R[A]\subseteq\mathrm{ran}(A)$.

例 4.9 设集合 $A=\{1,2,3,4\}$，R 是 A 上的关系，$R=\{\langle 1,1\rangle,\langle 1,3\rangle,\langle 2,4\rangle,\langle 3,2\rangle,\langle 3,4\rangle,\langle 4,1\rangle\}$，集合 $B=\{1,2,4\}$，试求 $R\uparrow B$ 及 $R[B]$.

解 $R\uparrow B=\{\langle 1,1\rangle,\langle 1,3\rangle,\langle 2,4\rangle,\langle 4,1\rangle\}$，$R[B]=\{1,3,4\}$.

4.2.2 逆运算

定义 4.5 设 R 为二元关系，称 R^{-1} 为 R 的**逆关系**，其中

$$R^{-1}=\{\langle x,y\rangle\mid\langle y,x\rangle\in R\}.$$

逆关系的基本性质概括为如下定理.

定理 4.1 设 F 是任意关系，则

(1) $(F^{-1})^{-1}=F$；

(2) $\mathrm{dom}(F^{-1})=\mathrm{ran}(F)$，$\mathrm{ran}(F^{-1})=\mathrm{dom}(F)$.

证明 (1) 对任意的 $\langle x,y\rangle$，有

$$\langle x,y\rangle\in(F^{-1})^{-1}\Leftrightarrow\langle y,x\rangle\in F^{-1}\Leftrightarrow\langle x,y\rangle\in F.$$

(2) 对任意的 y，有

$$y\in\mathrm{dom}(F^{-1})\Leftrightarrow(\exists x)(\langle y,x\rangle\in F^{-1})\Leftrightarrow(\exists x)(\langle x,y\rangle\in F)\Leftrightarrow y\in\mathrm{ran}(F).$$

对任意的 x，有

$$x\in\mathrm{ran}(F^{-1})\Leftrightarrow(\exists y)(\langle y,x\rangle\in F^{-1})\Leftrightarrow(\exists y)(\langle x,y\rangle\in F)\Leftrightarrow x\in\mathrm{dom}(F).$$

4.2.3 复合运算

定义 4.6 设 F，G 为二元关系，G 对 F 的右复合记作 $F \circ G$，其中

$$F \circ G = \{\langle x,y\rangle \mid (\exists t)(\langle x,t\rangle \in F \wedge \langle t,y\rangle \in G)\}.$$

说明 (1) 本书采用右复合的规则，而有的教材采用左复合规则，两者都可行，只是需要注意它们的区别，从变换的角度来说，G 对 F 的右复合是先 F 变换后 G 变换，而 G 对 F 的左复合是先 G 变换后 F 变换.

(2) 一般来说，$F \circ G$ 不一定等于 $G \circ F$，请读者仔细注意其区别.

例 4.10 设 $F = \{\langle 3,3\rangle,\langle 6,2\rangle\}$，$G = \{\langle 2,3\rangle\}$，试求 $F \circ F$，$G \circ G$，$F \circ G$ 和 $G \circ F$.

解 $F \circ F = \{\langle 3,3\rangle\}$，　　$G \circ G = \varnothing$，

$F \circ G = \{\langle 6,3\rangle\}$，　　$G \circ F = \{\langle 2,3\rangle\}$.

定理 4.2 设 F，G，H 是任意的关系，则

(1) $(F \circ G) \circ H = F \circ (G \circ H)$； (2) $(F \circ G)^{-1} = G^{-1} \circ F^{-1}$.

证明 (1) 对任意的 $\langle x,y\rangle$，有

$$\begin{aligned}
&\langle x,y\rangle \in (F \circ G) \circ H \\
\Leftrightarrow &(\exists t)(\langle x,t\rangle \in F \circ G \wedge \langle t,y\rangle \in H) \\
\Leftrightarrow &(\exists t)((\exists s)(\langle x,s\rangle \in F \wedge \langle s,t\rangle \in G) \wedge \langle t,y\rangle \in H) \\
\Leftrightarrow &(\exists t)(\exists s)((\langle x,s\rangle \in F \wedge \langle s,t\rangle \in G) \wedge \langle t,y\rangle \in H) \\
\Leftrightarrow &(\exists t)(\exists s)(\langle x,s\rangle \in F \wedge (\langle s,t\rangle \in G) \wedge \langle t,y\rangle \in H)) \\
\Leftrightarrow &(\exists s)(\langle x,s\rangle \in F \wedge (\exists t)(\langle s,t\rangle \in G) \wedge \langle t,y\rangle \in H)) \\
\Leftrightarrow &(\exists s)(\langle x,s\rangle \in F \wedge \langle s,y\rangle \in G \circ H) \\
\Leftrightarrow &\langle x,y\rangle \in F \circ (G \circ H).
\end{aligned}$$

(2) 对任意的 $\langle x,y\rangle$，有

$$\begin{aligned}
&\langle x,y\rangle \in (F \circ G)^{-1} \\
\Leftrightarrow &\langle y,x\rangle \in (F \circ G) \\
\Leftrightarrow &(\exists t)(\langle y,t\rangle \in F \wedge \langle t,x\rangle \in G) \\
\Leftrightarrow &(\exists t)(\langle t,y\rangle \in F^{-1} \wedge \langle x,t\rangle \in G^{-1}) \\
\Leftrightarrow &\langle x,y\rangle \in G^{-1} \circ F^{-1}.
\end{aligned}$$

定理 4.3 设 R 是 A 上的关系，则 $R \circ I_A = I_A \circ R = R$，其中 I_A 表示 A 上的恒等关系.

证明 下面证明 $R \circ I_A = R$. 把 $I_A \circ R = R$ 留给读者自己完成. 对任意的 $\langle x,y\rangle$，有

$$\begin{aligned}
&\langle x,y\rangle \in R \circ I_A \\
\Leftrightarrow &(\exists t)(\langle x,t\rangle \in R \wedge \langle t,y\rangle \in I_A) \\
\Leftrightarrow &(\exists t)(\langle x,t\rangle \in R \wedge t = y) \\
\Leftrightarrow &\langle x, y\rangle \in R.
\end{aligned}$$

定理 4.4 设 F，G，H 是任意的关系，则

(1) $F \circ (G \cup H) = F \circ G \cup F \circ H$；

(2) $(G\cup H)\circ F=G\circ F\cup H\circ F$;

(3) $F\circ(G\cap H)\subseteq F\circ G\cap F\circ H$;

(4) $(G\cup H)\circ F\subseteq G\circ F\cap H\circ F$.

证明 这里只证明(1)和(3)，其余请读者自己证明.

(1) 对任意的$\langle x,y\rangle$，有

$$\begin{aligned}
&\langle x,y\rangle\in F\circ(G\cup H)\\
\Leftrightarrow&(\exists t)(\langle x,t\rangle\in F\wedge\langle t,y\rangle\in G\cup H)\\
\Leftrightarrow&(\exists t)(\langle x,t\rangle\in F\wedge(\langle t,y\rangle\in G\vee\langle t,y\rangle\in H)\\
\Leftrightarrow&(\exists t)((\langle x,t\rangle\in F\wedge\langle t,y\rangle\in G)\vee(\langle x,t\rangle\in F\wedge\langle t,y\rangle\in H))\\
\Leftrightarrow&(\exists t)(\langle x,t\rangle\in F\wedge\langle t,y\rangle\in G)\vee(\exists t)(\langle x,t\rangle\in F\wedge\langle t,y\rangle\in H)\\
\Leftrightarrow&\langle x,y\rangle\in F\circ G\vee\langle x,y\rangle\in F\circ H\\
\Leftrightarrow&\langle x,y\rangle\in F\circ G\cup F\circ H.
\end{aligned}$$

(3) 对任意的$\langle x,y\rangle$，有

$$\begin{aligned}
&\langle x,y\rangle\in F\circ(G\cap H)\\
\Leftrightarrow&(\exists t)(\langle x,t\rangle\in F\wedge\langle t,y\rangle\in G\cap H)\\
\Leftrightarrow&(\exists t)(\langle x,t\rangle\in F\wedge(\langle t,y\rangle\in G\wedge\langle t,y\rangle\in H))\\
\Leftrightarrow&(\exists t)((\langle x,t\rangle\in F\wedge\langle t,y\rangle\in G)\wedge(\langle x,t\rangle\in F\wedge\langle t,y\rangle\in H))\\
\Leftrightarrow&(\exists t)(\langle x,t\rangle\in F\wedge\langle t,y\rangle\in G)\wedge(\exists t(\langle x,t\rangle\in F\wedge\langle t,y\rangle\in H))\\
\Leftrightarrow&\langle x,y\rangle\in F\circ G\wedge\langle x,y\rangle\in F\circ H\\
\Leftrightarrow&\langle x,y\rangle\in F\circ G\cap F\circ H.
\end{aligned}$$

4.2.4 幂运算

定义 4.7 设R为A上的二元关系，n为自然数，则**R的n次幂定义**为

(1) $R^0=\{\langle x,x\rangle\mid x\in A\}=I_A$;

(2) $R^{n+1}=R^n\circ R$.

二元关系有三种表示方法：集合表示法、关系矩阵表示法和关系图表示法，由这些不同的表示方法我们可以得到二元关系相关运算的三种不同的运算方法：集合法、关系矩阵法和关系图法.

集合法 如果已知R用集合形式表述，则可以通过$n-1$次的右复合R得到R^n.

关系矩阵法 给出R的矩阵形式$\boldsymbol{M}$，其中的元素由0和1表示，在其元素0和1之间建立一种逻辑加法运算：

$$1+1=1,\ 1+0=1,\ 0+1=1,\ 0+0=0.$$

如果R的矩阵形式为$\boldsymbol{M}$，则R^n的矩阵形式为$\boldsymbol{M}^n$，即n个矩阵$\boldsymbol{M}$之积，与普通矩阵乘法规则一致，只是其中的元素之和采用以上的逻辑加.

关系图法 给出R的关系图G，则R^n的关系图G'可由以下方法得到：以G的顶点集为顶点集；若从x_i出发经过n步到达顶点x_j，则在G'中加一条从x_i到x_j的边，找遍所有的顶点，就得到图G'.

例 4.11 已知集合 $A=\{a,b,c,d\}$，A 上的二元关系 $R=\{\langle a,b\rangle,\langle b,a\rangle,\langle b,c\rangle,\langle c,d\rangle\}$，求 R^2 和 R^3.

解 方法一 由复合定义知

$$R^2=R\circ R=\{\langle a,a\rangle,\langle a,c\rangle,\langle b,b\rangle,\langle b,d\rangle\},$$
$$R^3=R^2\circ R=\{\langle a,b\rangle,\langle a,d\rangle,\langle b,a\rangle,\langle b,c\rangle\}.$$

方法二 关系 R 矩阵为 $\boldsymbol{M}=\begin{pmatrix}0&1&0&0\\1&0&1&0\\0&0&0&1\\0&0&0&0\end{pmatrix}$，则

$$\boldsymbol{M}^2=\begin{pmatrix}0&1&0&0\\1&0&1&0\\0&0&0&1\\0&0&0&0\end{pmatrix}\begin{pmatrix}0&1&0&0\\1&0&1&0\\0&0&0&1\\0&0&0&0\end{pmatrix}=\begin{pmatrix}1&0&1&0\\0&1&0&1\\0&0&0&0\\0&0&0&0\end{pmatrix},$$

$$\boldsymbol{M}^3=\begin{pmatrix}1&0&1&0\\0&1&0&1\\0&0&0&0\\0&0&0&0\end{pmatrix}\begin{pmatrix}0&1&0&0\\1&0&1&0\\0&0&0&1\\0&0&0&0\end{pmatrix}=\begin{pmatrix}0&1&0&1\\1&0&1&0\\0&0&0&0\\0&0&0&0\end{pmatrix}.$$

方法三 R 的关系图如图 4.3 所示.

R^2 的关系图如图 4.4 所示.

R^3 的关系图如图 4.5 所示.

图 4.3

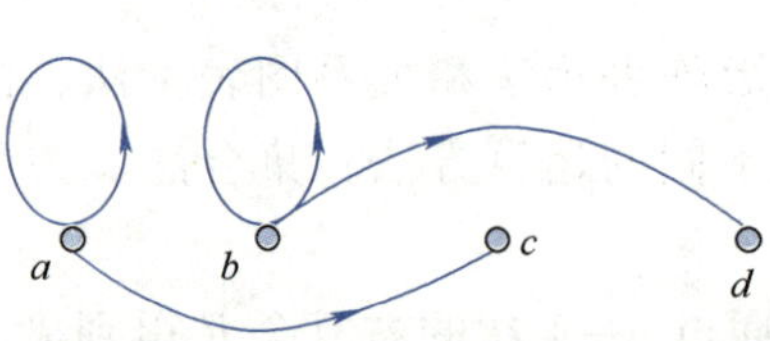

图 4.4

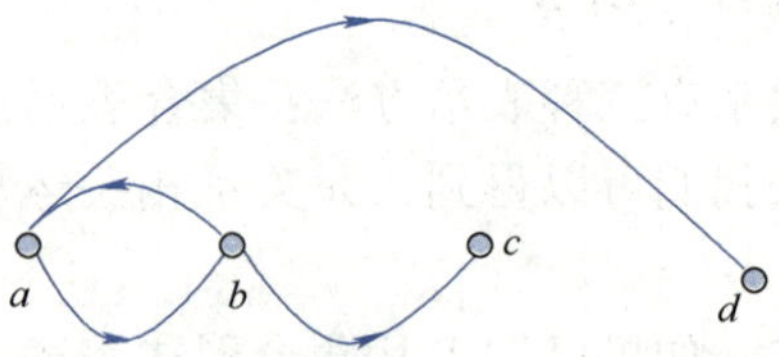

图 4.5

关于幂运算的性质，我们建立如下定理.

定理 4.5 设 A 为 n 元集，R 为 A 上的二元关系，则存在自然数 s 和 $t(s<t)$，使得 $R^s=R^t$.

证明 因为 A 为 n 元集，所以集合 A 上的关系为有限的 $N=2^{n^2}$ 个，而关系序列

$$R^0,R^1,R^2,\cdots,R^N,R^{N+1},\cdots$$

给出无限多个关系形式. 因不同的二元关系是有限的，故必然存在自然数 s 和 $t(s<t)$，在序列中有 $R^s=R^t$.

定理 4.6 R 为 A 上的关系，m，$n\in\mathbf{N}$，则

(1) $R^m \circ R^n = R^{m+n}$;

(2) $(R^m)^n = R^{mn}$.

证明 (1)对任意 $m \in \mathbf{N}$，对 n 采用数学归纳法证明.

1) 当 $n=0$ 时，$R^m \circ R^0 = R^m \circ I_A = R^m$，故论证成立.

2) 若 $n=k$ 时，$R^m \circ R^k = R^{m+k}$成立，则当 $n=k+1$ 时，有 $R^m \circ R^{k+1} = (R^m \circ R^k) \circ R = R^{m+k} \circ R = R^{m+k+1}$，故成立.

综合1)和2)，则有对任意 m，$n \in \mathbf{N}$，有 $R^m \circ R^n = R^{m+n}$成立.

(2)留给读者自己完成.

定理4.7 设 R 为 A 上的二元关系，若存在自然数 s，$t(s<t)$使得 $R^s = R^t$，则

(1) 对任何 $k \in \mathbf{N}$，有 $R^{s+k} = R^{t+k}$;

(2) 对任何 $k,i \in \mathbf{N}$，有 $R^{s+kp+i} = R^{s+i}$，其中 $p=t-s$.

(3) 令 $S = \{R^0, R^1, \cdots, R^{t-1}\}$，则对于任意的 $q \in \mathbf{N}$，有 $R^q \in S$.

证明 (1) 对任何 $k \in \mathbf{N}$，$R^{s+k} = R^s \circ R^k = R^t \circ R^k = R^{t+k}$.

(2) 对 k 采用数学归纳法证明.

1) 当 $k=0$ 时，结论显然成立.

2) 若 $k=n$ 时，对任何 $i \in \mathbf{N}$，有 $R^{s+np+i} = R^{s+i}$成立. 那么 $k=n+1$ 时，有

$$R^{s+(n+1)p+i} = R^{s+np+i} \circ R^p = R^{s+i} \circ R^p = R^{s+p+i} = R^{s+t-s+i} = R^{t+i} = R^{s+i},$$

故结论成立.

综合1)和2)，则对任意任何 $k,i \in \mathbf{N}$，有 $R^{s+kp+i} = R^{s+i}$，其中 $p=t-s$ 成立.

(3) 1)当 $q<t$ 时，结论成立.

2)若 $q \geqslant t$ 时，不妨设 $q=s+kp+i$,其中 $k,i \in \mathbf{N}$，且 $p=t-s$，$0 \leqslant i \leqslant p-1$. 则 $R^q = R^{s+kp+i} = R^{s+i}$，又 $s+i \leqslant s+p-1 = s+t-s-1 = t-1$，所以结论成立.

4.3 关系的性质

4.3.1 性质的定义

给定集合 A 上的关系 R，主要考虑其以下性质：自反性、反自反性、对称性、反对称性和传递性.

定义4.8 设 R 为非空集合 A 上的二元关系，

(1) 若$(\forall x)(x \in A \rightarrow \langle x,x \rangle \in R)$，则称 R 在 A 上是**自反**的;

(2) 若$(\forall x)(x \in A \rightarrow \langle x,x \rangle \notin R)$，则称 R 在 A 上是**反自反**的.

例4.12 设 $A=\{1,2,3\}$，R_1，R_2 和 R_3 是 A 上的二元关系，其中 $R_1 = \{\langle 1,1 \rangle, \langle 2,2 \rangle\}$，$R_2 = \{\langle 1,1 \rangle, \langle 2,2 \rangle, \langle 3,3 \rangle, \langle 1,2 \rangle\}$，$R_3 = \{\langle 1,3 \rangle\}$，说明 R_1，R_2 和 R_3 是否为 A 上的自反关系和反自反关系.

解 因为$\langle 3,3 \rangle \notin R_1$，故 R_1 不是自反关系，又$\langle 1,1 \rangle \in R_1$，故 R_1 不是反自反关系. 同理，由定义4.8可知 R_2 是自反关系，但不是反自反关系；R_3 是反自反关系但不是自反关系.

定义4.9 设 R 为非空集合 A 上的二元关系，

(1) 若$(\forall x)(\forall y)(x \in A \land y \in A \land \langle x,y \rangle \in R \rightarrow \langle y,x \rangle \in R)$，则称 R 为 A 上的**对称关系**;

(2) 若$(\forall x)(\forall y)(x \in A \land y \in A \land \langle x,y \rangle \in R \land \langle y,x \rangle \in R \rightarrow x=y)$，则称 R 为 A 上的**反对**

称关系.

例 4.13 设 $A=\{1,2,3\}$，R_1，R_2，R_3 和 R_4 是 A 上的二元关系，其中 $R_1=\{\langle 1,1\rangle,\langle 2,2\rangle\}$，$R_2=\{\langle 1,1\rangle,\langle 1,2\rangle,\langle 2,1\rangle\}$，$R_3=\{\langle 1,2\rangle,\langle 1,3\rangle\}$，$R_4=\{\langle 1,2\rangle,\langle 2,1\rangle,\langle 1,3\rangle\}$. 试判断 R_1，R_2，R_3 和 R_4 是否为 A 上的对称和反对称关系.

解 由定义 4.9 可知，其中 R_1 既是对称关系，也是反对称关系，R_2 是对称关系但不是反对称关系，R_3 是反对称关系但不是对称关系. R_4 既不是对称关系，也不是反对称关系.

定义 4.10 设 R 为非空集合 A 上的二元关系. 若 $(\forall x)(\forall y)(\forall z)(x\in A\wedge y\in A\wedge z\in A\wedge\langle x,y\rangle\in R\wedge\langle y,z\rangle\in R\rightarrow\langle x,z\rangle\in R)$，则称 R 为 A 上的**传递关系**.

例 4.14 设 $A=\{1,2,3\}$，R_1，R_2 和 R_3 是 A 上的关系，$R_1=\{\langle 1,1\rangle,\langle 2,2\rangle\}$，$R_2=\{\langle 2,3\rangle,\langle 1,2\rangle\}$，$R_3=\{\langle 1,3\rangle\}$，试判断 R_1，R_2 和 R_3 是否为 A 上的传递关系.

解 由定义 4.10 可知，R_1，R_3 是传递关系，R_2 不是传递关系，因为在 R_2 中，有 $\langle 1,2\rangle\in R_2$，$\langle 2,3\rangle\in R_2$，但 $\langle 1,3\rangle\notin R_2$.

4.3.2 性质的判定

对于以上五类性质，我们建立如下判定定理：

定理 4.8 设 R 为 A 上的二元关系，则

(1) R 在 A 上是自反关系当且仅当 $I_A\subseteq R$.

(2) R 在 A 上是反自反关系当且仅当 $R\cap I_A=\varnothing$.

(3) R 在 A 上是对称关系当且仅当 $R=R^{-1}$.

(4) R 在 A 上是反对称关系当且仅当 $R\cap R^{-1}\subseteq I_A$.

(5) R 在 A 上是传递关系当且仅当 $R\circ R\subseteq R$.

证明 (1) ① 若 R 在 A 上是自反的，则对 $\forall x\in A$ 有 $\langle x,x\rangle\in R$，所以 $I_A\subseteq R$.

② 若 $I_A\subseteq R$，则 $\forall x\in A$，有 $\langle x,x\rangle\in I_A\subseteq R$，则 R 在 A 上是自反关系.

(2) ① R 在 A 上是反自反关系，则对 $\forall x\in A$ 有 $\langle x,x\rangle\notin R$，所以 $R\cap I_A=\varnothing$.

② 若 $R\cap I_A=\varnothing$，则对 $\forall x\in A$ 有 $\langle x,x\rangle\notin R$，否则，不妨设 $y\in A$ 有 $\langle y,y\rangle\in R$，则有 $R\cap I_A=\varnothing$，与已知矛盾，所以在 A 上是反自反关系.

(3) ① R 在 A 上是对称关系，下证 $R=R^{-1}$.

$\forall x\in A$，$\forall y\in A$，若 $\langle x,y\rangle\in R$，则

$$\langle x,y\rangle\in R\Leftrightarrow\langle y,x\rangle\in R\Leftrightarrow\langle x,y\rangle\in R^{-1},$$

即 $R=R^{-1}$ 成立.

② 若 $R=R^{-1}$，则对 $\forall x\in A$，$\forall y\in A$，若 $\langle x,y\rangle\in R$，则 $\langle x,y\rangle\in R^{-1}$，则有 $\langle y,x\rangle\in R$，则 R 在 A 上是对称关系.

(4) ① R 在 A 上是反对称关系. 任取 $\langle x,y\rangle$，有

$$\begin{aligned}&\langle x,y\rangle\in R\cap R^{-1}\\ \Rightarrow&\langle x,y\rangle\in R\wedge\langle x,y\rangle\in R^{-1}\\ \Rightarrow&\langle x,y\rangle\in R\wedge\langle y,x\rangle\in R\quad(\text{又因为 }R\text{ 在 }A\text{ 上是反对称关系})\\ \Rightarrow&x=y\\ \Rightarrow&\langle x,y\rangle\in I_A.\end{aligned}$$

即 $R\cap R^{-1}\subseteq I_A$.

② 若 $R\cap R^{-1}\subseteq I_A$，任取 $\langle x,y\rangle$，则有

$$\begin{aligned}&\langle x,y\rangle\in R\wedge\langle y,x\rangle\in R\\ \Rightarrow&\langle x,y\rangle\in R\wedge\langle x,y\rangle\in R^{-1}\\ \Rightarrow&\langle x,y\rangle\in R\cap R^{-1}\quad(\text{又因为 } R\cap R^{-1}\subseteq I_A)\\ \Rightarrow&\langle x,y\rangle\in I_A\\ \Rightarrow&x=y.\end{aligned}$$

即 R 是反对称关系.

(5) ① R 在 A 上是传递关系，任取 $\langle x,y\rangle$，则有

$$\begin{aligned}&\langle x,y\rangle\in R\circ R\\ \Rightarrow&(\exists t)(\langle x,t\rangle\in R\wedge\langle t,y\rangle\in R)\\ \Rightarrow&\langle x,y\rangle\in R\quad(\text{因为 } R \text{ 在 } A \text{ 上是传递关系}),\end{aligned}$$

所以 $R\circ R\subseteq R$.

② 若 $R\circ R\subseteq R$ 成立，任取 $\langle x,y\rangle\in R$，$\langle y,z\rangle\in R$，则有

$$\begin{aligned}&\langle x,y\rangle\in R\wedge\langle y,z\rangle\in R\\ \Rightarrow&\langle x,z\rangle\in R\circ R\\ \Rightarrow&\langle x,z\rangle\in R\quad(\text{因为 } R\circ R\subseteq R),\end{aligned}$$

所以，R 在 A 上是传递的.

类似于关系的幂运算，可以得到关系性质判定的三种不同的方法：集合法、关系矩阵法和关系图法，由表 4-1 给出.

表 4-1 关系性质判定的三种不同的方法

表示	性质				
	自反性	反自反性	对称性	反对称性	传递性
集合	$I_A\subseteq R$	$R\cap I_A=\varnothing$	$R=R^{-1}$	$R\cap R^{-1}\subseteq I_A$	$R\circ R\subseteq R$
关系矩阵	主对角元全是 1	主对角元全是 0	对称矩阵	r_{ij} 和 r_{ji} 不同时为 1	—
关系图	每个顶点都有环	每个顶点都没有环	无单边	无双边	凡两步能够间接到达，则必能一步直接到达

例 4.15 判断图 4.6 中二元关系的性质，并说明理由.

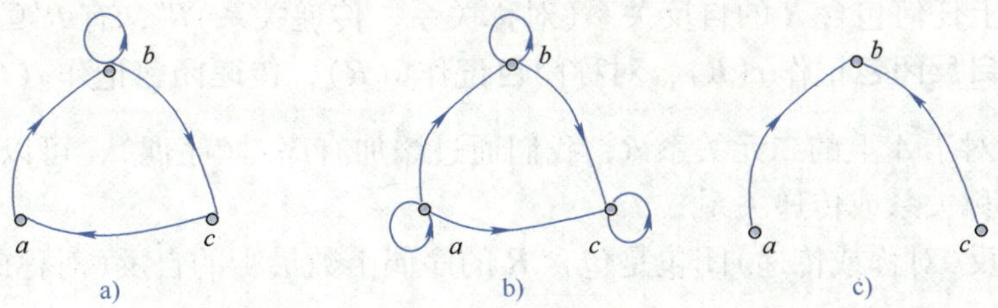

图 4.6

解 (1) 图 4.6a 所示的关系图有的顶点有环，有的顶点没有环，故关系既不是自反关系，也不是反自反关系；关系图中，无双边，故应该是反对称关系；该关系图从顶点 a 到顶点 b

有边，从顶点 b 到顶点 c 也有边，但从顶点 c 到顶点 a 没有边，故该关系不是传递关系.

(2) 图 4.6b 所示的关系图每个顶点都有环，故关系是自反关系；在关系图中，无双边，故应该是反对称关系；该关系图从顶点 a 到顶点 b 有边，顶点 b 到顶点 c，从顶点 a 到顶点 c 有边，故该关系是传递关系.

(3) 图 4.6c 所示的关系图每个顶点都没有环，故关系是反自反关系；在关系图中，无双边，故应该是反对称关系；关系图中没有两步可间接到达的路径，该关系是传递关系.

例 4.16 设 A 为集合，R_1 和 R_2 是 A 上的二元关系，说明下面命题是否成立，若成立，则证明之，若不成立，则举例说明.

(1) R_1 和 R_2 是 A 上的自反关系，则 $R_1 \circ R_2$ 也是 A 上的自反关系.

(2) R_1 和 R_2 是 A 上的传递关系，则 $R_1 - R_2$ 也是 A 上的传递关系.

解 (1) 命题成立. 因为对任意的 $x \in A$，因为 R_1，R_2 是自反的，则 $\langle x,x \rangle \in R_1$，$\langle x,x \rangle \in R_2$，则由复合的定义知 $\langle x,x \rangle \in R_1 \circ R_2$，所以 $R_1 \circ R_2$ 是 A 上的自反关系.

(2) 命题不成立.

例如，$A = \{1,2,3\}$，$R_1 = E_A$，$R_2 = I_A$，而 $R_1 - R_2$ 不是 A 上的传递关系.

4.4 关系的闭包

关系作为集合，在其上已经定义了并、交、差、补、复合及逆运算. 现在再来考虑一种新的关系运算，即关系的闭包运算，它是由已知关系，通过增加最少的序偶来生成满足某种指定性质的关系的运算.

例如，设 $A = \{a,b,c\}$，A 上的二元关系 $R = \{\langle a,a \rangle, \langle a,b \rangle, \langle b,c \rangle, \langle c,c \rangle\}$，则在 A 上包含 R 且序偶数最少的自反关系是 $R \cup \{\langle b,b \rangle\}$；在 A 上包含 R 且序偶数最少的对称关系是 $R \cup \{\langle b,a \rangle, \langle c,b \rangle\}$；在 A 上包含 R 且序偶数最少的传递关系是 $R \cup \{\langle a,c \rangle\}$.

4.4.1 闭包的定义

定义 4.11 设 R 是非空集合 A 上的二元关系，R 在集合 A 上的自反(对称、传递)**闭包**是 A 上的二元关系 R'，且 R' 满足以下条件：

(1) R' 在集合 A 上是自反的(对称的、传递的)；

(2) $R \subseteq R'$；

(3) 对于 A 上任何包含 R 的自反关系(对称关系、传递关系) R''，有 $R' \subseteq R''$.

一般将 R 的**自反闭包**记作 $r(R)$，**对称闭包**记作 $s(R)$，**传递闭包**记作 $t(R)$.

说明 (1) 对于 A 上的二元关系 R，我们通过添加有序对(序偶)，可以构造出我们需要的自反关系、对称关系或传递关系.

(2) R 的自反(对称或传递)闭包是包含 R 的序偶个数最少的自反(对称或传递)关系.

定理 4.9 设 R 是 X 上的二元关系，那么，

(1) R 是自反的，当且仅当 $r(R) = R$；

(2) R 是对称的，当且仅当 $s(R) = R$；

(3) R 是传递的，当且仅当 $t(R) = R$；

证明 (1)若R是自反的，因为$R \supseteq R$，对任何包含R的自反关系R''，即$R'' \supseteq R$，故$r(R)=R$；

若$r(R)=R$，根据闭包定义，R必是自反的.

(2)(3)的证明完全类似.

定理4.10 设R是集合X上的二元关系，则

(1) $r(R)=R \cup I_X$；

(2) $s(R)=R \cup R^{-1}$；

(3) $t(R)=\bigcup_{i=1}^{\infty} R^i$，$t(R)$通常也记作$R^+$.

证明 (1) 令$R'=R \cup I_X$，$\forall x \in X$，因为$\langle x,x \rangle \in I_X$，故$\langle x,x \rangle \in R'$，于是$R'$在$X$上是自反的.

又$R \subseteq R \cup I_X$即$R \subseteq R'$. 若有自反关系R''且$R'' \supseteq R$，显然有$R'' \supseteq I_X$，于是$R'' \supseteq R \cup I_X = R'$，所以$r(R)=R \cup I_X$.

(2) 令$R'=R \cup R^{-1}$，因为

$$(R \cup R^{-1})^{-1} = R^{-1} \cup (R^{-1})^{-1} = R^{-1} \cup R = R \cup R^{-1},$$

所以R'是对称的.

若R''是对称的且$R'' \supseteq R$，$\forall \langle x,y \rangle \in R'$，则$\langle x,y \rangle \in R$或$\langle x,y \rangle \in R^{-1}$，则

当$\langle x,y \rangle \in R$时，有$\langle x,y \rangle \in R''$；

当$\langle x,y \rangle \in R^{-1}$时，$\langle y,x \rangle \in R$，所以$\langle y,x \rangle \in R''$，有$\langle x,y \rangle \in R''$.

因此$R' \subseteq R''$，故$s(R)=R \cup R^{-1}$.

(3) 令$R'=\bigcup_{i=1}^{\infty} R^i$，先证$R'$是传递的.

设$\forall \langle x,y \rangle \in R'$，$\langle y,z \rangle \in R'$，则存在自然数$k,l$，有$\langle x,y \rangle \in R^k$，$\langle y,z \rangle \in R^l$，因此$\langle x,z \rangle \in R^{k+l} \subseteq \bigcup_{i=1}^{\infty} R^i$，所以，$R'$是传递的.

显然，$R' \supseteq R$. 若有传递关系R''且$R'' \supseteq R$，$\forall \langle x,y \rangle \in R'$，则存在自然数$m$，有$\langle x,y \rangle \in R^m$，则$\exists a_i \in X (i=1,2,\cdots,m-1)$，使得$\langle x,a_1 \rangle \in R, \langle a_1,a_2 \rangle \in R, \cdots, \langle a_{m-1},y \rangle \in R$，因此$\langle x,a_1 \rangle \in R'', \langle a_1,a_2 \rangle \in R'', \cdots, \langle a_{m-1},y \rangle \in R''$，由于$R''$是传递关系，则$\langle x,y \rangle \in R''$，所以$R'' \supseteq R'$. 故

$$t(R)=\bigcup_{i=1}^{\infty} R^i.$$

定理4.11 设X是含有n个元素的集合，R是X上的二元关系，则存在一个正整数$k \leqslant n$，使得$t(R)=\bigcup_{i=1}^{k} R^i$.

证明 设$x_i,x_j \in X$，记$t(R)=R^+$.

若$x_i R^+ x_j$，则存在整数$p>0$，使得$x_i R^p x_j$成立，即存在序列$a_1,a_2,\cdots,a_{p-1}$，有

$$\langle x_i,a_1 \rangle \in R, \langle a_1,a_2 \rangle \in R, \cdots, \langle a_{p-1},x_j \rangle \in R.$$

设满足上述条件的最小p大于n，不妨设$x_i=a_0$，$x_j=a_p$，则序列中必有$0 \leqslant t < q < s \leqslant p$，使得$a_t=a_q$或$a_q=a_s$. 不妨设$a_t=a_q$，此时序列就成为

$$\underbrace{x_i R a_1, a_1 R a_2, \cdots, a_{t-1} R a_t}_{t\text{个}},\ \underbrace{a_t R a_{q+1}, \cdots, a_{p-1} R x_j}_{(p-q)\text{个}}$$

这表明 $x_iR^kx_j$ 存在，其中 $k=t+p-q=p-(q-t)<p$，这与 p 是最小的假设矛盾，所以，$p>n$ 不成立，即 $p\leqslant n$. 所以

$$t(R)=\bigcup_{i=1}^{k}R^i\ (k\leqslant n).$$

一般地，取 $t(R)=\bigcup\limits_{i=1}^{n}R^i$，式中的 n 给出了复合次数的上限.

4.4.2 闭包的生成

类似于关系幂的求法，我们可以用集合法、关系矩阵法和关系图法来求关系闭包.

集合法 如已知 R 用集合形式表述，由定理4.10和定理4.11可以容易求得

$$r(R)=R\cup R^0,$$
$$s(R)=R\cup R^{-1},$$
$$t(R)=R\cup R^2\cup R^3\cup\cdots.$$

关系矩阵法 给出 R 的矩阵形式 $\boldsymbol{M}$，设 $r(R)$，$s(R)$，$t(R)$ 关系矩阵分别为 $\boldsymbol{M}_r,\boldsymbol{M}_s,\boldsymbol{M}_t$. 则

$$\boldsymbol{M}_r=\boldsymbol{M}+\boldsymbol{E},$$
$$\boldsymbol{M}_s=\boldsymbol{M}+\boldsymbol{M}^{\mathrm{T}},$$
$$\boldsymbol{M}_t=\boldsymbol{M}+\boldsymbol{M}^2+\boldsymbol{M}^3+\cdots.$$

若 $|A|=n$，则集合 A 上的二元关系 R 的 $t(R)$ 的关系矩阵 $\boldsymbol{M}_t$ 可以简单地写成

$$\boldsymbol{M}_t=\boldsymbol{M}+\boldsymbol{M}^2+\boldsymbol{M}^3+\cdots+\boldsymbol{M}^n.$$

关系图法 给出 R 的关系图 G，设 $r(R)$，$s(R)$，$t(R)$ 关系图分别为 G_r，G_s，G_t，则以 G 的顶点集为顶点集，在原图 G 上做以下相应操作，可得闭包图.

G_r：在无环的顶点上加环.

G_s：单边对应增加反向的一边构成双边，方向相反.

G_t：凡在图 G 中，若从 x_i 出发经过若干步到达顶点 x_j，则在 G_t 中加一条从 x_i 到 x_j 的边，找遍所有的顶点，就得到图 G_t.

例 4.17 已知集合 $A=\{a,b,c,d\}$，A 上的二元关系 $R=\{\langle a,b\rangle,\langle b,a\rangle,\langle b,c\rangle,\langle c,d\rangle\}$，求 $r(R)$，$s(R)$ 和 $t(R)$.

解 方法一 $R^2=R\circ R=\{\langle a,a\rangle,\langle a,c\rangle,\langle b,b\rangle,\langle b,d\rangle\}$，

$R^3=R^2\circ R=\{\langle a,b\rangle,\langle a,d\rangle,\langle b,a\rangle,\langle b,c\rangle\}$，

$R^4=R^3\circ R=\{\langle a,a\rangle,\langle a,c\rangle,\langle b,b\rangle,\langle b,d\rangle\}=R^2$，

$R^5=R^4\circ R=\{\langle a,b\rangle,\langle a,d\rangle,\langle b,a\rangle,\langle b,c\rangle\}=R^3$，

$r(R)=R\cup R^0=\{\langle a,b\rangle,\langle b,a\rangle,\langle b,c\rangle,\langle c,d\rangle,\langle a,a\rangle,\langle b,b\rangle,\langle c,c\rangle,\langle d,d\rangle\}$，

$s(R)=R\cup R^{-1}=\{\langle a,b\rangle,\langle b,a\rangle,\langle b,c\rangle,\langle c,d\rangle,\langle c,b\rangle,\langle d,c\rangle\}$，

$t(R)=R\cup R^2\cup R^3\cup\cdots=R\cup R^2\cup R^3$

$=\{\langle a,b\rangle,\langle b,a\rangle,\langle b,c\rangle,\langle c,d\rangle,\langle a,a\rangle,\langle a,c\rangle,\langle b,b\rangle,\langle b,d\rangle,\langle a,d\rangle\}$.

方法二

$$M_r = M + E = \begin{pmatrix} 1 & 1 & 0 & 0 \\ 1 & 1 & 1 & 0 \\ 0 & 0 & 1 & 1 \\ 0 & 0 & 0 & 1 \end{pmatrix}, \quad M_s = M + M^{\mathrm{T}} = \begin{pmatrix} 0 & 1 & 0 & 0 \\ 1 & 0 & 1 & 0 \\ 0 & 1 & 0 & 1 \\ 0 & 0 & 1 & 0 \end{pmatrix},$$

$$M_t = M + M^2 + M^3 + M^4 = \begin{pmatrix} 1 & 1 & 1 & 1 \\ 1 & 1 & 1 & 1 \\ 0 & 0 & 0 & 1 \\ 0 & 0 & 0 & 0 \end{pmatrix}.$$

方法三　如图 4.7 所示.

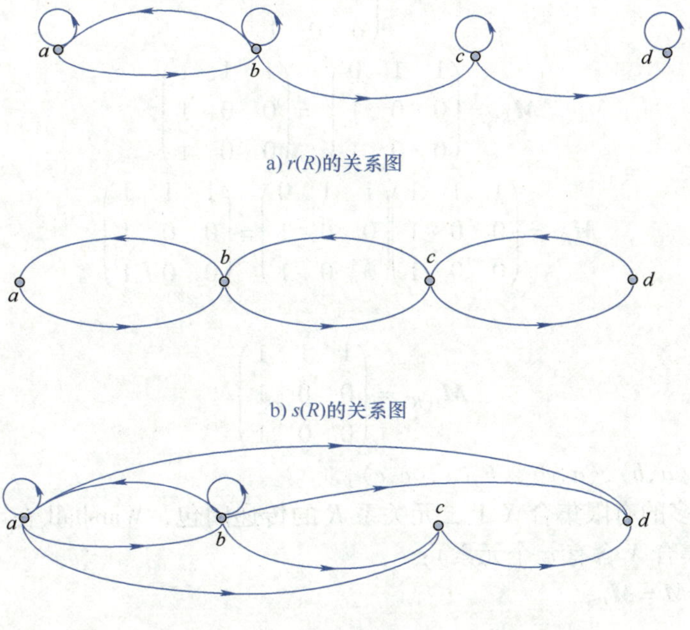

图　4.7

一般来说，关系图做法相对简单，因此，在没有特殊限制的情形下，可以采用第三种方法来求闭包.

例 4.18　设 $A = \{a,b,c,d\}$，$R = \{\langle a,b\rangle,\langle b,a\rangle,\langle b,c\rangle,\langle d,b\rangle\}$，画出 R，$r(R)$，$s(R)$ 和 $t(R)$ 的关系图.

解　如图 4.8 所示.

例 4.19　设 $A = \{a,b,c\}$，给定 A 上的关系 $R = \{\langle a,a\rangle,\langle a,b\rangle,\langle b,c\rangle,\langle c,c\rangle\}$，求 $t(R)$.

解　$t(R) = \bigcup\limits_{i=1}^{3} R^i$，则

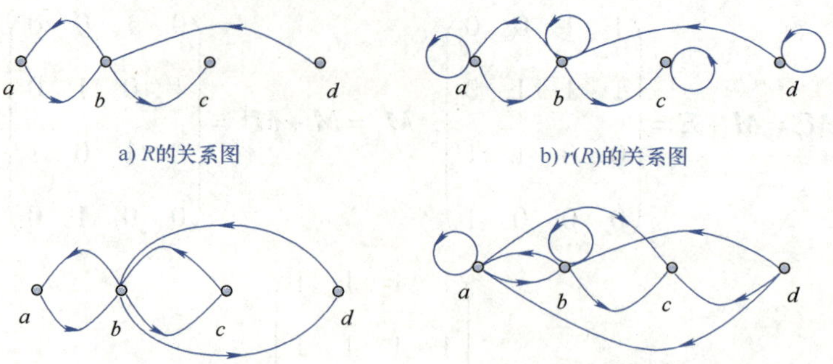

图 4.8

$$M_R = \begin{pmatrix} 1 & 1 & 0 \\ 0 & 0 & 1 \\ 0 & 0 & 1 \end{pmatrix},$$

$$M_{R^2} = \begin{pmatrix} 1 & 1 & 0 \\ 0 & 0 & 1 \\ 0 & 0 & 1 \end{pmatrix}^2 = \begin{pmatrix} 1 & 1 & 1 \\ 0 & 0 & 1 \\ 0 & 0 & 1 \end{pmatrix},$$

$$M_{R^3} = \begin{pmatrix} 1 & 1 & 1 \\ 0 & 0 & 1 \\ 0 & 0 & 1 \end{pmatrix}\begin{pmatrix} 1 & 1 & 0 \\ 0 & 0 & 1 \\ 0 & 0 & 1 \end{pmatrix} = \begin{pmatrix} 1 & 1 & 1 \\ 0 & 0 & 1 \\ 0 & 0 & 1 \end{pmatrix},$$

所以

$$M_{t(R)} = \begin{pmatrix} 1 & 1 & 1 \\ 0 & 0 & 1 \\ 0 & 0 & 1 \end{pmatrix}.$$

即 $t(R) = \{\langle a,a\rangle,\langle a,b\rangle,\langle a,c\rangle,\langle b,c\rangle,\langle c,c\rangle\}$.

为计算元素较多的有限集合 X 上二元关系 R 的传递闭包，Warshall 在 1962 年提出了一个有效的算法(假定集合 X 含有 n 个元素)：

(1) 置新矩阵 $M = M_R$;

(2) 置 $i = 1$;

(3) 对 $j = 1,2,\cdots,n$，若 $r_{ji} = 1$($M_R = (r_{ij})_{m\times n}$)，则置 $r_{jk} = r_{jk} \vee r_{ik}$，$k = 1,2,\cdots,n$;

(4) $i = i + 1$;

(5) 如果 $i \leqslant n$，则转到步骤(3)，否则停止.

读者可以用 Warshall 方法求解例 4.19 中关系的传递闭包.

例 4.20 设集合 $A = \{a,b,c,d\}$ 上的关系 $R = \{\langle a,b\rangle,\langle b,a\rangle,\langle b,c\rangle,\langle c,d\rangle\}$.

(1) 用矩阵运算的方法求出 R 的自反闭包、对称闭包、传递闭包.

(2) 用 Warshall 算法，求出 R 的传递闭包.

解 (1)

$$M_R = \begin{pmatrix} 0 & 1 & 0 & 0 \\ 1 & 0 & 1 & 0 \\ 0 & 0 & 0 & 1 \\ 0 & 0 & 0 & 0 \end{pmatrix}.$$

$$M_R + M_{I_A} = \begin{pmatrix} 0 & 1 & 0 & 0 \\ 1 & 0 & 1 & 0 \\ 0 & 0 & 0 & 1 \\ 0 & 0 & 0 & 0 \end{pmatrix} + \begin{pmatrix} 1 & 0 & 0 & 0 \\ 0 & 1 & 0 & 0 \\ 0 & 0 & 1 & 0 \\ 0 & 0 & 0 & 1 \end{pmatrix} = \begin{pmatrix} 1 & 1 & 0 & 0 \\ 1 & 1 & 1 & 0 \\ 0 & 0 & 1 & 1 \\ 0 & 0 & 0 & 1 \end{pmatrix}.$$

因此，

$$r(R) = R \cup I_A = \{\langle a,a\rangle,\langle a,b\rangle,\langle b,a\rangle,\langle b,b\rangle,\langle b,c\rangle,\langle c,c\rangle,\langle c,d\rangle,\langle d,d\rangle\}.$$

$$M_R + M_{\widetilde{R}} = \begin{pmatrix} 0 & 1 & 0 & 0 \\ 1 & 0 & 1 & 0 \\ 0 & 0 & 0 & 1 \\ 0 & 0 & 0 & 0 \end{pmatrix} + \begin{pmatrix} 0 & 1 & 0 & 0 \\ 1 & 0 & 0 & 0 \\ 0 & 1 & 0 & 0 \\ 0 & 0 & 1 & 0 \end{pmatrix} = \begin{pmatrix} 0 & 1 & 0 & 0 \\ 1 & 0 & 1 & 0 \\ 0 & 1 & 0 & 1 \\ 0 & 0 & 1 & 0 \end{pmatrix}.$$

$S(R) = R \cup \widetilde{R} = \{\langle a,b\rangle,\langle b,a\rangle,\langle b,c\rangle,\langle c,b\rangle,\langle c,d\rangle,\langle d,c\rangle\}.$

所以

$$M_{R^2} = M_R \circ M_R = \begin{pmatrix} 0 & 1 & 0 & 0 \\ 1 & 0 & 1 & 0 \\ 0 & 0 & 0 & 1 \\ 0 & 0 & 0 & 0 \end{pmatrix} \circ \begin{pmatrix} 0 & 1 & 0 & 0 \\ 1 & 0 & 1 & 0 \\ 0 & 0 & 0 & 1 \\ 0 & 0 & 0 & 0 \end{pmatrix} = \begin{pmatrix} 1 & 0 & 1 & 0 \\ 0 & 1 & 0 & 1 \\ 0 & 0 & 0 & 0 \\ 0 & 0 & 0 & 0 \end{pmatrix}.$$

$$M_{R^3} = M_{R^2} \circ M_R = \begin{pmatrix} 1 & 0 & 1 & 0 \\ 0 & 1 & 0 & 1 \\ 0 & 0 & 0 & 0 \\ 0 & 0 & 0 & 0 \end{pmatrix} \circ \begin{pmatrix} 0 & 1 & 0 & 0 \\ 1 & 0 & 1 & 0 \\ 0 & 0 & 0 & 1 \\ 0 & 0 & 0 & 0 \end{pmatrix} = \begin{pmatrix} 0 & 1 & 0 & 1 \\ 1 & 0 & 1 & 0 \\ 0 & 0 & 0 & 0 \\ 0 & 0 & 0 & 0 \end{pmatrix}.$$

$$M_R + M_{R^2} + M_{R^3} + M_{R^4} = \begin{pmatrix} 1 & 1 & 1 & 1 \\ 1 & 1 & 1 & 1 \\ 0 & 0 & 0 & 1 \\ 0 & 0 & 0 & 0 \end{pmatrix}.$$

故

$$\begin{aligned} R^+ = t(R) &= R \cup R^2 \cup R^3 \cup R^4 \\ &= \{\langle a,a\rangle,\langle a,b\rangle,\langle a,c\rangle,\langle a,d\rangle,\langle b,a\rangle,\langle b,b\rangle,\langle b,c\rangle,\langle b,d\rangle,\langle c,d\rangle\}. \end{aligned}$$

(2) 用 Warshall 算法计算 $t(R)$.

$$A = M_R = \begin{pmatrix} 0 & 1 & 0 & 0 \\ 1 & 0 & 1 & 0 \\ 0 & 0 & 0 & 1 \\ 0 & 0 & 0 & 0 \end{pmatrix}.$$

$i=1, A[2,1]=1$，将第一行加到第二行得

$$A = \begin{pmatrix} 0 & 1 & 0 & 0 \\ 1 & 1 & 1 & 0 \\ 0 & 0 & 0 & 1 \\ 0 & 0 & 0 & 0 \end{pmatrix}.$$

$i=2, A[1,2]=A[2,2]=1$，将第二行加到第一行，同时也将第二行加到自身得

$$A=\begin{pmatrix}1&1&1&0\\1&1&1&0\\0&0&0&1\\0&0&0&0\end{pmatrix}.$$

$i=3, A[1,3]=A[2,3]=1$，将第三行加到第一行及第二行得

$$A=\begin{pmatrix}1&1&1&1\\1&1&1&1\\0&0&0&1\\0&0&0&0\end{pmatrix}.$$

$i=4, A[1,4]=A[2,4]=A[3,4]=1$，将第四行加到第一、二、三行得

$$A=\begin{pmatrix}1&1&1&1\\1&1&1&1\\0&0&0&1\\0&0&0&0\end{pmatrix}.$$

由此得 R 的传递闭包与(1)相同.

4.5 等价关系与偏序关系

在计算机科学和数学领域，经常使用到分类和排序的思想方法来解决一些问题，本节通过介绍两类特殊的二元关系——等价关系和偏序关系都是这两类思想方法在离散形式的一个应用.

4.5.1 等价关系

定义 4.12 设 R 是非空集合上的关系，如果 R 是自反的、对称的和传递的，则称 R 是 A 上的等价关系. 设 R 是一个等价关系，若 $\langle x,y\rangle\in R$，则称 x 等价于 y，记为 $x\sim y$.

例 4.21 设 $A=\{1,2,\cdots,8\}$，如下定义 A 上的一个二元关系：$R=\{\langle x,y\rangle \mid x\in A\wedge y\in A\wedge x\equiv y(\bmod 3)\}$，则

$R=\{\langle 1,1\rangle,\langle 1,4\rangle,\langle 1,7\rangle,\langle 2,2\rangle,\langle 2,5\rangle,\langle 2,8\rangle,\langle 3,3\rangle,\langle 3,6\rangle,\langle 4,1\rangle,\langle 4,4\rangle,\langle 4,7\rangle,$
$\langle 5,2\rangle,\langle 5,5\rangle,\langle 5,8\rangle,\langle 6,3\rangle,\langle 6,6\rangle,\langle 7,1\rangle,\langle 7,4\rangle,\langle 7,7\rangle,\langle 8,2\rangle,\langle 8,5\rangle,\langle 8,8\rangle\}.$

对应的关系图如图 4.9 所示.

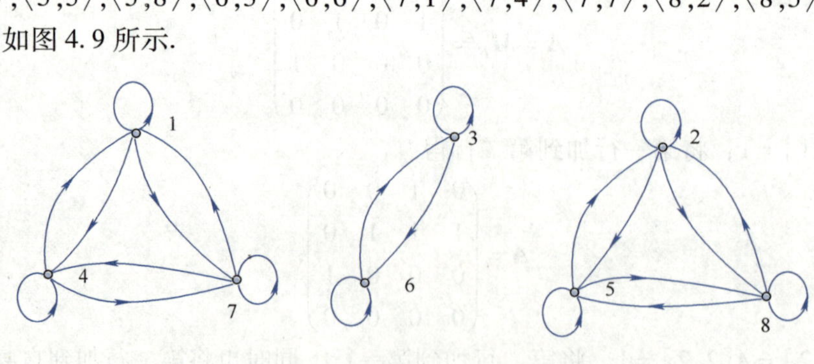

图 4.9

不难验证 R 是 A 上的等价关系. 关系图(见图 4.9)被分为三个互不连通的部分，也即 A 中的元素分成三类. 每一类元素之间两两都有关系，不同类之间的元素都没有该关系.

生活中很多关系都是等价关系，例如：

(1) 平面上三角形集合中，三角形的相似关系是等价关系；

(2) 数的相等关系是任何数集上的等价关系；

(3) 一群人的集合中姓氏相同的关系也是等价关系；

(4) 设 A 是任意非空集合，则 A 上的恒等关系 I_A 和全域关系 E_A 均是 A 上的等价关系.

因此，我们通过建立在集合 A 上的等价关系，给出如下等价类的定义.

4.5.2 等价类

定义 4.13 设 R 是非空集合 A 上的等价关系，$\forall x\in A$，令 $[x]_R=\{y\mid y\in A\wedge xRy\}$，称 $[x]_R$ 为 x 关于 R 的等价类. 在不引起混淆的情况下，记为 $[x]$.

由定义可知，例 4.21 中的等价类是

$$[1]=[4]=[7]=\{1,4,7\},$$
$$[2]=[5]=[8]=\{2,5,8\},$$
$$[3]=[6]=\{3,6\}.$$

关于等价类，我们得到下面重要的性质：

定理 4.12 设 R 是非空集合 A 上的等价关系，则

(1) $\forall x\in A$，$[x]$ 是 A 上的非空子集；

(2) $\forall x,y\in A$ 如果 xRy，则 $[x]=[y]$；

(3) $\forall x,y\in A$ 如果 $\langle x,y\rangle\notin R$，则 $[x]$ 与 $[y]$ 的交集为空集；

(4) $\cup\{[x]\mid x\in A\}=A$.

证明 (1) 由等价类的定义知道，$\forall x\in A$，$[x]\subseteq A$，又 R 是自反关系，所以 $x\in[x]$，即 $[x]$ 非空.

(2) 任取 z，若 $z\in[x]$，则 $\langle x,z\rangle\in R$，由 R 是对称关系，则 $\langle z,x\rangle\in R$，若 $\langle x,y\rangle\in R$，由 R 是传递关系，则有 $\langle z,y\rangle\in R$，又由 R 是对称关系，则 $\langle y,z\rangle\in R$，所以 $z\in[y]$，这就证明了 $[x]\subseteq[y]$.

同理可证 $[y]\subseteq[x]$，从而 $[x]=[y]$ 成立.

(3) 反证法. 若 $[x]$ 与 $[y]$ 相交不空，不妨设 $z\in[x]\cap[y]$，则有 $\langle x,z\rangle\in R$ 且 $\langle y,z\rangle\in R$，由 R 的对称性、传递性，则有 $\langle x,y\rangle\in R$ 与已知 $\langle x,y\rangle\notin R$ 矛盾，即假设错误，原命题成立.

(4) 先证 $\cup\{[x]x\in A\}\subseteq A$，任取 z，若 $z\in\cup\{[x]\mid x\in A\}$，则存在 $x\in A$ 且 $y\in[x]$，又 $[x]\subseteq A$，则有 $y\in A$，从而 $\cup\{[x]\mid x\in A\}\subseteq A$ 成立.

再证 $A\subseteq\cup\{[x]\mid x\in A\}$，任取 $z\in A$，则 $z\in[z]$，则有 $z\in\cup\{[x]\mid x\in A\}$，从而 $A\subseteq\cup\{[x]\mid x\in A\}$ 成立. 综合上述，有 $\cup\{[x]\mid x\in A\}=A$ 成立.

由非空集合 A 和 A 上的等价关系 R，构造出下面一个新的集合.

定义 4.14 设 R 为非空集合 A 上的等价关系，以 R 的所有等价类作为元素的集合称为 A 关于 R 的**商集**，记作 A/R，其中 $A/R=\{[x]_R\mid x\in A\}$.

例 4.21 中的商集是 $A/R=\{[1],[2],[3]\}=\{\{1,4,7\},\{2,5,8\},\{3,6\}\}$.

实际上我们可以得到更加推广的结论，设 R 为整数集上模 n 同余的等价关系，可以得到其 n 个等价类：$[i]=\{nz+i|z\in\mathbf{Z}\}$，$i=0,1,\cdots,n-1$，则相应的商集为 $\{\{nz+i|z\in\mathbf{Z}\}|i=0,1,\cdots,n-1\}$.

4.5.3 划分

为了更好地说明等价关系和集合元素分类之间的关系，我们引入集合**划分**的概念.

定义 4.15 设 A 为非空集合，若 A 的子集族 $\pi(\pi\subseteq P(A))$，满足下列条件：

(1) $\varnothing\notin\pi$;

(2) $(\forall x)(\forall y)(x\in\pi\wedge y\in\pi\wedge x\neq y\to x\cap y=\varnothing)$;

(3) $\cup\pi=A$,

则称 π 是 A 上的一个划分，称 π 中元素为 A 上的**划分块**.

例 4.22 设 $A=\{1,2,3,4,5\}$，给定 $\pi_1,\pi_2,\pi_3,\pi_4,\pi_5$ 如下：

$$\pi_1=\{\{1,2,3\},\{3,4,5\}\},$$
$$\pi_2=\{\{1\},\{2,3\},\{4,5\}\},$$
$$\pi_3=\{\varnothing,\{1,2,3\},\{4,5\}\},$$
$$\pi_4=\{\{1,2,3\},\{5\}\},$$
$$\pi_5=\{\{1\},\{2\},\{3\},\{4\},\{5\}\}.$$

则由以上定义不难知道，π_2，π_5 是 A 的划分，其他都不是.

由等价类的定义，商集 A/R 构成 A 的划分，且不同的等价关系，给出 A 上不同的划分. 反之，我们给出如下的定理.

定理 4.13 设 π 是 A 上的一个划分，定义 A 上的一个二元关系

$$R=\{\langle x,y\rangle|x,y\in A\wedge x\text{与}y\text{在}\pi\text{的同一分块中}\},$$

则 R 是 A 上的**等价关系**.

证明 (1) 自反性，任取 $x\in A$，显然 $\langle x,x\rangle\in R$，即 R 是自反关系.

(2) 对称性，任取 $x,y\in A$，若 $\langle x,y\rangle\in R$，则 x 与 y 在 π 的同一分块中，则必有 y 与 x 在 π 的同一分块中，显然 $\langle y,x\rangle\in R$，即 R 是对称关系.

(3) 传递性，任取 $x,y,z\in A$，若 $\langle x,y\rangle\in R$ 且 $\langle y,z\rangle\in R$，则 x 与 y 在 π 的同一分块中，且 y 与 z 在 π 的同一分块中，则必有 x 与 z 在 π 的同一分块中，显然 $\langle x,z\rangle\in R$，即 R 是传递关系.

综合(1)(2)(3)，则 R 是 A 上的等价关系.

例 4.23 设 $A=\{a,b,c,d,e\}$，π 是 A 上的一个划分，$\pi=\{\{a\},\{b,c\},\{d,e\}\}$，求出 A 上的等价关系 R，使得 $A/R=\pi$.

解 由定理 4.13，有 $R=\{\langle b,c\rangle,\langle c,b\rangle,\langle d,e\rangle,\langle e,d\rangle\}\cup I_A$.

实际上，只要给出非空集合 A 的一个划分，$\pi=\{A_1,A_2,\cdots,A_m\}$，则对应的等价关系是

$$R=(A_1\times A_1)\cup(A_2\times A_2)\cup\cdots\cup(A_m\times A_m).$$

一个集合上的等价关系与集合上的划分是一一对应的关系，即给出一个等价关系，唯一对应一个划分(就是商集)；给出一个划分，也唯一对应一个等价关系.

4.5.4 相容关系

定义 4.16 给定集合 A 上的二元关系 R，若 R 是自反的、对称的，则称 R 是 A 上的**相容关系**.

相容关系 R 只要求满足自反性与对称性，因此，等价关系必定是相容关系，但反之不真.

定义 4.17 设 R 是集合 A 上的相容关系，$C\subseteq A$，如果对于 C 中任意两个元素 a_1，a_2 有 $a_1 R a_2$，就称 C 是由相容关系 R 产生的**相容类**.

设 A 是由下列英文单词组成的集合，

$$A=\{\text{cat},\text{teacher},\text{cold},\text{desk},\text{knife},\text{by}\},$$

定义关系

$$R=\{\langle x,y\rangle \mid x,y\in A,\ 且\ x\ 和\ y\ 有相同的字母\},$$

显然，R 是一个相容关系.

令 $x_1=\text{cat}, x_2=\text{teacher}, x_3=\text{cold}, x_4=\text{desk}, x_5=\text{knife}, x_6=\text{by}$，则相容关系 R 可产生相容类 $\{x_1,x_2\},\{x_1,x_3\},\{x_2,x_3\},\{x_6\},\{x_2,x_4,x_5\}$.

对于前三个相容类，都能加进新的元素组成新的相容类，而后两个相容类，加入任一新元素，就不再组成相容类，称它们为**最大相容类**.

所有相容类构成集合的一个覆盖，关于覆盖和相容关系的相关性质大家可以自己查阅资料学习，这里不做介绍.

4.5.5 偏序关系

下面介绍另外一种重要的二元关系——偏序关系.

定义 4.18 设 R 为非空集合 A 上的二元关系，如果 R 是自反的、反对称的和传递的，则称 R 是 A 上的**偏序关系**，记作"$\preccurlyeq$"，把集合 A 和 A 上的偏序关系"$\preccurlyeq$"一起称作**偏序集**，记作$\langle A,\preccurlyeq\rangle$.

设 R 是一个偏序关系，若$\langle x,y\rangle\in R$，读作 x 小于或等于 y，记为 $x\preccurlyeq y$. 若 $x\preccurlyeq y$ 且 $x\neq y$，则记作 $x\prec y$，称 x 小于 y.

注：此处 $x\preccurlyeq y$，不是比较数的大小，而是指按照定义的某种偏序关系，x 排在 y 前面.

例 4.24 设 $A=\{a,b,c\}$，证明：集合 $P(A)$ 上的"$\subseteq$"关系为偏序关系.

证明 (1) 自反性，任取 $X\in P(A)$，则有 $X\subseteq X$，故关系"$\subseteq$"是自反的.

(2) 反对称性，任取 $X,Y\in P(A)$，若 $X\subseteq Y$ 且 $Y\subseteq X$，则有 $X=Y$，故关系"$\subseteq$"是反对称的.

(3) 传递性，任取 $X,Y,Z\in P(A)$，若 $X\subseteq Y$ 且 $Y\subseteq Z$，则有 $X\subseteq Z$，故关系"$\subseteq$"是传递的.

综合(1)(2)(3)，则"$\subseteq$"关系为 $P(A)$ 上的偏序关系.

定义 4.19 设 R 为非空集合 A 上的偏序关系，对于 x、$y\in A$，如有 $x\preccurlyeq y$ 或 $y\preccurlyeq x$ 成立，则称 x 与 y **可比**.

定义 4.20 设 R 为非空集合 A 上的偏序关系，如果 $\forall x,y\in A$，x 与 y 都是可比的，则称 R 为 A 上的**全序关系**.

4.5.6 哈斯图

偏序关系的关系图可以表述元素之间的次序关系，但当集合 A 上的元素较多时，由于偏序关系的自反性和传递性，图形往往比较复杂，下面我们介绍一种很简洁的方法，可以更明确、更清楚地表述元素之间的次序关系. 为了说明这种做法，我们首先给出元素之间盖住的定义.

定义 4.21 设$\langle A,\preccurlyeq\rangle$为偏序集，$\forall x,y\in A$，如果$x\prec y$，且不存在$z\in A$使得$x\prec z\prec y$，则称 **$y$ 盖住 x**.

有了元素之间盖住的定义，下面给出描述偏序关系的简洁方法的具体步骤：

(1)描点：对于偏序集$\langle A,\preccurlyeq\rangle$，以$A$中的每个元素为顶点，顶点的位置按它们的次序由小到大自下向上排列(也就是说，若$x\prec y$，结点x位于结点y的下方).

(2) 画边：若y盖住x，则在x，y之间画一条无向边.

用上述方法作出的图形，我们称为**哈斯图**(Hasse 图).

注：(1) 在哈斯图中，必须是有盖住关系的两个元素之间才能有边.
(2) 哈斯图中无环，无方向.

例 4.25 画出偏序集$\langle\{1,2,3,4,5,6,7,8,9,10,11,12,24\}$，整除$\rangle$的哈斯图.

解 哈斯图如图 4.10 所示.

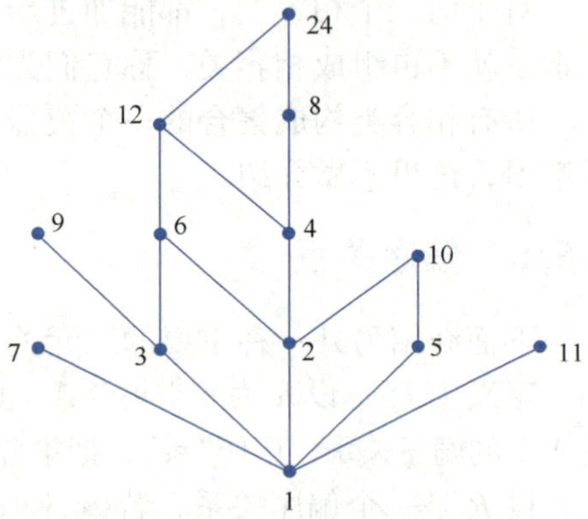

图 4.10

4.5.7 特殊元

下面考虑偏序集中的一些特殊元素.

定义 4.22 设$\langle A,\preccurlyeq\rangle$为偏序集，$B\subseteq A$，$y\in B$.

(1) 若$(\forall x)(x\in B\rightarrow y\preccurlyeq x)$成立，则称$y$为$B$的**最小元**.

(2) 若$(\forall x)(x\in B\rightarrow x\preccurlyeq y)$成立，则称$y$为$B$的**最大元**.

(3) 若$(\forall x)(x\in B\wedge x\preccurlyeq y\rightarrow x=y)$成立，则称$y$为$B$的**极小元**.

(4) 若$(\forall x)(x\in B\wedge y\preccurlyeq x\rightarrow x=y)$成立，则称$y$为$B$的**极大元**.

说明 (1) 有限集合B的最小元(最大元)不一定存在，但极小元(极大元)一定存在.

(2) 集合B的最小元(最大元)与B中的元素都可比，但极小元(极大元)不一定与B中的元素都可比.

(3) 集合B的最小元(最大元)如果存在，则一定是唯一的，但极小元(极大元)可能有多个.

定义 4.23 设$\langle A,\preccurlyeq\rangle$为偏序集，$B\subseteq A$，$y\in A$，

(1) 若$(\forall x)(x\in B\rightarrow x\preccurlyeq y)$成立，则称$y$为$B$的**上界**.

(2) 若$(\forall x)(x\in B\rightarrow y\preccurlyeq x)$成立，则称$y$为$B$的**下界**.

(3) 令$C=\{y\mid y$为B的上界$\}$，则称C的最小元为B的**上确界**.

(4) 令$C=\{y\mid y$为B的下界$\}$，则称C的最大元为B的**下确界**.

说明 (1) 集合 B 的上界、下界、上确界、下确界都不一定存在.

(2) 集合 B 的最小元(最大元)一定是 B 中的下界(上界),而且是下确界(上确界),但 B 的下确界(上确界)不一定是 B 中的最小元(最大元).

(3) 集合 B 的下确界(上确界)如果存在,则一定是唯一的,但下界(上界)可能有多个.

例 4.26 设偏序集 $\langle A,整除\rangle$,其中 $A=\{1,2,3,4,5,6,7,8,9,10,11,12,24\}$,令 $B=\{2,4,6,11,12\}$,问:

(1) 在偏序集 $\langle A,整除\rangle$ 中 B 是否存在极大元和极小元?若存在,请给出.

(2) 在偏序集 $\langle A,整除\rangle$ 中 B 是否存在最大元和最小元?若存在,请给出.

(3) 在偏序集 $\langle A,整除\rangle$ 中 B 是否存在上下界?若存在,请给出.

解 (1) 极大元集 $\{11,12\}$,极小元集 $\{2,11\}$.

(2) 不存在最大元和最小元.

(3) 不存在上界,下界集为 $\{1\}$.

4.6 函数

函数是一个基本的数学概念,也是数学中经常使用的工具. 在通常情况下,它是在数集上讨论的,在这里函数的概念得到了推广,可看成一种特殊的关系.

4.6.1 函数的概念

定义 4.24 设 A,B 是两个集合,F 是一个从 A 到 B 的二元关系. 如果对于每一个 $x\in A$,都有唯一的 $y\in B$,使得 $\langle x,y\rangle\in F$,则称二元关系 F 为 A 到 B 的**函数**,记作 $F\colon A\to B$,若 $\langle x,y\rangle\in F$,则记作 $y=F(x)$.

说明 (1) F 的定义域 $\mathrm{dom}(F)=A$,F 的值域 $\mathrm{ran}(F)\subseteq B$;若 $\mathrm{ran}(F)=B$,则称二元关系 F 为 A 到 B 上的函数;若 $F\colon A\to A$,则称 F 为 A 上的函数.

(2) 函数一般用大写或小写的英文字母表示,如函数 F 或函数 f,但是需要提醒的是,F 表示的是一个集合,而 $F(x)$ 代表的是一个值.

(3) 从集合的角度来看,函数 $F=G\Leftrightarrow F\subseteq G\wedge G\subseteq F$.

以上述定义来分析,如果两个函数 F 和 G 相等,则需要满足如下两个条件:

1) $\mathrm{dom}(F)=\mathrm{dom}(G)$;

2) 任取 $\forall x\in\mathrm{dom}(F)=\mathrm{dom}(G)$,都有 $F(x)=G(x)$.

例 4.27 设 $A=\{1,2,3,4\}$,$B=\{0,1\}$,判别下列 A 到 B 的关系中哪些能构成函数.

(1) $R_1=\{\langle 1,1\rangle,\langle 2,0\rangle,\langle 3,1\rangle\}$;

(2) $R_2=\{\langle 1,1\rangle,\langle 2,0\rangle,\langle 3,0\rangle,\langle 4,0\rangle\}$;

(3) 对于 A 中的元素,当 x 为偶数时,$\langle x,0\rangle\in R_3$,否则 $\langle x,1\rangle\in R_3$;

(4) 当 $x\in A$,$y\in B$,且 $x>y$ 时,有 $\langle x,y\rangle\in R_4$.

解 (1) R_1 不是函数,因为对于 A 中的元素 4,在 B 中没有元素与之对应,所以 R_1 不是 A 到 B 的函数.

(2) R_2 能构成函数，因为对于每一个 $x \in A$，都有唯一 $y \in B$ 与它对应.

(3) R_3 能构成函数，因为对于每一个 $x \in A$，都有唯一 $y \in B$ 与它对应.

(4) R_4 不能构成函数，因为存在 $x \in A$，有多个 $y \in B$ 与它对应. 如 $\langle 2,0 \rangle \in R_4$，$\langle 2,1 \rangle \in R_4$.

定义 4.25 所有从 A 到 B 的函数的集合，记作 B^A，读作"**B 上 A**"，符号化为

$$B^A = \{f \mid f:A \to B\}.$$

例 4.28 设 $A = \{a,b,c\}$，$B = \{0,1\}$，求 B^A.

解 $F_0 = \{\langle a,0\rangle,\langle b,0\rangle,\langle c,0\rangle\}$，$F_1 = \{\langle a,0\rangle,\langle b,0\rangle,\langle c,1\rangle\}$，

$F_2 = \{\langle a,0\rangle,\langle b,1\rangle,\langle c,0\rangle\}$，$F_3 = \{\langle a,0\rangle,\langle b,1\rangle,\langle c,1\rangle\}$，

$F_4 = \{\langle a,1\rangle,\langle b,0\rangle,\langle c,0\rangle\}$，$F_5 = \{\langle a,1\rangle,\langle b,0\rangle,\langle c,1\rangle\}$，

$F_6 = \{\langle a,1\rangle,\langle b,1\rangle,\langle c,0\rangle\}$，$F_7 = \{\langle a,1\rangle,\langle b,1\rangle,\langle c,1\rangle\}$.

4.6.2 单射函数、满射函数和双射函数

定义 4.26 设函数 F：$A \to B$.

(1) 若 $\mathrm{ran}(F) = B$，则称 F 为 A 到 B 的**满射函数**.

(2) 若 $\forall y \in \mathrm{ran}(F)$，都存在唯一的 $x \in A$，使得 $y = F(x)$，则称 F 为 A 到 B 的**单射函数**.

(3) 若 F：$A \to B$ 既是满射函数又是单射函数，则称这个函数为**双射函数**.

例 4.29 以下都是实数集上的函数，判断它们是否为单射函数、满射函数或双射函数，并说明理由.

(1) $f(x) = x - 1$；(2) $f(x) = x^2 - x$；(3) $f(x) = \begin{cases} 0, & x = 1, \\ x - 3, & x \neq 1. \end{cases}$

解 (1) 双射函数. 因为它是单调函数，而且 $\mathrm{ran}(f) = R$.

(2) 不是单射，因为 $f(0) = f(1) = 0$；也不是满射，因为函数的最小值为 $-\dfrac{1}{4}$，$\mathrm{ran}(f) \neq R$.

(3) 不是单射，因为 $f(1) = f(3) = 0$；也不是满射，因为 $-2 \notin \mathrm{ran}(f)$.

实际问题中，一些常见的函数非常重要，这里简单介绍.

(1) **常函数** 设 F：$A \to B$，如果存在 $c \in B$，对于 $\forall x \in A$，都有 $F(x) = c$，则称 F：$A \to B$ 为常函数.

(2) **恒等函数** 集合 A 上的恒等关系是集合 A 上的函数，对于 $\forall x \in A$，都有 $I_A(x) = x$，则称 I_A 为集合 A 上的恒等函数.

(3) **特征函数** 设 A 为集合，对于任意的 $A' \subseteq A$，令

$$\chi_{A'}(a) = \begin{cases} 1, & a \in A', \\ 0, & a \in A - A', \end{cases}$$

则称 $\chi_{A'}:A \to \{0,1\}$ 为 A' 的特征函数.

自然映射：设 R 是 A 上的等价关系，令 $g(a) = [a]$，则称 g：$A \to A/R$ 为从 A 到商集 A/R 的自然映射.

4.6.3 函数复合

类似于关系的右复合，以下的函数复合都采用右复合的规则.

定理 4.14 设 F，G 是函数，则 $F \circ G$ 满足：

(1) $F \circ G$ 是函数;

(2) $\mathrm{dom}(F \circ G) = \{x \mid x \in \mathrm{dom}(F) \wedge F(x) \in \mathrm{dom}(G)\}$;

(3) $\forall x \in \mathrm{dom}(F \circ G)$, 有 $F \circ G(x) = G(F(x))$.

证明 (1) 由 F, G 都是关系, 则 $F \circ G$ 是关系, (要证 $F \circ G$ 为函数, 依定义只需证明对 $\forall x \in \mathrm{dom}(F \circ G)$, 有唯一 y 与之对应.) 不妨设某个 $x \in \mathrm{dom}(F \circ G)$, 有 $xF \circ Gy_1$, $xF \circ Gy_2$, 则

$$
\begin{aligned}
& xF \circ Gy_1 \wedge xF \circ Gy_2 \\
& \Rightarrow (\exists t_1)(\langle x, t_1 \rangle \in F \wedge \langle t_1, y_1 \rangle \in G) \wedge (\exists t_2)(\langle x, t_2 \rangle \in F \wedge \langle t_2, y_2 \rangle \in G) \\
& \Rightarrow (\exists t_1)(\exists t_2)(t_1 = t_2 \wedge \langle t_1, y_1 \rangle \in G \wedge \langle t_2, y_2 \rangle \in G) \\
& \Rightarrow y_1 = y_2,
\end{aligned}
$$

所以, $F \circ G$ 也是函数.

(2) 先证 $\mathrm{dom}(F \circ G) \subseteq \{x \mid x \in \mathrm{dom}(F) \wedge F(x) \in \mathrm{dom}(G)\}$, 任取 x, 有

$$
\begin{aligned}
& x \in \mathrm{dom}(F \circ G) \subseteq \{x \mid x \in \mathrm{dom}(F) \wedge F(x) \in \mathrm{dom}(G)\} \\
& \Rightarrow (\exists t)(\exists y)(\langle x, t \rangle \in F \wedge \langle t, y \rangle \in G) \\
& \Rightarrow (\exists t)(x \in \mathrm{dom}(F) \wedge t = F(x) \wedge t \in \mathrm{dom}(G)) \\
& \Rightarrow x \in \{x \mid x \in \mathrm{dom}(F) \wedge F(x) \in \mathrm{dom}(G)\}.
\end{aligned}
$$

再证 $\{x \mid x \in \mathrm{dom}(F) \wedge F(x) \in \mathrm{dom}(G)\} \subseteq \mathrm{dom}(F \circ G)$, 任取 x, 有

$$
\begin{aligned}
& x \in \{x \mid x \in \mathrm{dom}(F) \wedge F(x) \in \mathrm{dom}(G)\} \\
& \Rightarrow x \in \mathrm{dom}(F) \wedge F(x) \in \mathrm{dom}(G) \\
& \Rightarrow \langle x, F(x) \rangle \in F \wedge \langle F(x), G(F(x)) \rangle \in G \\
& \Rightarrow \langle x, G(F(x)) \rangle \in F \circ G \\
& \Rightarrow x \in \mathrm{dom}(F \circ G).
\end{aligned}
$$

综合上述, 则 $\mathrm{dom}(F \circ G) = \{x \mid x \in \mathrm{dom}(F) \wedge F(x) \in \mathrm{dom}(G)\}$.

(3) $\forall x \in \mathrm{dom}(F \circ G)$, 由(2)可知 $\langle x, G(F(x)) \rangle \in F \circ G \Rightarrow F \circ G(x) = G(F(x))$. 一般地, 设函数 $f: A \to B$, $g: B \to C$, 则 $f \circ g: A \to C$, 且对 $\forall x \in A$, 都有 $f \circ g(x) = g(f(x))$.

例 4.30 设 f, g 为实数集上的函数, 且

$$
f(x) = \begin{cases} 0, & x > 1, \\ x^2, & x \leqslant 1, \end{cases} \qquad g(x) = x - 2,
$$

求 $f \circ g$ 和 $g \circ f$.

解 $f \circ g(x) = \begin{cases} -2, & x > 1, \\ x^2 - 2, & x \leqslant 1; \end{cases} \qquad g \circ f(x) = \begin{cases} 0, & x > 3, \\ (x-2)^2, & x \leqslant 3. \end{cases}$

4.6.4 反函数

下面考虑函数的逆运算.

定义 4.27 设函数 F, 若其逆关系 F^{-1} 也构成函数, 则称 F 是**可逆函数**. F^{-1} 读作"F 的反函数".

说明 (1) 关系 F 一定可逆, 但函数 F 不一定可逆.
(2) 若 $F: A \to B$ 为单射函数, 则 F 一定可逆, 但 F^{-1} 不一定是 $B \to A$ 上的单射函数.

定理 4.15 设 $F: A \to B$ 是双射函数，则 $F^{-1}: B \to A$ 也是双射函数.

证明 (1) 先证 F^{-1} 是函数.

因为 F 是函数，则 F^{-1} 是关系. 则有 $\mathrm{dom}(F^{-1}) = \mathrm{ran}(F) = B$，$\mathrm{ran}(F^{-1}) = \mathrm{dom}(F) = A$.

对 $\forall x \in B = \mathrm{dom}(F^{-1})$，若有 $y_1, y_2 \in A$，有 $\langle x, y_1 \rangle \in F^{-1}$，$\langle x, y_2 \rangle \in F^{-1}$ 成立，则 $\langle y_1, x \rangle \in F, \langle y_2, x \rangle \in F$，由 F 是单射，则有 $y_1 = y_2$，故 F^{-1} 是函数.

(2) 再证 F^{-1} 是满射.

对 $\forall x \in A = \mathrm{ran}(F^{-1}) = \mathrm{dom}(F)$，由 F 是函数，则存在唯一 $\forall y \in B = \mathrm{ran}(F) = \mathrm{dom}(F^{-1})$，有 $\langle x, y \rangle \in F$，则 $\langle y, x \rangle \in F^{-1}$，故 F^{-1} 是满射.

(3) 最后证 F^{-1} 是单射.

若存在 $x_1, x_2 \in B$，使得 $F^{-1}(x_1) = F^{-1}(x_2) = y$，则有

$$\langle x_1, y \rangle \in F^{-1} \wedge \langle x_2, y \rangle \in F^{-1}$$
$$\Rightarrow \langle y, x_1 \rangle \in F \wedge \langle y, x_2 \rangle \in F$$
$$\Rightarrow x_1 = x_2 (F\text{ 是函数}),$$

所以 F^{-1} 是单射.

综合上述，结论得证.

4.7 集合的基数

所谓集合 A 的基数，当 A 为有限集时，就以其元素的个数为集合 A 的基数，当 A 为无限集时，通常也看成是元素个数的一种推广. 集合的基数通常记作 $|A|$，或 $\mathrm{card}(A)$. 对其基数的讨论是集合论的一个重要组成部分.

4.7.1 可数集合

定义 4.28 如果存在一个从集合 A 到自然数集 $\mathbf{N}$ 的单射，则称集合 A 是一个**可数集合**，不是可数集合的集合称作**不可数集合**.

> **说明** (1) 有限集合必为可数集合，但可数集合不一定有限.
> (2) 任何可数集合都可以按照自然数顺序排序. 因此，可数集合的等价定义为：A 是一个可数集合当且仅当 A 可以按照自然数顺序排序.

例 4.31 试判断下列集合是否为可数集合.

(1) $2\mathbf{N}$；　(2) $\mathbf{Z}$；　(3) $\mathbf{Q}$；　(4) $\mathbf{N} \times \mathbf{N}$.

解 (1) 方法一　令 $F: 2\mathbf{N} \to \mathbf{N}$，其中 $F(2n) = n$，$n \in \mathbf{N}$，易知 $F: 2\mathbf{N} \to \mathbf{N}$ 是从 $2\mathbf{N}$ 到 $\mathbf{N}$ 的一个单射函数，故 $2\mathbf{N}$ 为可数集合.

方法二　如图 4.11 所示，$2\mathbf{N}$ 可以按照自然数顺序排序，故为可数集合.

(2) 方法一　令 $F: \mathbf{Z} \to \mathbf{N}$，其中 $F(x) = \begin{cases} 2x, & x \geqslant 0, \\ -2x-1, & x < 0, \end{cases}$ 易知，$F: \mathbf{Z} \to \mathbf{N}$ 是从 $\mathbf{Z}$ 到 $\mathbf{N}$ 的一个单射函数，故 $\mathbf{Z}$ 为可数集合.

方法二　如图 4.12 所示，$\mathbf{Z}$ 可以按照自然数顺序排序，故为可数集合.

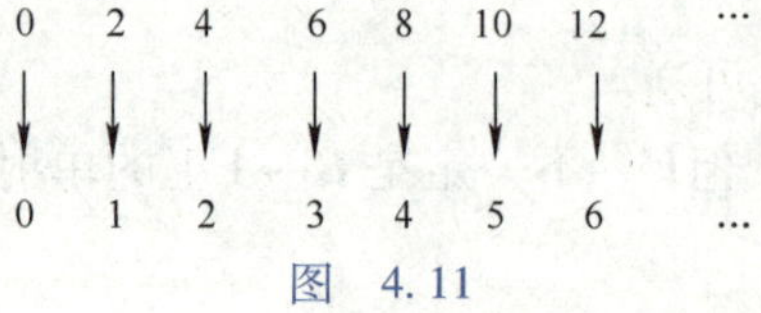

图 4.11

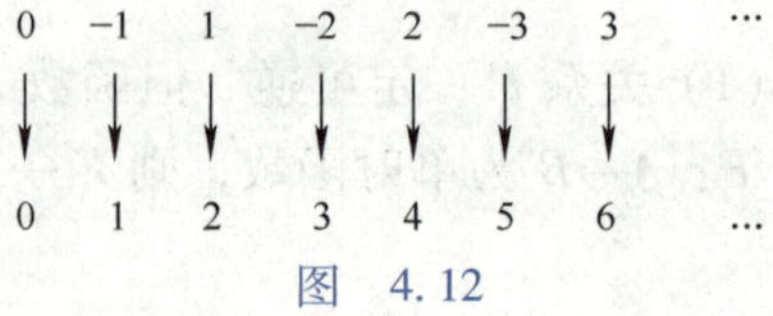

图 4.12

(3) 如图4.13所示，$\mathbf{Q}$ 可以按照自然数顺序排序，故为可数集合. 为把所有有理数按照自然数顺序排序，先给出所有有理数如图4.13所示，然后以0/1作为第一个数，按照箭头规定的顺序可以排列图表中所有有理数，其中，遇到重复出现的数，则跳过.

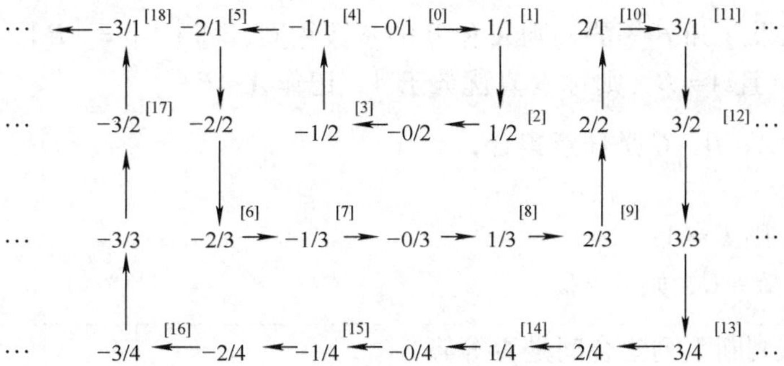

图 4.13

(4) 如图4.14所示，$\mathbf{N}\times\mathbf{N}$ 可以按照自然数顺序排序，故为可数集合.

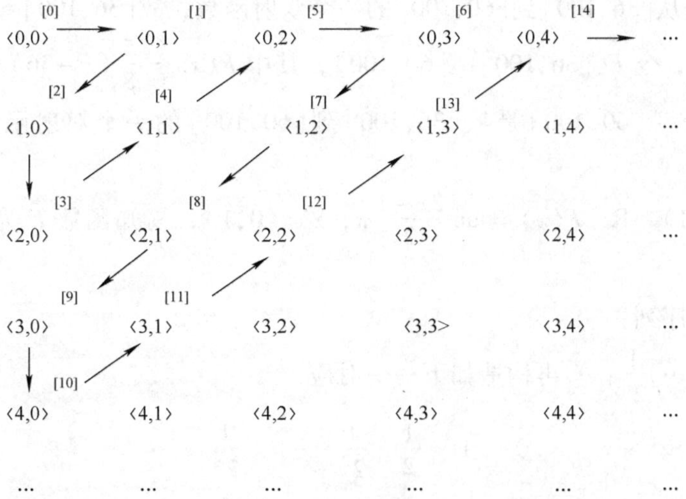

图 4.14

关于可数集合，有下列命题成立.

(1) 可数集合的任何子集都是可数集合.

(2) 两个可数集合的并或交还都是可数集合.

(3) 两个可数集合的笛卡儿积还是可数集合.

(4) 可数个可数集合的并或交或笛卡儿积还都是可数集合.

对于无限集合，我们习惯于选择一些标准集合，以这些标准集合的基数，作为衡量无限集合基数的工具. 通常选自然数集和实数集为标准集，把自然数集的基数记作 $\aleph_0$，读作阿列夫零. 实数集的基数记作 $\aleph$，读作"阿列夫".

4.7.2 集合的势

定义 4.29 设 A，B 是集合.

(1) 如果存在从集合 A 到 B 的单射函数，则称 ***B* 优势于 *A***. 记作 $A \preccurlyeq B$；

(2) 如果存在从集合 A 到 B 的双射函数，则称 ***A* 和 *B* 是等势的**，记作 $A \approx B$.

> **说明** (1) 如果 A 和 B 等势，则 A 和 B 的基数相同，即 $|A| = |B|$.
> (2) 若 $A \preccurlyeq B$，且 $A \not\approx B$，则称 B 真优势于 A，记作 $A \prec B$.

定理 4.16 设 A，B，C 是任意集合，

(1) $A \approx A$；

(2) 若 $A \approx B$，则 $B \approx A$；

(3) 若 $A \approx B$，$B \approx C$，则 $A \approx C$.

例 4.32 试判断下列集合间是否等势.

(1) $[36,100]$ 与 $[60,100]$； (2) $(0,1)$ 与 $\mathbf{R}$； (3) $(0,1)$ 与 $[0,1]$.

解 (1) 要证明有限区间 $[a,b]$ 与 $[c,d]$ 等势，只需找到过点 (a,c)，(b,d) 的一个单调函数即可.

方法一 令 $F:[36,100]\to[60,100]$，其中 $F(x)=10\sqrt{x}$，$x\in[36,100]$，易知，$F:[36,100]\to[60,100]$ 是从 $[36,100]$ 到 $[60,100]$ 的一个双射函数，故 $[36,100]\approx[60,100]$.

方法二 同理，令 $F:[36,100]\to[60,100]$，其中 $F(x)=\frac{5}{8}(x-36)+60, x\in[36,100]$，易知，$F:[36,100]\to[60,100]$ 是从 $[36,100]$ 到 $[60,100]$ 的一个双射函数，故 $[36,100]\approx[60,100]$.

(2) 令 $F:(0,1)\to\mathbf{R}$，$F(x)=\tan\frac{2x-1}{2}\pi$，$x\in(0,1)$，易知函数 F 为一个双射函数，则 $(0,1)\approx\mathbf{R}$.

(3) 构造如下序列：

$\frac{1}{2},\frac{1}{2^2},\frac{1}{2^3},\frac{1}{2^4},\cdots,\frac{1}{2^n},\cdots$，再构造如下一一对应：

$$
\begin{array}{ccccccc}
0 & 1 & \frac{1}{2} & \frac{1}{2^2} & \cdots & \frac{1}{2^n} & \cdots \\
\downarrow & \downarrow & \downarrow & \downarrow & & \downarrow & \\
\frac{1}{2} & \frac{1}{2^2} & \frac{1}{2^3} & \frac{1}{2^4} & \cdots & \frac{1}{2^{n+2}} & \cdots
\end{array}
$$

显然上述对应是双射的，再把区间 $[0,1]$ 上的其他数对应自身，则得到以下双射函数：

$$
f(x)=\begin{cases}
\frac{1}{2}, & x=0, \\
\frac{1}{2^2}, & x=1, \\
\frac{1}{2^{n+2}}, & x=\frac{1}{2^n}, \\
x, & \text{其他}.
\end{cases}
$$

结论得证，即$(0,1)\approx[0,1]$.

定理 4.17（康托尔定理）

（1）$\mathbf{N}\not\approx\mathbf{R}$；

（2）对于任何集合，都有$A\not\approx P(A)$（其中$P(A)=\{X\mid X\subseteq A\}$）.

证明 （1）由定理4.15和例4.32(2)(3)可知，如果能证明$\mathbf{N}\not\approx[0,1]$，则结论得证. 为此，下面证明不存在$\mathbf{N}$到区间$[0,1]$的双射函数. 实际上，我们只需证明对任何$\mathbf{N}$到区间$[0,1]$的函数都不是满射即可.

设$f:\mathbf{N}\to[0,1]$为从$\mathbf{N}$到区间$[0,1]$的任一函数，如下列出函数的所有值：

$$f(0)=0.\ a_1^{(1)}a_2^{(1)}\cdots,$$
$$f(1)=0.\ a_1^{(2)}a_2^{(2)}\cdots,$$
$$\vdots$$
$$f(n-1)=0.\ a_1^{(n)}a_2^{(n)}\cdots,$$
$$\vdots$$

这里需要规定无限小数表示方法的唯一性，如$0.199\cdots=0.200\cdots$，为了保证上述函数值的唯一性，如遇到上述情形时，统一取后者表示.

设y是区间$[0,1]$上的一个数，可表示为

$$y=0.\ b_1b_2\cdots(b_i\neq a_i^{(i)}).$$

显然y可以构造出来，且y与上面的任何一个函数值都不相等，所以有$y\notin \mathrm{ran}(f)$，即f不是满射.

（2）和（1）的证明类似，下面证明任何从A到$P(A)$的函数都不是满射.

设g：$A\to P(A)$为从A到$P(A)$的任一函数，构造集合

$$B=\{x\mid x\in A\wedge x\notin g(x)\}$$

则$B\in P(A)$，但对任意$x\in A$，都有$B\neq g(x)$，所以有$B\notin \mathrm{ran}(f)$，即g不是满射.

上述定理说明不存在最大的基数，将已知的基数按从小到大的顺序排列就得到

$$0,1,2,\cdots,n,\cdots,\aleph_0,\aleph,\cdots,$$

其中$0,1,2,\cdots,n,\cdots$恰好是全体自然数，称为有穷基数，而$\aleph_0,\aleph,\cdots$称为无穷基数.

习题 4

1. 已知$A=\{1,\{\varnothing\}\}$，求$A\times P(A)$.

2. 设$A=\{1,2,3,4\}$，试用列举法表示出下述A上元素之间的关系.

（1）x^2是y的倍数；（2）$(x-y)^2$是A中的元素；（3）$x\neq y$.

3. 已知集合$A=\{0,1\}$，$B=\{1\}$，试写出集合A到B上的所有关系.

4. 试用关系矩阵和关系图来表示下列从集合A到B上的关系. 其中$A=\{1,2,3,4\}$，$B=\{0,1,2\}$.

（1）$R_1=\{\langle 1,1\rangle,\langle 2,0\rangle\}$；

（2）$R_2=\{\langle 1,1\rangle,\langle 2,0\rangle,\langle 3,0\rangle,\langle 4,2\rangle\}$；

（3）$R_3=\{\langle 1,0\rangle,\langle 1,1\rangle,\langle 2,0\rangle,\langle 3,1\rangle,\langle 4,0\rangle,\langle 4,1\rangle,\langle 4,2\rangle\}$.

5. 设$P=\{\langle 1,2\rangle,\langle 2,4\rangle,\langle 3,3\rangle\}$，$Q=\{\langle 1,3\rangle,\langle 2,4\rangle,\langle 4,2\rangle\}$，求：

$P\cup Q$，$P\cap Q$，$\mathrm{dom}(P)$，$\mathrm{ran}(P)$，$\mathrm{dom}(P\cap Q)$，$\mathrm{ran}(P\cap Q)$.

6. 已知关系$R_1=\{\langle 1,1\rangle,\langle 2,0\rangle\}$，$R_2=\{\langle 1,1\rangle,\langle 2,0\rangle,\langle 3,0\rangle,\langle 4,2\rangle\}$，求：$R_1-R_2$，$R_1\cap R_2$，$\mathrm{dom}(R_1)$，$\mathrm{ran}(R_2)$，$\mathrm{fld}(R_1\cap R_2)$.

7. 已知关系$R=\{\langle 1,1\rangle,\langle 1,0\rangle,\langle 2,4\rangle,\langle 3,2\rangle,$

$\langle 4,3\rangle\}$，求：$R\circ R$，R^{-1}，$R\uparrow\{1,2\}$，$R[\{2,3\}]$.

8. 已知关系 $R=\{\langle a,a\rangle,\langle a,b\rangle,\langle b,c\rangle,\langle c,d\rangle\}$，试用三种方法求出$R^3$.

9. 设 R_1，R_2 为集合 A 上的关系，证明：

(1) $(R_1\cup R_2)^{-1}=R_1^{-1}\cup R_2^{-1}$；

(2) $(R_1\cap R_2)^{-1}=R_1^{-1}\cap R_2^{-1}$.

10. 设 $A=\{1,2,3\}$，R_1，R_2 和 R_3是 A 上的关系，$R_1=\{\langle 1,2\rangle,\langle 2,3\rangle\}$，$R_2=\{\langle 1,1\rangle,\langle 1,2\rangle,\langle 2,2\rangle,\langle 2,3\rangle,\langle 3,1\rangle,\langle 3,3\rangle\}$，$R_3=\{\langle 1,3\rangle\}$，试说明 R_1，R_2 和 R_3具有何种性质，并说明理由.

11. 给定 $S=\{1,2,3,4\}$和 S 上的二元关系，$R=\{\langle 1,2\rangle,\langle 4,3\rangle,\langle 2,2\rangle,\langle 2,1\rangle,\langle 3,1\rangle\}$.

(1) 判断 R 是否可传递?

(2) 找出关系 $R_1\supseteq R$，使得 R_1 是传递的，还能找出另一个 $R_2\supseteq R$，也是传递的吗?

12. 设 $A=\{0,1,2,3,4\}$，$R=\{\langle x,y\rangle \mid x\in A,\ y\in A$ 且 $x+y<0\}$，$S=\{\langle x,y\rangle \mid x\in A,\ y\in A$ 且 $x+y\leqslant 3\}$，试求 R，S，$R\circ S$，R^{-1}，S^{-1}.

13. 判断图 4.15 中关系的性质，并说明理由.

14. 设 R_1，R_2 为集合 A 上的任意两个关系，判断下列结论是否成立，若成立，请证明之；若不成立，则举反例说明.

(1) 若 R_1，R_2 自反，则 $R_1\cap R_2$ 也自反.

(2) 若 R_1，R_2 反自反，则 $R_1\cup R_2$ 也反自反.

(3) 若 R_1，R_2 对称，则 R_1-R_2 也对称.

(4) 若 R_1，R_2 反对称，则 $R_1\circ R_2$ 也反对称.

(5) 若 R_1，R_2 传递，则 $R_1\circ R_2$ 也传递.

15. 设 R 是集合 X 上的一个自反关系. 求证：R 是对称和传递的，当且仅当对任意 $a,b,c\in X$，若$\langle a,b\rangle$，$\langle a,c\rangle\in R$，有$\langle b,c\rangle\in R$.

16. 设 $A=\{1,2,3,4,5,6,7,8\}$，问在 A 上的下列关系是否满足自反性、反自反性、对称性、反对称性、传递性? 将你的结果填入表 4-2.

表 4-2　A 上的各关系结果表

性质	整除	$\neq$	$<$	I_A	$\varnothing$	E_A
自反性						
反自反性						
对称性						
反对称性						
传递性						

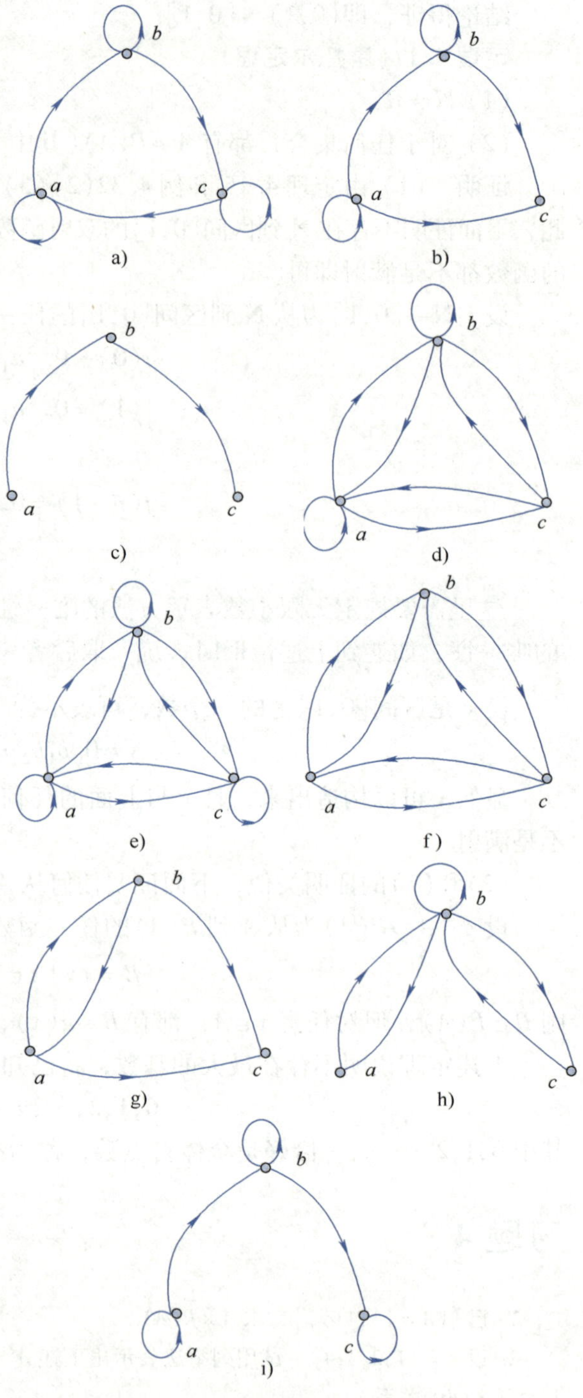

图　4.15

17. 设 S 为 X 上的关系，证明：若 S 是自反的、传递的，则 $S\circ S=S$. 其逆为真吗?

18. 给定集合 $S=\{1,2,3,4,5\}$，找出 S 上的等价关系 R，使此等价关系 R 能产生划分$\{\{1,2\}$,

$\{3\}$, $\{4,5\}\}$.

19. 设 $A=\{a,b,c,d\}$，在 A 上的关系 $R=\{\langle a,b\rangle,\langle b,a\rangle,\langle c,b\rangle,\langle c,c\rangle,\langle d,c\rangle\}$，画出 $R,r(R)$，$s(R),t(R)$ 的关系图.

20. 设 R_1，R_2 为集合 A 上的两个关系，且 $R_1\subseteq R_2$，试证：

(1) $r(R_1)\subseteq r(R_2)$；

(2) $s(R_1)\subseteq s(R_2)$；

(3) $t(R_1)\subseteq t(R_2)$.

21. 设 $A=\{a,b,c,d\}$，在 A 上的关系 $R=\{\langle a,b\rangle,\langle b,c\rangle,\langle c,b\rangle,\langle c,c\rangle,\langle d,c\rangle\}$，求 R 的闭包 $t(s(r(R)))$.

22. 设 $A=\{1,2,3,4\}$，R 是 A 上的等价关系，且 R 在 A 上构成的等价类是 $\{1,2\}$，$\{3,4\}$，求：

(1) 集合 R；

(2) R 的闭包 $r(R)$，$s(R)$，$t(R)$.

23. 证明：定义在实数集 $\mathbf{R}$ 上的关系 $S=\{\langle x,y\rangle \mid x,y\in\mathbf{R},\ \frac{x-y}{3}$ 是整数$\}$ 是一个等价关系.

24. 设 $R=\{\langle a,b\rangle \mid a,b\in\mathbf{N}$ 且 $a+b$ 为偶数$\}$，则 R 为 $\mathbf{N}$(自然数集)上的等价关系.

25. 设集合 $A=\{1,2,3,4\}$，在 $A\times A$ 上定义二元关系 R，且

$$R=\{\langle\langle u,v\rangle,\langle x,y\rangle\rangle \mid \langle u,v\rangle\in A\times A\wedge\langle x,y\rangle\in A\times A\wedge u+y=x+v\}.$$

(1) 证明 R 为 $A\times A$ 上的等价关系；

(2) 求商集 $(A\times A)/R$.

26. 已知集合 $A=\{1,2,3\}$，试给出 A 上的所有等价关系.

27. 画出 $\langle P(\{a,b,c\}),\subseteq\rangle$ 的哈斯图.

28. 设 R 是 X 上的二元关系，试证明：$\alpha=I_X\cup R\cup R^{-1}$ 是 X 上的相容关系.

29. $G=\{1,2,3,4,6,8,9,12,18,24\}$，$\preccurlyeq$ 为整除关系，作出偏序集 $\langle G,\preccurlyeq\rangle$ 的哈斯图，令 $A=\{2,3,4,6\}$，在 $\langle G,\preccurlyeq\rangle$ 中求出 A 的上界、最大元、极大元、极小元.

30. 画出下列偏序集 $\langle A,R_{\preccurlyeq}\rangle$ 的哈斯图，并找出 A 的极大元、极小元、最大元和最小元，其中 $A=\{a,b,c,d,e\}$，$R_{\preccurlyeq}=\{\langle a,d\rangle,\langle a,c\rangle,\langle a,b\rangle,\langle a,e\rangle,\langle b,e\rangle,\langle c,e\rangle,\langle d,e\rangle\}\cup I_A$.

31. 图 4.16 所示为哈斯图，试求出对应集合以及偏序关系.

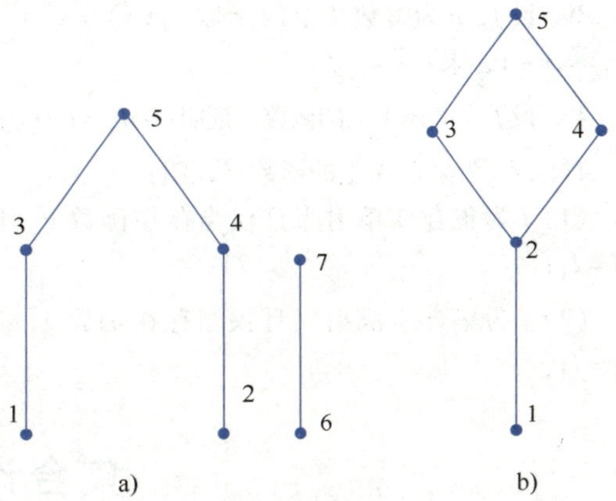

图 4.16

32. 给定集合 $C=\{x,y,z\}$，定义关系 P 如下：$P=\{\langle x,x\rangle,\langle y,y\rangle,\langle z,z\rangle,\langle x,y\rangle,\langle x,z\rangle,\langle y,z\rangle\}$，判断关系 P 是否为偏序关系，如果是，给出其最小元和最大元.

33. 请给出定义在下列集合上的整除关系所包含的所有序偶，画出哈斯图.

(1) $\{1,2,3,4,6,8,12,24\}$；

(2) $\{1,2,3,4,5,6,7,8,9,10,11,12\}$.

34. 设集合 $A=\{1,2,3,4,6,8,9,12\}$，R 为整除关系.

(1) 画出偏序集 $(A$，整除$)$ 的哈斯图；

(2) 写出 A 的子集 $B=\{3,6,9,12\}$ 的上界、下界、最小上界、最大下界；

(3) 写出 A 的最大元、最小元、极大元、极小元.

35. 下列关系中哪些是函数？

(1) $R_1=\{\langle x,y\rangle \mid x\in\mathbf{N}\wedge y\in\mathbf{N}\wedge x+y<5\}$；

(2) $R_2=\{\langle x,y\rangle \mid x\in\mathbf{Z}\wedge y\in\mathbf{Z}\wedge x=y-5\}$；

(3) $R_3=\{\langle x,y\rangle \mid x\in\mathbf{R}\wedge y\in\mathbf{R}\wedge x=y^2\}$.

36. 设 $S=\{a,b,c\}$，$T=\{p,q\}$，作 $f:S\to T$，问有多少个函数？其中有多少满射？

37. 设 $A=\{a,b\}$，$B=\{0,1,2\}$，求 B^A.

38. 判断下列函数是否为单射函数、满射函数或双射函数，为什么？

(1) $f:\mathbf{N}\to\{0,1\}$，当 x 为偶数时，$f(x)=0$；当 x 为奇数时，$f(x)=1$；

(2) $f:\mathbf{R}\to\mathbf{R}$，$f(x)=3^x$；

(3) $f:\mathbf{R}\to\mathbf{R}, f(x)=2x-15$;

(4) $f:\mathbf{R}\times\mathbf{R}\to\mathbf{R}\times\mathbf{R}, f(\langle x,y\rangle)=\langle x-1,y+1\rangle$.

39. 设f，g为整数集上的函数，$f(x)=x^2+3$，$g(x)=x-1$，求$f\circ g$，$g\circ f$.

40. 设f为集合A上的函数，证明：$f\circ I_A=I_A\circ f=f$.

41. 设f为集合A上的函数，证明：

(1) f为集合A单射当且仅当存在函数g，且$g\circ f=I_A$；

(2) f为集合A满射当且仅当存在函数g，且$f\circ g=I_A$；

(3) f为集合A双射当且仅当存在函数g，且$f\circ g=g\circ f=I_A$.

42. 设$|A|=m$，$|B|=n$，都是有限集合，试问从A到B有多少个不同的单射函数和多少个不同的满射函数？有多少个双射函数呢？

43. 设区间$[0,1]$和区间$[2,5]$是实数区间，证明$[0,1]\approx[2,5]$.

44. 设A，B都是可数集合，证明：(1)$A\cup B$是可数集合；(2)$A\oplus B$是可数集合.

集合论部分小结

集合论是研究集合的一般性质的数学分支，它研究集合不依赖于其组成元素的特性的性质. 集合论的特点是研究对象的广泛性，集合是各种不同对象的抽象，这些对象可以是数或图形，也可以是任意其他事物. 集合论总结出由各种对象构成的集合的共同性质，并用统一的方法来处理. 由于集合论的语言适合于描述和研究离散对象及其关系，所以它也是计算机科学与工程的理论基础，它在程序设计、形式语言、关系数据库、操作系统等计算机科学中都有重要的应用. 在现代数学中，每个对象(如函数、数等)本质上都是集合，都可以用某种集合来定义，数学的各个分支，本质上都是在研究这种或那种对象的集合的性质. 正因为如此，集合论被广泛地应用于各种科学和技术领域，集合论已经成为现代数学的理论基础.

集合论部分知识结构图

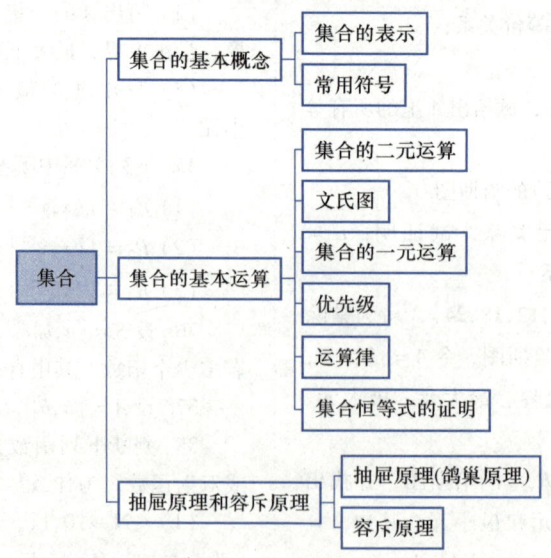

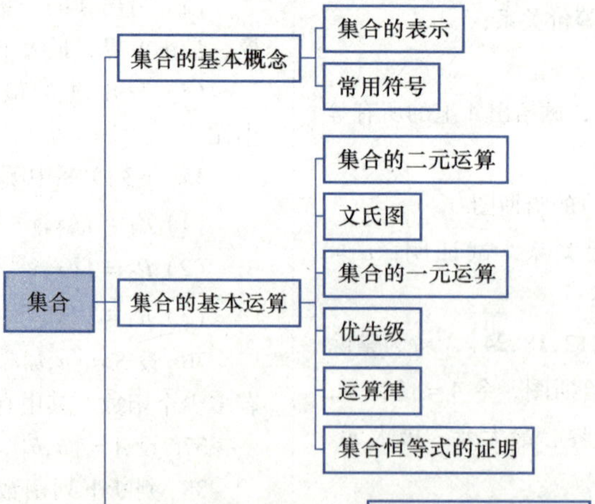

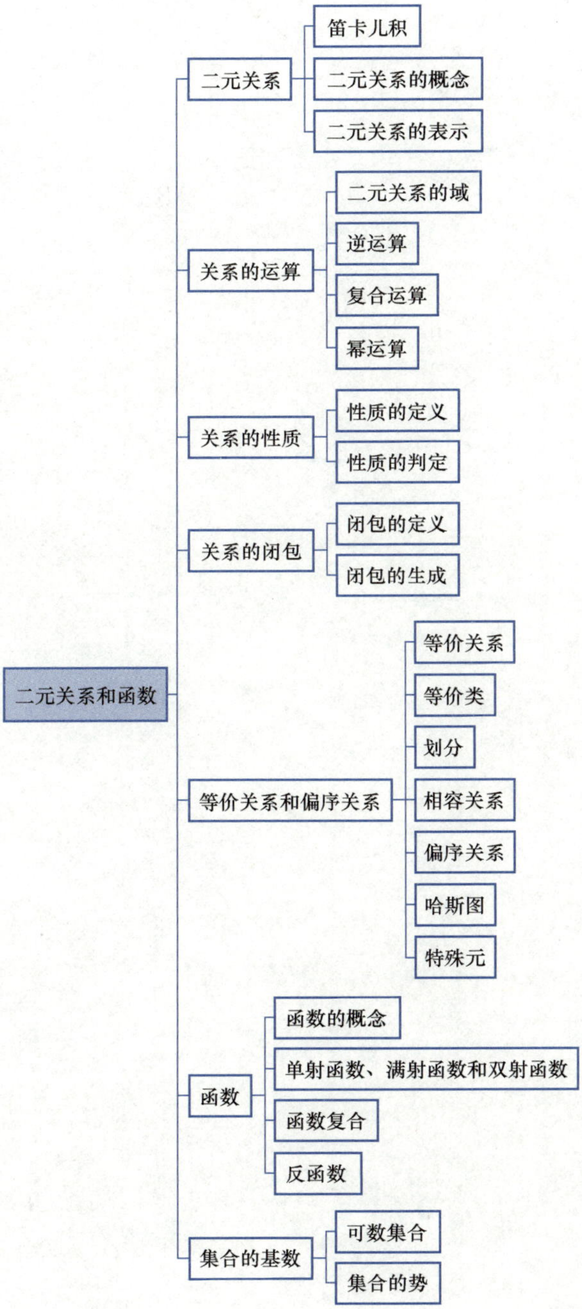
二元关系和函数
二元关系
笛卡儿积
二元关系的概念
二元关系的表示
关系的运算
二元关系的域
逆运算
复合运算
幂运算
关系的性质
性质的定义
性质的判定
关系的闭包
闭包的定义
闭包的生成
等价关系和偏序关系
等价关系
等价类
划分
相容关系
偏序关系
哈斯图
特殊元
函数
函数的概念
单射函数、满射函数和双射函数
函数复合
反函数
集合的基数
可数集合
集合的势

第 3 部分 代数结构

代数系统是数学中研究集合及其上定义的运算规则的一个分支，涉及如群、环、域等基本结构的研究. 这个领域的起源可追溯到古代文明，其中符号代数的发展始于 16 世纪的欧洲，当时数学家开始使用字母表示未知数和参数，为现代代数学的符号体系奠定了基础. 到了 19 世纪，随着群论的诞生和现代抽象代数的形成，代数学经历了显著的发展. 埃瓦里斯特·伽罗瓦通过他的理论解决了古典代数方程可解性的问题，而埃米·诺特对环论和域论的贡献推动了代数学向更抽象方向的发展. 代数学的这些进步不仅加深了我们对数学结构的理解，也为解决跨学科问题提供了强大的工具.

代数系统与计算机科学之间存在着紧密的联系，其中代数结构如群和环在密码学和信息安全中扮演着关键角色，而布尔代数是逻辑电路设计和编程语言中逻辑操作的基础. 计算机代数系统利用代数原理进行符号计算，解决复杂的数学问题. 20 世纪的代数几何和数论领域的应用，尤其是安德鲁·怀尔斯对费马大定理的证明，展示了代数学在解决深层数学问题中的应用. 代数学的发展历程反映了从具体问题求解到探索数学结构抽象性质的转变，展现了数学与其他科学领域相互促进的美妙融合.

本部分首先介绍二元运算及其性质，然后介绍代数系统的基本概念，最后对几类典型的代数系统，如半群、群、环、域、格和布尔代数等，做简要介绍.

伽罗瓦(1811—1832)，法国数学家，群论的开创者. 他虽在短暂的 21 年生命中历经坎坷，但对数学的贡献卓越非凡. 伽罗瓦利用群论解决了根式求解代数方程的问题，提出了一整套群和域的理论，即伽罗瓦理论，为抽象代数、代数数论等分支奠定了基础. 他出生于知识分子家庭，对数学产生了浓厚兴趣，但两次报考综合工科学校都未能成功. 然而，这并未阻止他对数学的热爱与探索. 遗憾的是，他在 1832 年的一场决斗中去世，年仅 21 岁. 尽管如此，他的理论和贡献在后世得到了广泛认可和应用，伽罗瓦群和伽罗瓦理论成为现代数学不可或缺的一部分，他的事迹也鼓舞了无数后来的数学家.

第 5 章 代数系统

代数的概念与方法是研究计算机科学和工程的重要数学工具. 本节将重点讲解二元运算及其特征，包括幺元、零元、逆元等二元运算中的特殊元素，并阐述代数系统的定义及其基本性质.

5.1 二元运算及其性质

在介绍代数系统之前，先引入在集合 A 上的运算概念. 例如，将非零实数集合$\mathbf{R}^* = \mathbf{K} \mid \{0\}$上的任一非零实数 $a \neq 0$ 映射成它的倒数$\frac{1}{a}$，或者将 $\mathbf{R}$ 上的每一个实数 y 映射成$[y]$(对 y 进行取整)，就可以将这些映射称为在集合 $\mathbf{R}$ 上的一元运算；而在集合 $\mathbf{R}$ 上，对任意两个实数所进行的普通加法和乘法，就是集合 $\mathbf{R}$ 上的二元运算，也可以看作将 $\mathbf{R}$ 上的任意两个实数映射成 $\mathbf{R}$ 中的一个实数. 上述例子都有一个共同的特征，那就是其运算结果都是在原来的集合 $\mathbf{R}$ 中，我们称具有这种特征的运算是**封闭**的，简称**闭运算**. 相反地，没有这种特征的运算就是**不封闭**的.

二元运算是最常见的代数运算.

定义 5.1 设 S 为集合，函数 f: $S \times S \to S$ 称为 S 上的二元运算，简称为**二元运算**.

在整数集合 $\mathbf{Z}$ 上，对任意两个整数所进行的普通加法和乘法，都是集合 $\mathbf{Z}$ 上的二元运算，因为显然任意两个整数相加和相乘的结果都是整数. 但是对任意两个整数的除法就不是二元运算，因为两个整数相除，可能不再是整数.

> 如何判断一个运算是否为集合 S 上的二元运算主要考虑以下两点：唯一性和封闭性.
> (1) 集合 S 中任意两个元素都能进行这种运算，并且结果是唯一的.
> (2) 集合 S 中任意两个元素运算的结果都属于 S，即该运算对 S 是封闭的.

例 5.1 设 $A = \{x \mid x = 2^n, n \in \mathbf{N}\}$，问在集合 A 上通常的乘法运算是否封闭，对加法运算呢?

解 对于任意的2^r，$2^s \in A$，r，$s \in \mathbf{N}$，因为$2^r \cdot 2^s = 2^{r+s} \in A$，所以乘法运算是封闭的. 而对于加法运算是不封闭的，因为至少有 $2 + 2^2 = 6 \notin A$.

定义 5.2 设 $*$ 是定义在集合 A 上的二元运算，如果对于任意的 $x, y \in A$，都有 $x * y = y * x$，则称该二元运算 $*$ 是**可交换**的，或者说运算 $*$ 在 A 上满足**交换律**.

例 5.2 设 $\mathbf{Q}$ 是有理数集合，$*$ 是 $\mathbf{Q}$ 上的二元运算，对任意的 $a,b\in\mathbf{Q}$，$a*b=a+b-a\cdot b$，运算 $*$ 是否可交换.

解 因为 $a*b=a+b-a\cdot b=b+a-b\cdot a=b*a$，所以运算 $*$ 是可交换的.

定义 5.3 设 $*$ 是定义在集合 A 上的二元运算，如果对于任意的 $x,y,z\in A$，都有 $(x*y)*z=x*(y*z)$，则称该二元运算 $*$ 是**可结合**的，或者说运算 $*$ 在 A 上满足**结合律**.

例 5.3 设 $\mathbf{Z}$ 表示整数集，①"+"是整数中的加法：则 $\forall r,s,t\in\mathbf{Z},(r+s)+t=r+(s+t)$，"+"在 $\mathbf{Z}$ 中满足结合律. ②"−"是整数中的减法：如果取 $2,5,3\in\mathbf{Z},(2-5)-3=-6$，而 $2-(5-3)=0$，所以 $(2-5)-3\neq 2-(5-3)$，从而运算"−"不满足结合律.

由上例可以看出不是所有的二元运算都满足结合律. 对于满足结合律的二元运算，在一个只由该运算的算符连接起来的表达式中，可以把所有表示运算顺序的括号去掉. 例如加法在实数集上是可结合的，对于任意实数 x,y,z 和 u，有

$$(x+y)+(z+u)=x+y+z+u.$$

定义 5.4 设 $*$ 是定义在集合 A 上的一个二元运算，如果对于任意的 $x\in A$，都有 $x*x=x$，则称运算 $*$ 是**等幂**的.

例 5.4 设 $P(S)$ 是集合 S 的幂集，在 $P(S)$ 上定义的两个二元运算，集合的"并"运算 $\cup$ 和集合的"交"运算 $\cap$，验证 $\cup$，$\cap$ 是等幂的.

解 对于任意的 $A\in P(S)$，有 $A\cup A=A$ 和 $A\cap A=A$，因此运算 $\cup$ 和 $\cap$ 都满足幂等律.

定义 5.5 设 $\circ$ 和 $*$ 是 S 上的两个二元运算，如果对任意的 $x,y,z\in S$，有

$$x*(y\circ z)=(x*y)\circ(x*z),\ (y\circ z)*x=(y*x)\circ(z*x),$$

则称运算 $*$ 对 $\circ$ 是**可分配**的.

例 5.5 在实数集 $\mathbf{R}$ 上，$\forall x,y,z\in\mathbf{R}$，对于普通的乘法和加法有

$$x(y+z)=xy+xz,\ (y+z)x=yx+zx.$$

即乘法对加法是可分配的. 但是加法对乘法不可分配.

定义 5.6 设 $\circ$ 和 $*$ 是定义在集合 A 上的两个可交换二元运算，如果对于任意的 $x,y\in A$，都有

$$x*(x\circ y)=x \text{ 且 } x\circ(x*y)=x,$$

则称运算 $\circ$ 与 $*$ 相互满足**吸收律**.

例 5.6 设集合 $\mathbf{N}$ 为全体自然数的集合，在 $\mathbf{N}$ 上定义两个二元运算 $*$ 和 $\circ$，对于任意 $x,y\in\mathbf{N}$，有 $x*y=\max\{x,y\}$，$x\circ y=\min\{x,y\}$，验证运算 $*$ 和 $\circ$ 满足吸收律.

解 对于任意 $a,b\in\mathbf{N}$，

$$a*(a\circ b)=\max\{a,\min\{a,b\}\}=a,$$

$$a\circ(a*b)=\min\{a,\max\{a,b\}\}=a.$$

因此，$*$ 和 $\circ$ 满足吸收律.

5.2 二元运算中的特殊元素

5.2.1 幺元

定义 5.7 设 $*$ 是 S 上的二元运算，$e_l, e_r, e \in S$，

(1) 如果对于任意元素 $x \in S$ 都有 $e_l * x = x$，则称 e_l 是 S 中(关于运算 $*$)的左幺元；

(2) 如果对于任意元素 $x \in S$ 都有 $x * e_r = x$，则称 e_r 是 S 中(关于运算 $*$)的右幺元；

(3) 如果 e 既是 S 中(关于运算 $*$)的左幺元，又是右幺元，则称 e 是 S 中(关于运算 $*$)的幺元.

在自然数集 **N** 上加法的幺元是 0，乘法的幺元是 1. 对于给定的集合和运算有的存在幺元，有的不存在幺元.

例 5.7 设 $S = \{a, b, c\}$，S 上的两个二元运算 $*$ 和 $\circ$ 由表 5-1 定义.

表 5-1 二元运算 $*$ 和 $\circ$ 的定义

$*$	a	b	c	$\circ$	a	b	c
a	a	b	c	a	a	b	c
b	b	a	c	b	b	c	a
c	a	b	c	c	c	a	b

则(1) a 和 c 是关于 $*$ 的左幺元，关于 $*$ 的右幺元不存在；

(2) 对于运算 $\circ$，a 既是左幺元又是右幺元，从而是幺元.

定理 5.1 设 $*$ 是 S 上的二元运算，如果 S 中存在(关于运算 $*$ 的)幺元，则必是唯一的.

证明 设 e_1 和 e_2 是 S 中关于运算 $*$ 的幺元，则

$$e_1 = e_1 * e_2 \quad (e_2 \text{ 是幺元})$$
$$= e_2. \quad (e_1 \text{ 是幺元})$$

所以幺元是唯一的.

定理 5.2 设 $*$ 是 S 上的二元运算，如果 S 中既存在关于运算 $*$ 的左幺元 e_l，又存在关于运算 $*$ 的右幺元 e_r，则 S 中必存在关于运算 $*$ 的幺元 e 并且

$$e_l = e_r = e.$$

证明 因为 e_l 和 e_r 分别是 S 中关于运算 $*$ 的左幺元和右幺元，所以

$$e_l = e_l * e_r \quad (e_r \text{是右幺元})$$
$$= e_r. \quad (e_l \text{是左幺元})$$

从而 e_l 和 e_r 是幺元，由定理 5.1 得

$$e_l = e_r = e.$$

5.2.2 零元

定义 5.8 设 $*$ 是 S 上的二元运算，$\theta_l, \theta_r, \theta \in S$，

(1) 如果对于任意的 $x \in S$ 都有

$$\theta_l * x = \theta_l,$$

则称 θ_l 是 S 中(关于运算 $*$)的左零元；

(2) 如果对于任意的 $x \in S$ 都有

$$x * \theta_r = \theta_r,$$

则称 θ_r 是 S 中(关于运算 $*$)的右零元;

(3) 如果 θ 既是 S 中(关于运算 $*$)的左零元，又是 S 中的右零元，则称 θ 是 S 中(关于运算 $*$)的零元.

在自然数集 $\mathbf{N}$ 上普通乘法的零元是0，而加法没有零元.

在 S 上如果定义运算 $\circ$，使得对任意 $a,b\in S$ 满足

$$a\circ b=a,$$

那么 S 的任何元素都是关于运算 $\circ$ 的左零元，S 中没有右零元，也没有零元.

定理 5.3 设 $*$ 是 S 上的二元运算，如果 S 中存在(关于运算 $*$ 的)零元，则必是唯一的.

证明 设 θ_1 和 θ_2 是 S 中关于运算 $*$ 的零元，则

$$\begin{aligned}\theta_1&=\theta_1*\theta_2 &&(\theta_1\text{ 是零元})\\&=\theta_2. &&(\theta_2\text{ 是零元})\end{aligned}$$

所以零元是唯一的.

定理 5.4 设 $*$ 是 S 上的二元运算，如果 S 中既存在关于运算 $*$ 的左零元 θ_l，又存在关于运算 $*$ 的右零元 θ_r，则 S 中必存在关于运算 $*$ 的零元 θ，并且 $\theta_l=\theta_r=\theta$.

证明 因为 θ_l 和 θ_r 分别是 S 中关于运算 $*$ 的左零元和右零元，所以

$$\begin{aligned}\theta_l&=\theta_l*\theta_r &&(\theta_l\text{是左零元})\\&=\theta_r. &&(\theta_r\text{是右零元})\end{aligned}$$

从而 θ_l 和 θ_r 是零元，由定理 5.3 得

$$\theta_l=\theta_r=\theta.$$

5.2.3 逆元

定义 5.9 设 $*$ 是 S 上的二元运算，e 是 S 中关于 $*$ 的幺元，对于 $x\in S$,

(1) 如果存在 $y_l\in S$，使得 $y_l*x=e$，则称 y_l 是 x(关于运算 $*$)的左逆元;

(2) 如果存在 $y_r\in S$，使得 $x*y_r=e$，则称 y_r 是 x(关于运算 $*$)的右逆元;

(3) 如果 y 既是 x(关于运算 $*$)的左逆元，又是 x 的右逆元，则称 y 是 x(关于运算 $*$)的逆元.

例 5.8 整数集 $\mathbf{Z}$ 上关于加法的幺元是0，对任意的整数 m，它关于加法的逆元是 $-m$，因为

$$-m+m=m+(-m)=0.$$

自然数集 $\mathbf{N}$ 关于加法运算只有 $0\in\mathbf{N}$ 有逆元0，其他的自然数都没有加法逆元.

注：对于给定的集合和二元运算来说，逆元和幺元、零元不同. 如果幺元或零元存在，一定是唯一的，而逆元是与集合中的某个元素相关的，有的元素有逆元，有的元素没有逆元，不同的元素则对应着不同的逆元. 如果运算是可结合的，那么对集合中给定的元素来说，逆元若存在，则是唯一的.

定理 5.5 设 $*$ 是 S 上可结合的二元运算，e 为幺元，如果 S 中元素 x 存在(关于运算 $*$)的逆元，则必是唯一的.

证明 设 y_1,y_2 是 S 中元素 x 关于运算 $*$ 的逆元，则

$$\begin{aligned}y_1&=y_1*e &&(e\text{ 是幺元})\\&=y_1*(x*y_2) &&(y_2\text{ 是 }x\text{ 的逆元})\end{aligned}$$

$$
\begin{aligned}
&= (y_1 * x) * y_2 && (*\text{是可结合的})\\
&= e * y_2 && (y_1\text{ 是 } x \text{ 的逆元})\\
&= y_2. && (e\text{ 是幺元})
\end{aligned}
$$

所以对于可结合的二元运算，逆元是唯一的.

由这个定理可知，对于可结合的二元运算来说，元素 x 的逆元如果存在则是唯一的. 通常把这个唯一的逆元记作 x^{-1}. 由定义可得 $(x^{-1})^{-1}=x$.

定理 5.6 设 $*$ 是 S 上可结合的二元运算，e 为幺元，如果 S 中元素 x 既存在关于运算 $*$ 的左逆元 y_l，又存在关于运算 $*$ 的右逆元 y_r，则 S 中必存在 x 关于运算 $*$ 的逆元，并且

$$y_l = y_r = x^{-1}.$$

证明 因为 y_l 和 y_r 分别是 x 关于运算 $*$ 的左逆元和右逆元，所以

$$
\begin{aligned}
y_l &= y_l * e && (e\text{ 是幺元})\\
&= y_l * (x * y_r) && (y_r\text{ 是 } x \text{ 的右逆元})\\
&= (y_l * x) * y_r && (*\text{是可结合的})\\
&= e * y_r && (y_l\text{ 是 } x \text{ 的左逆元})\\
&= y_r. && (e\text{ 是幺元})
\end{aligned}
$$

从而 y_l 和 y_r 都是 x 的逆元，故 $y_l = y_r = x^{-1}$.

例 5.9 设 $S=\{a,b,c\}$，S 上的二元运算 $*$，$\circ$，$\cdot$ 由表 5-2 定义，分别满足哪些运算律？有哪些特殊元？

表 5-2 二元运算 $*$，$\circ$，$\cdot$ 的定义

$*$	**a**	**b**	**c**	$\circ$	**a**	**b**	**c**	$\cdot$	**a**	**b**	**c**
a	a	b	c	**a**	a	b	c	**a**	a	b	c
b	b	c	a	**b**	b	b	b	**b**	a	b	c
c	c	a	b	**c**	c	b	c	**c**	a	b	c

解 $*$ 运算满足交换律、结合律，不满足幂等律. 单位元是 a，没有零元，且 $a^{-1}=a$，$b^{-1}=c$，$c^{-1}=b$.

$\circ$ 运算满足交换律、结合律和幂等律. 单位元是 a，零元是 b，只有 a 有逆元，$a^{-1}=a$.

$\cdot$ 运算不满足交换律，满足结合律和幂等律. 没有单位元，没有零元，没有可逆元素.

5.3 代数系统的概念

定义 5.10 设 S 是非空集合，由 S 和 S 上若干个运算 $f_1,f_2,\cdots,f_k$ 构成的系统称为**代数系统**，记作 $\langle S,f_1,f_2,\cdots,f_k\rangle$.

例如，$\mathbf{R}$ 是实数集，对于普通的加法和乘法运算，$\langle \mathbf{R},+\rangle$，$\langle \mathbf{R},\times\rangle$，$\langle \mathbf{R},+,\times\rangle$ 都是代数系统. M 是 n 阶方阵构成的集合，对于矩阵的加法和乘法运算，$\langle M,+\rangle$，$\langle M,\times\rangle$，$\langle M,+,\times\rangle$ 都是代数系统.

在某些代数系统中存在着一些特定的元素，它对该系统的运算起着重要的作用，称之为该系统的**特异元素**或**代数常数**. 为了强调这些特异元素的存在，有时把它们列到有关的代数

系统的表达式中. 例如, $\langle \mathbf{Z},+\rangle$的幺元是0, 也可记为$\langle \mathbf{Z},+,0\rangle$.

定义 5.11 设 $V=\langle S,f_1,f_2,\cdots,f_k\rangle$是代数系统, $B\subseteq S$ 且 $B\neq\varnothing$, 如果 B 对 $f_1,f_2,\cdots,f_k$都是封闭的, 且 B 和 S 含有相同的代数常数, 则称$\langle B,f_1,f_2,\cdots,f_k\rangle$是 V 的**子代数系统**.

从子代数系统的定义不难看出, 子代数系统和原代数系统不仅是同类型的代数系统, 而且对应的运算的功能都是相同的, 所不同的是在子代数系统中运算的作用范围一般会小一些.

例 5.10 设 $S=\langle \mathbf{Z},+\rangle$, 对于自然数 n, 令 $n\mathbf{Z}=\{n\cdot i\mid i\in\mathbf{Z}\}$, 则$\langle n\mathbf{Z},+\rangle$是 S 的子代数系统.

解 任取 $n\mathbf{Z}$ 中的两个元素 $n\cdot i$ 和 $n\cdot j(i,j\in\mathbf{Z})$, 有

$$n\cdot i+n\cdot j=n\cdot(i+j)\in n\mathbf{Z}.$$

即运算 + 在 $n\mathbf{Z}$ 上是封闭的, 所以$\langle n\mathbf{Z},+\rangle$是 S 的子代数系统.

定义 5.12 设 $V_1=\langle S_1,\circ\rangle, V_2=\langle S_2,*\rangle$是代数系统, $\circ$和 $*$ 是二元运算. 如果存在映射 ϕ: $S_1\to S_2$ 满足对任意的 $x,y\in S_1$ 有

$$\phi(x\circ y)=\phi(x)*\phi(y),$$

则称 ϕ 是 V_1 到 V_2 的**同态映射**, 简称**同态**.

例 5.11 设 ϕ: $\mathbf{R}\to\mathbf{R}$ 定义如下: 对任意 $x\in\mathbf{R}$, $\phi(x)=3^x$, 则 ϕ 是$\langle \mathbf{R},+\rangle$到$\langle \mathbf{R},\cdot\rangle$的同态, 因为对于任意 $x,y\in\mathbf{R}$, 有

$$\phi(x+y)=3^{x+y}=3^x\cdot 3^y=\phi(x)\cdot\phi(y).$$

定义 5.13 设 ϕ 是 $V_1=\langle S_1,\circ\rangle$到 $V_2=\langle S_2,*\rangle$的同态, 则称$\langle \phi(S_1),*\rangle$是 V_1 在 ϕ 下的**同态像**.

定义 5.14 设 ϕ 是 $V_1=\langle S_1,\circ\rangle$到 $V_2=\langle S_2,*\rangle$的同态, 如果 ϕ 是满射的, 则称 ϕ 为 V_1 到 V_2 的**满同态**, 记作 $V_1\overset{\phi}{\sim}V_2$. 如果 ϕ 是单射的, 则称 ϕ 为 V_1 到 V_2 的**单同态**. 如果 ϕ 是双射的, 则称 ϕ 为 V_1 到 V_2 的**同构**, 记作 $V_1\overset{\phi}{\cong}V_2$.

例 5.12 设 $V=\langle \mathbf{Z},+\rangle$, 给定 $a\in\mathbf{Z}$, 令

$$\phi_a:\ \mathbf{Z}\to\mathbf{Z}, \phi_a(x)=ax, \forall x\in\mathbf{Z},$$

判断ϕ_a是否为 V 到 V 的同态.

解 任取 $z_1,z_2\in\mathbf{Z}$, 有

$$\phi_a(z_1+z_2)=a(z_1+z_2)=az_1+az_2=\phi_a(z_1)+\phi_a(z_2),$$

所以ϕ_a是 V 到自身的同态, 这时也称ϕ_a为 V 的**自同态**.

当 $a=0$ 时, 有$\forall z\in\mathbf{Z}$, $\phi_0(z)=0$, 称ϕ_0为零同态, 其同态像为$\langle\{0\},+\rangle$.

当 $a=1$ 时, 有$\forall z\in\mathbf{Z}$, $\phi_1(z)=z$, ϕ_1 为 $\mathbf{Z}$ 的恒等映射, 显然是双射, 其同态像就是$\langle \mathbf{Z},+\rangle$. 这时$\phi_1$ 为 V 的自同构.

当 $a\neq\pm1$ 且 $a\neq0$ 时, $\forall z\in\mathbf{Z}$ 有$\phi_a(z)=az$, 易证ϕ_a是单射的, 这时ϕ_a为 V 的单自同态, 其同态像$\langle a\mathbf{Z},+\rangle$是$\langle \mathbf{Z},+\rangle$的真子集.

例 5.13 设$\langle X,*\rangle$和$\langle Y,\oplus\rangle$是两个代数系统, $*$ 和$\oplus$分别是 X 和 Y 上的二元运算, 且满足交换律、结合律. f 和 g 都是从$\langle X,*\rangle$到$\langle Y,\oplus\rangle$的同态映射. 令 h: $X\to Y$, $h(x)=f(x)\oplus g(x)$, 则 h 是从$\langle X,*\rangle$到$\langle Y,\oplus\rangle$的同态映射.

证明 对于任意 $a,b\in X$,

$$
\begin{aligned}
h(a*b) &= f(a*b)\oplus g(a*b) && (h\text{ 的定义})\\
&= (f(a)\oplus f(b))\oplus(g(a)\oplus g(b)) && (f\text{ 和 }g\text{ 是同态映射})\\
&= f(a)\oplus g(a)\oplus f(b)\oplus g(b) && (\oplus\text{满足交换律})\\
&= (f(a)\oplus g(a))\oplus(f(b)\oplus g(b)) && (\oplus\text{满足结合律})\\
&= h(a)\oplus h(b). && (h\text{ 的定义})
\end{aligned}
$$

例 5.14 设$\mathbf{Z}^+=\{x\mid x\in\mathbf{Z}\wedge x>0\}$，$*$表示求两个数的最小公倍数的运算. 则$4*6=$________，对于$*$运算的幺元是________，零元是________.

解 $4*6=12$，幺元是1，零元是不存在的.

例 5.15 在有理数集 $\mathbf{Q}$ 上定义二元运算$*$，$\forall x,y\in\mathbf{Q}$ 有 $x*y=x+y-xy$，则 $2*(-5)=$________，$7*\frac{1}{2}=$________，关于$*$运算的幺元是____，$\forall x\in\mathbf{Q}$，当 $x\neq1$ 时有逆元 $x^{-1}=$________.

解 $2*(-5)=2+(-5)-2\times(-5)=7$，$7*\frac{1}{2}=7+\frac{1}{2}-7\times\frac{1}{2}=4$.

对任意的 $x\in\mathbf{Q}$，有

$x*0=x+0-x\cdot0=x$，且 $0*x=0+x-0\cdot x=x$，所以 0 是幺元.

对任意的 $x\in\mathbf{Q}$，假设 x^{-1} 是 x 的逆元，则有

$$x+x^{-1}-x\cdot x^{-1}=0,$$

解得

$$x^{-1}=\frac{x}{x-1}(x\neq1).$$

例 5.16 设有集合 $S_1=\{0,1\}$，$S_2=\{1,2\}$，$S_3=\{2x\mid x\in\mathbf{Z}^+\}$，$S_4=\{2x-1\mid x\in\mathbf{Z}^+\}$，$S_5=\{x\mid x=2^n,n\in\mathbf{Z}^+\}$，讨论这 5 个集合对普通的乘法和加法运算是否封闭.

解 S_1 在普通乘法下封闭，在普通加法下不封闭；

S_2 在普通乘法和加法下都不封闭；

S_3 在普通乘法和加法下都封闭；

S_4 在普通乘法下封闭，在普通加法下不封闭；

S_5 在普通乘法下封闭，在普通加法下不封闭.

例 5.17 设 $V_1=\langle S_1,\circ\rangle$，$V_2=\langle S_2,*\rangle$，其中 $S_1=\{a,b,c,d\}$，$S_2=\{0,1,2,3\}$. 运算“$\circ$”，“$*$”由表 5-3 定义.

表 5-3 二元运算$\circ$，$*$的定义

$\circ$	**a**	**b**	**c**	**d**	$*$	**0**	**1**	**2**	**3**
a	a	b	c	d	**0**	0	1	1	0
b	b	b	d	d	**1**	1	1	2	1
c	c	d	c	d	**2**	1	2	3	2
d	d	d	d	d	**3**	0	1	2	3

定义同态 $\phi:S_1\to S_2$，且

$$\phi(a)=0,\phi(b)=1,\phi(c)=0,\phi(d)=1,$$

则 V_1 和 V_2 中的运算$\circ$和 $*$ 是否满足交换律，V_1 的幺元是什么？ϕ 是单同态还是满同态？

解 V_1 中的运算$\circ$满足交换律，V_2 中的运算 $*$ 满足交换律，V_1 的幺元是 a，ϕ 既不是单同态也不是满同态.

习题 5

1. 若 $S_2=\{a,b\}$，则在 S_2 上可定义多少个二元运算？若 $S_3=\{a,b,c\}$，则在 S_3 上可定义多少个二元运算？若 $|S_n|=n$，则在 S_n 上可定义多少个二元运算？

2. 集合 $S=\{a,b\}$ 上的 4 个运算 f_1,f_2,f_3,f_4 见表 5-4 ~ 表 5-7.

表 5-4 运算 f_1 的定义

f_1	a	b
a	a	a
b	a	a

表 5-5 运算 f_2 的定义

f_2	a	b
a	a	b
b	b	a

表 5-6 运算 f_3 的定义

f_3	a	b
a	b	a
b	a	a

表 5-7 运算 f_4 的定义

f_4	a	b
a	a	b
b	a	b

请问其中哪些满足交换律？哪些满足幂等律？哪些有幺元？哪些有零元？

3. 设集合 $S=\{1,2,3,4\}$，$*$ 是 S 上的二元运算，其定义为 $x*y=\max\{x,y\}$，请写出 $*$ 的运算表.

4. 设集合 $S=\{1,2,3,4\}$，$*$ 是 S 上的二元运算，其定义为 $x*y=\min\{x,y\}$，请写出 $*$ 的运算表.

5. 设 $A=\{a,b,c\}$，$a,b,c\in\mathbf{R}$，能否确定 a,b,c 的值使得

(1) A 对普通乘法封闭；

(2) A 对普通加法封闭.

6. 设$\langle\mathbf{Z},*\rangle$是代数系统，$*$ 的定义分别为

(1) $x*y=|x+y|$；

(2) $x*y=x+y-1$；

(3) $x*y=x+2y$；

(4) $x*y=2xy$.

在以上四个运算中，哪些运算对 $\mathbf{Z}$ 是封闭的？哪些是可交换的？哪些是可结合的？说明理由.

7. 设 $S=\{0,1,2\}$，定义 S 上的二元运算 $*$ 如下：

$$x*y=(x+y)(\mathrm{mod}\ \ 3),\quad \forall x,y\in S,$$

问运算 $*$ 在集合 S 上是否适合结合律？

8. 设$\langle X,*\rangle$是代数系统，$*$ 是 X 上的二元运算．$\forall x,y\in X$，有 $x*y=x$．问 $*$ 是否满足结合律、交换律、有幺元、有零元？每个元素是否有逆元？

9. 设$\langle\mathbf{N},*\rangle$是代数系统，$*$ 是 $\mathbf{N}$ 上的二元运算．$\forall x,y\in\mathbf{N}$，有 $x*y=\mathrm{lcm}(x,y)$．问 $*$ 是否满足结合律、交换律、有幺元、有零元？每个元素是否有逆元？

10. 设集合 $S=\{2,4,6,8,10\}$，$*$ 是 S 上的二元运算，其定义分别为

(1) $x*y=\min\{x,y\}$；

(2) $x*y=x$；

(3) $x*y=xy+x$；

(4) $x*y=\gcd(x,y)$；

(5) $x*y=\mathrm{lcm}(x,y)$.

以上哪些运算是幂等运算？

11. 设 $V=\langle\mathbf{R}^*,\circ\rangle$是代数系统，其中 $\mathbf{R}^*$ 为非零实数集合．分别对下列运算讨论是否满足交换律或结合律？并求幺元和所有可逆元素的逆元.

(1) $\forall a,b\in\mathbf{R}^*,a\circ b=\frac{1}{2}(a+b)$；

(2) $\forall a,b\in\mathbf{R}^*,a\circ b=\frac{a}{b}$；

（3）$\forall a,b\in\mathbf{R}^*, a\circ b=ab$.

12. 设 $V=\langle S,*\rangle$ 是代数系统，其中 $S=\{0,1,2,3,4\}$. $\forall a,b\in S, a*b=(ab)\pmod 5$.

（1）列出 $*$ 的运算表；

（2）$*$ 是否有零元和幺元？若有幺元，请求出所有可逆元素的逆元.

13. 设 $V=\langle \mathbf{Z},+\rangle$，问 $3\mathbf{Z},\{0\},V$ 是否为 V 的子代数系统？为什么？如果是，说明其中哪些是平凡的，哪些是真子代数.

14. 设 $V=\langle A,\oplus\rangle$，其中 $A=P(\{1,2,3\})$，$\oplus$ 为集合的对称差，试给出 V 的所有的子代数，并说明哪些是平凡的子代数，哪些是真子代数.

15. 设 $V_1=\langle \mathbf{C},\cdot\rangle$，$V_2=\langle \mathbf{R},\cdot\rangle$ 是代数系统，$\cdot$ 为普通乘法. 下面哪个函数 f 是 V_1 到 V_2 的同态？如果 f 是同态，指出 f 是否为单同态、满同态和同构，并求出 V_1 在 f 下的同态像；如果不是，请说明理由.

（1）$f:\mathbf{C}\to\mathbf{R}, f(z)=|z|+1, \forall z\in\mathbf{C}$;

（2）$f:\mathbf{C}\to\mathbf{R}, f(z)=|z|, \forall z\in\mathbf{C}$;

（3）$f:\mathbf{C}\to\mathbf{R}, f(z)=0, \forall z\in\mathbf{C}$;

（4）$f:\mathbf{C}\to\mathbf{R}, f(z)=2, \forall z\in\mathbf{C}$.

16. 设 $V_1=\langle A,\circ\rangle$，$V_2=\langle B,*\rangle$ 和 $V_3=\langle C,\cdot\rangle$ 都是含有一个二元运算的代数系统，证明：

（1）$V_1\cong V_1$；

（2）若 $V_1\cong V_2$，则 $V_2\cong V_1$；

（3）若 $V_1\cong V_2, V_2\cong V_3$，则 $V_1\cong V_3$.

17. 设 $*$ 为 $\mathbf{Z}^+$ 上的二元运算，$\forall x,y\in\mathbf{Z}^+$，$x*y=\min\{x,y\}$，即 x 和 y 之中较小的数.

（1）求 $4*6, 7*3$；

（2）$*$ 在 $\mathbf{Z}^+$ 上是否满足交换律、结合律和幂等律？

（3）求 $*$ 运算的单位元、零元及 $\mathbf{Z}^+$ 中所有可逆元素的逆元.

18. $S=\mathbf{Q}\times\mathbf{Q}$，$\mathbf{Q}$ 为有理数集，$*$ 为 S 上的二元运算，$\forall\langle a,b\rangle,\langle x,y\rangle\in S$ 有

$$\langle a,b\rangle*\langle x,y\rangle=\langle ax,ay+b\rangle.$$

（1）$*$ 运算在 S 上是否可交换、可结合？是否为幂等的？

（2）$*$ 运算是否有单位元、零元？如果有，请指出，并求 S 中所有可逆元素的逆元.

19. 设 $\circ$ 运算为有理数集 $\mathbf{Q}$ 上的二元运算，$\forall x,y\in\mathbf{Q}$,

$$x\circ y=x+y-xy.$$

（1）判断 $\circ$ 运算是否满足交换律和结合律，并说明理由.

（2）求出 $\circ$ 运算的单位元、零元和所有可逆元素的逆元.

第 6 章 典型代数系统

6.1 群的基本概念

6.1.1 群的定义

定义 6.1 (1) 如果代数系统$\langle S,\circ\rangle$关于二元运算$\circ$是可结合的，即

$$\forall a,b,c\in S,(a\circ b)\circ c=a\circ(b\circ c),$$

则称$\langle S,\circ\rangle$为**半群**.

(2) 如果半群$\langle S,\circ\rangle$含有幺元，则称$\langle S,\circ\rangle$为**幺半群**，也称为**独异点**.

(3) 若对于幺半群$\langle G,\circ\rangle$中每一个元素 x，都有$x^{-1}\in S$，则称$\langle G,\circ\rangle$是**群**.

在理解了群的基本定义之后，为了进一步巩固我们的认知，接下来将通过几个简单的群例子来深化理解.

例 6.1 (1) 普通加法是 $\mathbf{N},\mathbf{Z},\mathbf{Q}$ 和 $\mathbf{R}$ 上的二元运算，满足结合律且有幺元 0，所以$\langle\mathbf{N},+\rangle,\langle\mathbf{Z},+\rangle,\langle\mathbf{Q},+\rangle,\langle\mathbf{R},+\rangle$都是幺半群. 在$\langle\mathbf{N},+\rangle$中除 0 之外的元素都没有逆元，所以它仅是幺半群而不是群. 在$\langle\mathbf{Z},+\rangle,\langle\mathbf{Q},+\rangle,\langle\mathbf{R},+\rangle$中每个元素都有逆元即它的相反数，所以它们是群.

(2) 普通乘法是 $\mathbf{N},\mathbf{Z},\mathbf{Q}$ 和 $\mathbf{R}$ 上的二元运算，满足结合律且有幺元 1，所以$\langle\mathbf{N},\times\rangle$，$\langle\mathbf{Z},\times\rangle,\langle\mathbf{Q},\times\rangle,\langle\mathbf{R},\times\rangle$都是幺半群. 在$\langle\mathbf{Q},\times\rangle,\langle\mathbf{R},\times\rangle$中，0 没有逆元，所以它们仅是幺半群而不是群. 但对于非零有理数集合$\mathbf{Q}^*$和非零实数集合$\mathbf{R}^*$，则$\langle\mathbf{Q}^*,\times\rangle$和$\langle\mathbf{R}^*,\times\rangle$都是群.

(3) 矩阵加法是 n 阶实矩阵集合$M_n(\mathbf{R})$上的二元运算，满足结合律，n 阶零矩阵为其单位元，所以$\langle M_n(\mathbf{R}),+\rangle$是幺半群. 在$\langle M_n(\mathbf{R}),+\rangle$中，由于每个元素都有逆元即它的负矩阵，所以$\langle M_n(\mathbf{R}),+\rangle$是一个群.

(4) 集合并运算是非空集合 A 的幂集 $P(A)$ 上的二元运算，满足结合律，空集$\varnothing$为其幺元，所以$\langle P(A),\cup\rangle$是幺半群. 对于 A 的任一非空子集 S，都不存在 A 的子集 H，使得 $S\cup H=\varnothing$. 所以$\langle P(A),\cup\rangle$不是群.

例 6.2 设 $G=\{e,a,b,c\}$，$\circ$为 G 上的二元运算，它由运算表 6-1 给出. 不难证明 G 是一个群，称该群为**克莱因四元群**.

表 6-1 $\langle G,\circ\rangle$运算表

$\circ$	e	a	b	c
e	e	a	b	c
a	a	e	c	b
b	b	c	e	a
c	c	b	a	e

克莱因(1849—1925)是德国数学家，对现代数学影响深远. 他在群论、函数论、非欧几何等领域有杰出贡献，提出的“埃尔朗根纲领”揭示了不同几何学间的联系. 克莱因不仅在学术研究上成就斐然，还是一位优秀的数学教育家，强调培养学生的逻辑思维与解决问题能力. 他的教育观念及多部经典教材对后世影响巨大，推动了数学教育的发展. 克莱因的才华和努力，使他在数学史上留下了浓墨重彩的一笔.

例 6.3 设 $G=\left\{\begin{pmatrix}1&0\\0&1\end{pmatrix},\begin{pmatrix}1&0\\0&-1\end{pmatrix},\begin{pmatrix}-1&0\\0&1\end{pmatrix},\begin{pmatrix}-1&0\\0&-1\end{pmatrix}\right\}$，则 G 关于矩阵乘法构成一个群.

证明 $\forall \boldsymbol{x},\boldsymbol{y}\in G$，易知 $\boldsymbol{xy}\in G$，故 G 上的矩阵乘法是整数集合 $\mathbf{Z}$ 上的代数运算. 矩阵乘法满足结合律，故 G 关于矩阵乘法构成半群，$\begin{pmatrix}1&0\\0&1\end{pmatrix}$是幺元，在 G 中每个矩阵的逆元都是自己，所以 G 关于矩阵乘法构成一个群.

例 6.4 设 $\mathbf{R}^*$ 是所有非零实数集合，且设

$$a*b=\frac{a\times b}{2},$$

验证$\langle\mathbf{R}^*,*\rangle$是一个群.

证明 首先验证 $*$ 是一个二元运算. 如果 a 和 b 是 G 的元素，那么$\frac{a\times b}{2}$是一个非零实数，因此它在 $\mathbf{R}^*$ 中.

其次验证结合律. 因为

$$(a*b)*c=\frac{a\times b}{2}*c=\frac{(a\times b)\times c}{4},$$

$$a*(b*c)=\frac{a\times(b*c)}{2}=\frac{a\times\frac{b\times c}{2}}{2}=\frac{a\times(b\times c)}{4}=\frac{(a\times b)\times c}{4},$$

所以运算 $*$ 满足结合律.

数 2 是 $\mathbf{R}^*$ 中的单位元，这是因为如果 $a\in\mathbf{R}^*$，那么

$$a*2=\frac{a\times 2}{2}=a=\frac{2\times a}{2}=2*a.$$

最后，若 $a\in\mathbf{R}^*$，那么$a'=4\times a^{-1}$是 a 的逆元，因为

$$a*a'=a*(4\times a^{-1})=\frac{(a\times(4\times a^{-1}))}{2}=2=\frac{(4\times a^{-1})\times a}{2}=(4\times a^{-1})*a=a'*a.$$

所以$\langle\mathbf{R}^*,*\rangle$是一个群.

定义 6.2 若群$\langle G,\circ\rangle$中的二元运算$\circ$是可交换的，则称$\langle G,\circ\rangle$为**交换群**或**阿贝尔(Abel)群**.

根据运算交换律可知运算表关于主对角线对称. 易知，克莱因四元群是阿贝尔群. 另外，容易验证，$\langle\mathbf{Z},+\rangle$，$\langle\mathbf{Q},+\rangle$，$\langle\mathbf{R},+\rangle$，$\langle\mathbf{Q}^*,\times\rangle$，$\langle\mathbf{R}^*,\times\rangle$，$\langle M_n(\mathbf{R}),+\rangle$都是阿贝尔群.

阿贝尔(1802—1829)，挪威杰出数学家. 他虽英年早逝，但在数学领域留下了深刻的印记. 他最著名的贡献是证明了五次方程无法用根式求解，解决了长达250年的数学难题. 同时，他在椭圆函数领域也有杰出表现，并开创了阿贝尔函数. 尽管他生活贫困，却在短暂的生命中为数学界留下了宝贵的遗产. 法国数学家埃尔米特曾盛赞他的贡献足以让后世数学家忙碌数百年. 为纪念他，数学界特设阿贝尔奖，以表彰杰出数学家.

6.1.2 群的基本性质

定理 6.1 设$\langle G,\circ\rangle$为群，$\forall a,b\in G$，方程 $a\circ x=b$ 和 $y\circ a=b$ 在 G 中有解，且有唯一解.

证明 设$\langle G,\circ\rangle$是群，e 为其单位元. 因为

$$a\circ(a^{-1}\circ b)=(a\circ a^{-1})\circ b=e\circ b=b,$$
$$(b\circ a^{-1})\circ a=b\circ(a^{-1}\circ a)=b\circ e=b,$$

所以 $x=a^{-1}\circ b$ 是方程 $a\circ x=b$ 的解. 同理 $x=b\circ a^{-1}$是方程的解.

下面证明唯一性.

因为 $a^{-1}\circ b$ 是方程 $a\circ x=b$ 的一个解，设 c 是方程 $a\circ x=b$ 的另一个不等于 $a^{-1}\circ b$ 的解，即 $a\circ c=b$，则

$$c=e\circ c=(a^{-1}\circ a)\circ c=a^{-1}\circ(a\circ c)=a^{-1}\circ b,$$

从而唯一性得证.

定理 6.2 设$\langle G,\circ\rangle$为群，则 G 中满足消去律，即对任意 $a,b,c\in G$，有

(1) 若 $a\circ b=a\circ c$，则 $b=c$；

(2) 若 $b\circ a=c\circ a$，则 $b=c$.

证明 设 e 为单位元，则有

$$b=e\circ b=(a^{-1}\circ a)\circ b=a\circ{-1}\circ(a\circ b)=a^{-1}\circ(a\circ c)=(a^{-1}\circ a)\circ c=c,$$

故(1)成立.

同理可证(2).

定理 6.3 设$\langle G,\circ\rangle$是群，则

(1) $\forall x\in G,(x^{-1})^{-1}=x$；

(2) $\forall x,y\in G,(x\circ y)^{-1}=y^{-1}\circ x^{-1}$.

证明 (1) 设 e 为单位元，因为

$$x^{-1}\circ x=e, x\circ x^{-1}=e,$$

所以 x 是 x^{-1} 的逆元，即 $(x^{-1})^{-1}=x$.

(2) 同样，因为

$$(y^{-1}\circ x^{-1})\circ(x\circ y)=y^{-1}\circ(x^{-1}\circ x)\circ y=y^{-1}\circ e\circ y=y^{-1}\circ y=e,$$

$$(x\circ y)\circ(y^{-1}\circ x^{-1})=x\circ(y\circ y^{-1})\circ x^{-1}=x\circ e\circ x^{-1}=x\circ x^{-1}=e,$$

所以 $x\circ y$ 的逆元是 $y^{-1}\circ x^{-1}$，即 $(x\circ y)^{-1}=y^{-1}\circ x^{-1}$.

定理 6.4 设 G 为有限群，则 G 的运算表中的每一行(每一列)都是 G 中元素的一个置换(即，一个不同的排列)，且不同的行(或列)的置换都不相同.

在有限群 G 的运算表里的每一行，G 的每个元素都只出现一次，在不同的行里面元素的排列顺序是不同的. 使用该定理可以通过运算表很快地判断出哪些代数系统不是群. 例如，设 $G=\langle\{e,a,b,c\},\circ\rangle$ 为 G 上的二元运算，它由表 6-2 给出. 由定理 6.4 不难看出 G 不是群，在运算表的第一行没有出现元素 c.

表 6-2 $\langle\{e,a,b,c\},\circ\rangle$的运算表

$\circ$	e	a	b	c
e	e	a	b	b
a	a	e	c	b
b	b	c	e	a
c	b	b	a	e

定义 6.3 设 $\langle G,\circ\rangle$ 是群，$x\in G, n$ 为整数，则 **x 的 n 次幂**定义如下:

$$x^n=\begin{cases}e, & n=0,\\ x^{n-1}\circ x, & n\geqslant 1,\\ (x^{-1})^{-n}, & n\leqslant -1.\end{cases}$$

例 6.5 在群 $\langle \mathbf{R}^*,\times\rangle$ 和群 $\langle \mathbf{R},+\rangle$ 中分别求出 0.5^{-1}, 0.5^{-2}, 0.5^{-3}.

解 在群 $\langle \mathbf{R}^*,\times\rangle$ 中，有

$$0.5^{-1}=2,\ 0.5^{-2}=4,\ 0.5^{-3}=8.$$

在群 $\langle \mathbf{R},+\rangle$ 中，有

$$0.5^{-1}=-0.5,\ 0.5^{-2}=-1,\ 0.5^{-3}=-1.5.$$

定理 6.5 设 $\langle G,\circ\rangle$ 是群，则 $\forall m,n\in\mathbf{Z}$, $\forall x\in G$,

$$x^m\circ x^n=x^{m+n},\ (x^m)^n=x^{mn}.$$

证明 先考虑 n,m 都是自然数的情况. 任意给定 n，对 m 进行归纳.

(1) 当 $m=0$ 时，有 $x^0\circ x^n=e\circ x^n=x^n=x^{0+n}$ 成立.

(2) 假设对一切 $m\in\mathbf{N}$，有 $x^m\circ x^n=x^{m+n}$ 成立，则有

$$x^{m+1}\circ x^n=(x^m\circ x)\circ x^n=(x^m\circ x^n)\circ x=x^{m+n}\circ x=x^{m+n+1}.$$

由归纳法，等式得证.

下面讨论负整数次幂的情况. 设 $n<0, m\geqslant 0$，令 $n=-t, t\in\mathbf{Z}_+$，则

$$x^m\circ x^n=x^m\circ x^{-t}=x^m\circ(x^{-1})^t=\begin{cases}x^{m-t}=x^{m+n}, & t\geqslant m,\\ x^{m-t}=x^{m+n}, & t<m.\end{cases}$$

对于 $n\geqslant 0,m<0$，以及 $n<0,m<0$ 的情况同理可证. 用数学归纳法同理可证 $(x^m)^n=x^{mn}$.

6.1.3 群的阶和元素的阶

定义 6.4 设 $\langle G,\circ\rangle$ 是群，如果 G 是有限集，则称 $\langle G,\circ\rangle$ 为**有限群**，G 中元素的个数称为该有限群的**阶数**，记为 $|G|$. 阶数为 1 的群称为**平凡群**，它只含一个单位元. 如果 G 是无限集，则称 $\langle G,\circ\rangle$ 为**无限群**.

例如，$\langle \mathbf{Z},+\rangle$，$\langle \mathbf{R},+\rangle$ 都是无限群，而克莱因四元群是有限群，其阶数为 4.

例 6.6 设 $\langle G,\circ\rangle$ 是群，e 为其单位元，证明若 $|G|>1$，则 $\langle G,\circ\rangle$ 中没有零元.

证明 用反证法. 设 $\langle G,\circ\rangle$ 中有零元 θ，则 $\theta\neq e$，否则对任意的 $x\in G$，有

$$x=x\circ e=x\circ\theta=\theta,$$

与 $|G|>1$ 矛盾.

又因为 $\theta\neq e$，所以对任意的 $x\in G$，有

$$x\circ\theta=\theta\circ x=\theta\neq e,$$

这表明元素 θ 不存在逆元，与 $\langle G,\circ\rangle$ 是群矛盾. 所以阶数大于 1 的群没有零元.

定义 6.5 设 $\langle G,\circ\rangle$ 是群，e 为其幺元，$x\in G$，使得 $x^k=e$ 成立的最小正整数 k 称作 x 的**阶**（或**周期**），记作 $|x|=k$. 如果不存在这样的正整数 k，则称 x 为**无限阶**的.

在群 $\langle \mathbf{Z},+\rangle$ 中，0 的阶是 1，其余元素都是无限阶的. 不难看出，在任何群 G 中幺元 e 的阶都是 1.

注：群的阶和群中元素的阶是不同的概念.

例 6.7 对于集合 $\mathbf{Z}_6=\{0,1,2,3,4,5\}$ 上的二元运算“模 6 加法 $+_6$”：

$$i+_6 j=(i+j)(\bmod 6),$$

列出其运算表见表 6-3.

表 6-3 $\langle \mathbf{Z}_6,+_6\rangle$ 的运算表

+	0	1	2	3	4	5
0	0	1	2	3	4	5
1	1	2	3	4	5	0
2	2	3	4	5	0	1
3	3	4	5	0	1	2
4	4	5	0	1	2	3
5	5	0	1	2	3	4

从表 6-3 中可以看出，模 6 加法运算满足封闭性，满足结合律，0 是单位元，每个元素都有逆元，因而 $\langle \mathbf{Z}_6,+_6\rangle$ 构成群. 这个群的阶数是 6，元素 0,1,2,3,4,5 的阶数分别为 1,6,3,2,3,6.

定理 6.6 设 $\langle G,\circ\rangle$ 是群，e 为其单位元，$a\in G$，且 $|a|=r$，设 k 是整数，则

(1) $a^k=e$ 当且仅当 $r\mid k$;

(2) $|a^{-1}|=|a|$.

证明 (1) 必要性. 根据除法，存在整数 m 和 i，使得

$$k=mr+i,0\leqslant i\leqslant r-1,$$

则
$$e=a^k=a^{m+i}=(a^r)^m\circ a^i=e\circ a^i=a^i.$$
因为$|a|=r$，必有$i=0$，即$r\mid k$.

充分性. 由于$r\mid k$，必存在整数m使得$k=mr$，所以有
$$a^k=a^{mr}=(a^r)^m=e^m=e.$$

(2) 因为
$$(a^{-1})^r=(a^r)^{-1}=e^{-1}=e,$$
所以a^{-1}的阶是存在的. 设$|a^{-1}|=t$，则根据(1)知$t\mid r$. 又因为
$$a^t=((a^{-1})^t)^{-1}=e^{-1}=e,$$
所以根据(1)知$r\mid t$. 故$r=t$，即$|a|=|a^{-1}|$.

6.2 子群

定义 6.6 设$\langle G,\circ\rangle$是群，H是G的非空子集，若$\langle H,\circ\rangle$也是群，则称$\langle H,\circ\rangle$是$\langle G,\circ\rangle$的**子群**，记作$H\leqslant G$. 若H是G的非空真子集，则称$\langle H,\circ\rangle$是$\langle G,\circ\rangle$的**真子群**，记作$H<G$.

任何群$\langle G,\circ\rangle$都存在子群. $\langle G,\circ\rangle$和$\langle\{e\},\circ\rangle$都是$\langle G,\circ\rangle$的子群，称为$\langle G,\circ\rangle$的**平凡子群**. 其他的子群称为**非平凡子群**.

例 6.8 显然，$\langle \mathbf{Z},+\rangle\leqslant\langle \mathbf{Q},+\rangle\leqslant\langle \mathbf{R},+\rangle$.

例 6.9 在群$\langle \mathbf{Z}_6,+_6\rangle$中，有4个子群$\{0\},\{0,3\},\{0,2,4\},\{0,1,2,3,4,5\}$，其中$\{0,3\}$和$\{0,2,4\}$是真子群，$\{0\}$和$\{0,1,2,3,4,5\}$是平凡子群.

例 6.10 在克莱因四元群$G=\{e,a,b,c\}$中，有5个子群，分别如下：
$$\{e\},\{e,a\},\{e,b\},\{e,c\},\{e,a,b,c\}.$$
其中平凡子群是$\{e\}$和$\{e,a,b,c\}$，余下3个子群都是G的真子群.

根据子群的定义易知，子群H的单位元就是G的单位元e，H中元素a的逆元也是其在G中的逆元.

根据群的定义，一个群必须满足四个基本要素：封闭性、结合律、单位元和逆元. 当我们考虑群G中的一个非空子集H时，由于运算"$\circ$"在G中已经满足结合律，因此在H中也自然满足，无须再次验证. 为了确认H是否构成群G的子群，我们仅需验证其是否满足封闭性、是否包含单位元以及每个元素是否有逆元. 不过，这些条件还可以进一步简化，接下来我们将介绍子群的判定定理.

定理 6.7（子群判定定理 1） 设H是群$\langle G,\circ\rangle$的非空子集，则$H\leqslant G$当且仅当

(1) $\forall a\in H, a^{-1}\in H$;

(2) $\forall a,b\in H$, 有 $a\circ b\in H$.

证明 必要性是显然的.

为证明充分性，只需证明G的单位元$e\in H$.

因为H非空，必存在$a\in H$. 由条件(1)可知$a^{-1}\in H$，再使用条件(2)有$a\circ a^{-1}\in H$，即$e\in H$. 故H是一个群，且是G的子集，从而H是G的子群.

定理 6.8（子群判定定理 2） 设H是群$\langle G,\circ\rangle$的非空子集，则$H\leqslant G$当且仅当$\forall a,b\in H$,

$a \circ b^{-1} \in H$.

证明 必要性. $\forall a,b \in H$，由于 H 为 G 的子群，必有 $b^{-1} \in H$，从而 $a \circ b^{-1} \in H$. 充分性. 因为 H 非空，必存在 $d \in H$. 根据给定条件知 $d \circ d^{-1} \in H$，即 G 的单位元 $e \in H$. 对于 $\forall a \in H$，由 $e,a \in H$，根据给定条件知 $e \circ a^{-1} \in H$，即 $a^{-1} \in H$，$\forall a,b \in H$，由刚才的证明知 $b^{-1} \in H$，再根据给定条件得 $a \circ (b^{-1})^{-1} \in H$，即 $a \circ b \in H$.

综上所述，根据子群的定义可知 H 为 G 的子群.

例 6.11 设 $\langle G,\circ\rangle$ 是群，$\forall a \in G$，则 $H=\langle a\rangle=\{a^k \mid k \in \mathbf{Z}\}$ 是 G 的子群，称为**由 a 生成的子群**.

证明 $\forall a^m, a^l \in H$，有

$$a^m \circ (a^l)^{-1} = a^m \circ a^{-l} = a^{m-l} \in H,$$

根据定理 6.8 可知，H 是 G 的子群.

由上述例子可以看出，群 G 中的任意元素 a 的整数幂组成的子集都是群 G 的一个子群.

例 6.12 设 $\langle H_1,\circ\rangle$ 和 $\langle H_2,\circ\rangle$ 是群 $\langle G,\circ\rangle$ 的子群. 证明：$\langle H_1 \cap H_2,\circ\rangle$ 是 $\langle G,\circ\rangle$ 的子群.

证明 显然 $H_1 \cap H_2$ 是 G 的子集. 又因为 $e \in H_1$ 且 $e \in H_2$，故 $e \in H_1 \cap H_2$，从而 $H_1 \cap H_2$ 非空.

对于任意的 $a,b \in H_1 \cap H_2$，则有 $a,b \in H_1$，且 $a,b \in H_2$，由于 $\langle H_1,\circ\rangle$ 和 $\langle H_2,\circ\rangle$ 都是 $\langle G,\circ\rangle$ 的子群，所以 $a \circ b^{-1} \in H_1$ 且 $a \circ b^{-1} \in H_2$，因此 $a \circ b^{-1} \in H_1 \cap H_2$，根据定理 6.8 可知，$\langle H_1 \cap H_2,\circ\rangle$ 是群 $\langle G,\circ\rangle$ 的子群.

定理 6.9（子群判定定理 3） 设 H 是群 $\langle G,\circ\rangle$ 的非空有限子集. 则 $H \leqslant G$ 当且仅当 $\forall a,b \in H$，有 $a \circ b \in H$.

证明 必要性是显然的. 为证明充分性，先证明 $\forall a \in H$，必有 $a^{-1} \in H$. 对于 $\forall a \in H$，根据条件知 a 的任何非负整数幂都属于 H. 因 H 是有限集，所以 a 的阶数必为有限正整数，设为 m. 如果 $m=1$，则说明 a 是单位元，$a^{-1}=a \in H$；如果 $m>1$，则 $a^{m-1} \circ a = a \circ a^{m-1} = a^m = e$，从而 $a^{-1}=a^{m-1} \in H$，这里 e 为 G 的单位元. 因为 H 非空，所以存在元素 a，使得 $e = a \circ a^{-1} \in H$. 根据子群的定义可知 $H \leqslant G$.

根据定理 6.9，容易验证有限集合 $\{0,2,4\}$ 是群 $\langle \mathbf{Z}_6,+_6\rangle$ 的一个子群，这是因为

$$\begin{array}{lll} 0+_6 0=0, & 2+_6 0=2, & 4+_6 0=4, \\ 0+_6 2=2, & 2+_6 2=4, & 4+_6 2=0, \\ 0+_6 4=4, & 2+_6 4=0, & 4+_6 4=2. \end{array}$$

6.3 陪集与拉格朗日定理

6.3.1 陪集

定义 6.7 设 $\langle G,\circ\rangle$ 是群，H 是 G 的子群，$a \in G$，称集合 $aH=\{a \circ h \mid h \in H\}$ 为子群 H 相应于元素 a 的**左陪集**，称集合 $Ha=\{h \circ a \mid h \in H\}$ 为子群 H 相应于元素 a 的**右陪集**.

例 6.13 设 $G=\{e,a,b,c\}$ 是克莱因四元群，$H=\{e,a\}$ 是 G 的子群，写出 H 的右陪集.

解 H 的右陪集为

$$He=\{e,a\}=H, Ha=\{a,e\}=H, Hb=\{b,c\}, Hc=\{c,b\}.$$

可以看出不同的右陪集有 H 和 $\{b,c\}$.

定理 6.10 设 H 是群 $\langle G,\circ\rangle$ 的子群，则

(1) $H\circ e=H$;

(2) $\forall a\in G$，有 $a\in H\circ a$.

证明 (1) $H\circ e=\{h\circ e\mid h\in H\}=\{h\mid h\in H\}=H$.

(2) $\forall a\in G$，由 $a=e\circ a$ 和 $e\circ a\in H\circ a$，得 $a\in H\circ a$.

定理 6.11 设 $\langle G,\circ\rangle$ 是群，$H\leqslant G$，则 $\forall a,b\in G$，有

$$a\in H\circ b\Leftrightarrow a\circ b^{-1}\in H\Leftrightarrow H\circ a=H\circ b.$$

证明 先证 $a\in H\circ b\Leftrightarrow a\circ b^{-1}\in H$. 我们有

$$\begin{aligned}a\in H\circ b&\Leftrightarrow\exists h(h\in H\wedge a=h\circ b)\\&\Leftrightarrow\exists h(h\in H\wedge a\circ b^{-1}=h)\\&\Leftrightarrow a\circ b^{-1}\in H.\end{aligned}$$

再证 $a\in H\circ b\Leftrightarrow H\circ a=H\circ b$.

充分性. 若 $H\circ a=H\circ b$，由 $a\in H\circ a$，可知必有 $a\in H\circ b$.

必要性. 由 $a\in H\circ b$ 可知存在 $h\in H$ 使得 $a=h\circ b$，即 $b=h^{-1}\circ a$.

任取$h_1\circ a\in H\circ a$，则有

$$h_1\circ a=h_1\circ(h\circ b)=(h_1\circ h)\circ b\in H\circ b,$$

从而得到 $H\circ a\subseteq H\circ b$.

反之，任取$h_1\circ b\in H\circ b$，则有

$$h_1\circ b=h_1\circ(h^{-1}\circ a)=(h_1\circ h^{-1})H\circ a\in H\circ a,$$

从而得到 $H\circ b\subseteq H\circ a$.

综上所述，$H\circ a=H\circ b$.

定理 6.12 设 $\langle G,\circ\rangle$ 是群，H 为 G 的子群，在集合 G 上定义二元关系

$$R=\{\langle a,b\rangle\mid a\in G\wedge b\in G\wedge b^{-1}\circ a\in H\},$$

则 R 是 G 上的等价关系，且其等价类与相应的左陪集相等，即$[a]_R=a\circ H$.

证明 设 e 为 G 的单位元. 下面先证明二元关系 R 是 G 上的等价关系. $\forall a\in G$，由 $a^{-1}\circ a=e\in H\Rightarrow\langle a,a\rangle\in R$，可知 R 在 G 上是自反的. $\forall a,b\in G$，由

$$\begin{aligned}\langle a,b\rangle\in R&\Rightarrow b^{-1}\circ a\in H\Rightarrow(b^{-1}\circ a)^{-1}\in H\\&\Rightarrow a^{-1}\circ b\in H\Rightarrow\langle b,a\rangle\in R,\end{aligned}$$

可知 R 在 G 上是对称的.

$\forall a,b,c\in G$，有

$$\begin{aligned}\langle a,b\rangle\in R\wedge\langle b,c\rangle\in R&\Rightarrow b^{-1}\circ a\in H\wedge c^{-1}\circ b\in H\\&\Rightarrow((c^{-1}\circ b)\circ(b^{-1}\circ a))\in H\Rightarrow c^{-1}\circ a\in H\\&\Rightarrow\langle a,c\rangle\in R,\end{aligned}$$

故 R 在 G 上是传递的.

综上所述，R 是 G 上的等价关系. 又因为

$$\begin{aligned}x\in[a]_R&\Leftrightarrow\langle x,\ a\rangle\in R\Leftrightarrow a^{-1}\circ x\in H\\&\Leftrightarrow(\exists h)(h\in H\wedge a^{-1}\circ x=h)\\&\Leftrightarrow(\exists h)(h\in H\wedge x=a\circ h)\\&\Leftrightarrow x\in a\circ H,\end{aligned}$$

所以 $\forall a\in G,[a]_R=a\circ H.$

如果在定理 6.12 中，集合 G 上二元关系 R 的定义改为

$$R=\{\langle a,b\rangle \mid a\in G\wedge b\in G\wedge a\circ b^{-1}\in H\},$$

则 R 仍然是 G 上的等价关系，不过此时的等价类与相应的右陪集相等，即$[a]_R=H\circ a.$

推论 6.1 设$\langle G,\circ\rangle$是群，H 为其子群，则 H 的所有左陪集构成 G 的一个划分，即

(1) $\forall a,b\in G,a\circ H=b\circ H$ 或 $a\circ H\cap b\circ H=\varnothing$；

(2) $\cup\{a\circ H\mid a\in G\}=G.$

对右陪集，相应的推论也成立.

定理 6.13 设$\langle G,\circ\rangle$是群，H 为其子群，则 $\forall a\in G$，集合 H 与左陪集 $a\circ H$ 和右陪集 $H\circ a$ 等势，即 $H\approx aH,H\approx Ha.$

证明 构造一个 $H\to a\circ H$ 的双射函数. 定义函数 g：$\forall h\in H,g(h)=a\circ h.$ 显然 g 是满射函数. 如果$h_1,h_2\in H$，且 $a\circ h_1=a\circ h_2$，则

$$h_1=(a^{-1}\circ a)\circ h_1=a^{-1}\circ(a\circ h_1)=a^{-1}\circ(a\circ h_2)=(a^{-1}\circ a)\circ h_2=h_2.$$

故 g 还是单射函数，从而是双射函数，即 $H\approx aH.$ 同理可证 $H\approx Ha.$

定理 6.14 设$\langle G,\circ\rangle$是群，H 为其子群，则 H 的所有左陪集组成的集合 $S=\{aH\mid a\in G\}$ 和所有右陪集组成的集合 $T=\{Ha\mid a\in G\}$ 等势，即 $S\approx T.$

证明 构造一个 $S\to T$ 的双射函数. 定义 $g:\forall a\circ H\in S,g(a\circ H)=H\circ a^{-1}\circ g$ 确实是 $S\to T$ 的函数. 由

$$a\circ H=b\circ H\Leftrightarrow b^{-1}\circ a\in H\Leftrightarrow b^{-1}\circ(a^{-1})^{-1}\in H\Leftrightarrow H\circ b^{-1}=H\circ a^{-1},$$

所以 g 是单值的，单射的，故 g 是 $S\to T$ 的单射函数. 又

$$\forall H\circ a\in T,\ g(a^{-1}\circ H)=H(a^{-1})^{-1}=H\circ a,$$

所以 g 是 $S\to T$ 的双射函数，所以 $S\approx T.$

6.3.2 拉格朗日定理

定义 6.8 群$\langle G,\circ\rangle$的子群 H 的左(右)陪集组成的集合的基数称为 H 在 G 中的**指数**，记作$[G:H]$.

对于有限群$\langle G,\circ\rangle$，H 在 G 中的指数$[G:H]$和群 G 的阶数$|G|$及子群 H 的阶数$|H|$有着密切关系，这就是著名的拉格朗日定理.

定理 6.15(拉格朗日定理) 设$\langle G,\circ\rangle$是有限群，H 是$\langle G,\circ\rangle$的子群，则

$$|G|=|H|\cdot[G:H],$$

即子群的阶数一定是群的阶数的因子.

证明 设$[G:H]=r,a_1H,a_2H,\cdots,a_rH$ 分别是 H 的 r 个不同的左陪集，根据定理 6.12 的推论，有

$$G=a_1H\cup a_2H\cup\cdots\cup a_rH,$$

且这 r 个左陪集是两两不相交的，所以有

$$|G|=|a_1H|+|a_2H|+\cdots+|a_rH|.$$

由定理 6.13 可知，$|a_iH|=|H|,i=1,2,\cdots,r$，所以

$$|G| = r \cdot |H| = [G:H] \cdot |H|.$$

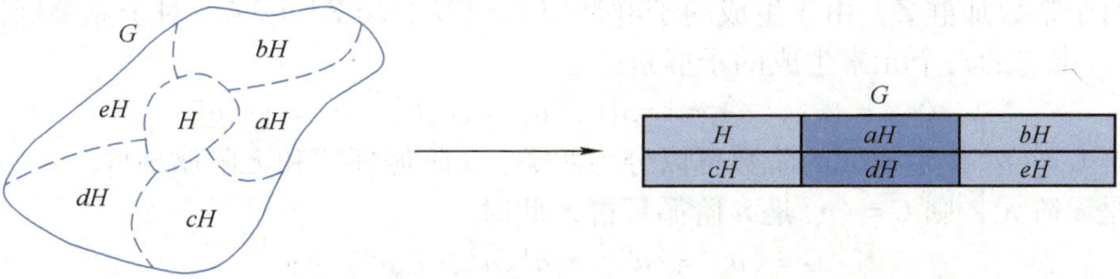

在上面的证明过程中，我们可以通过陪集分解更直观地理解拉格朗日定理的含义，即群可以被其子群以某种方式“均匀”地划分，如上图所示. 拉格朗日定理是群论中的一个基本定理，作为研究有限群结构的工具，它能帮助我们判断子群的存在性、确定子群的阶，以及解决与群的结构和性质相关的问题.

推论 6.2 设$\langle G,\circ\rangle$是 n 阶群，$\forall a\in G$，则$|a|$是 n 的因子，且有 $a^n=e$.

证明 令 $H=\langle a\rangle$，从而根据拉格朗日定理知$|H|$是 n 的因子. 因为$\langle G,\circ\rangle$是有限群，所以 a 是有限阶元，设$|a|=r$，则 $H=\{a^0=e,a,a^2,\cdots,a^{r-1}\}$，即$|H|=r=|a|$. 所以$|a|$是 n 的因子. 既然$|a|$是 n 的因子，显然有 $a^n=e$.

推论 6.3 设$\langle G,\circ\rangle$是 n 阶群，n 为素数，则 G 只有$\{e\}$和 G 两个子群.

推论 6.4 设$\langle G,\circ\rangle$是 n 阶群，n 为素数，则存在 $a\in G$，使得 $G=\langle a\rangle$.

证明 $|G|=n$，不妨设 $n\geqslant 2$，任取不是单位元 e 的元素 $a\in G$，显然有$\langle a\rangle\subseteq G$. 根据推论 6.2 知，$a$ 的阶数是 n 的因子. 因 n 只有因子 1 和 n，而 $a\neq e$，所以 a 的阶数等于 n，从而 $G=\langle a\rangle$.

根据推论 6.2，有限群的元素阶数一定是群的阶数的因子，但反之不一定成立，即有限群阶数的因子不一定就是某个元素的阶数. 同样地，根据拉格朗日定理，有限群子群的阶数一定是群的阶数的因子，但反之也不一定成立，即有限群阶数的因子不一定就是某个子群的阶数.

拉格朗日(1736—1813)，是 18 世纪杰出的数学家和物理学家. 他在微积分领域提出了著名的“拉格朗日中值定理”，为微积分学的发展奠定了基础. 在代数领域，他深入研究了代数方程求解，并总结了标准化的求解方法. 此外，拉格朗日还是分析力学的创立者，通过《分析力学》一书，他引入了新的概念并建立了拉格朗日方程，推动了力学理论的发展. 他在数论领域也有杰出表现，如四平方和定理的研究. 除了学术成就，他还以卓越的教学方法培养了许多优秀的数学家. 拉格朗日的工作不仅在数学领域影响深远，而且为科学研究提供了坚实的基础，使他成为历史上最伟大的数学家之一.

6.4 特殊群

6.4.1 循环群

定义 6.9 设$\langle G,\circ\rangle$是群，若$\exists a\in G$，使得 $G=\{a^k\mid k\in\mathbf{Z}\}$，则称$\langle G,\circ\rangle$是**循环群**，称 a

为$\langle G,\circ\rangle$的**生成元**，并记为$G=\langle a\rangle$.

例如对于整数加群$\mathbf{Z}$，由3生成的子群是$\langle 3\rangle=\{3k \mid k\in\mathbf{Z}\}=3\mathbf{Z}$. 对于克莱因四元群$G=\{e,a,b,c\}$，由它的每个元素生成的子群是

$$\langle e\rangle=\{e\},\langle a\rangle=\{e,a\},\langle b\rangle=\{e,b\},\langle c\rangle=\{e,c\}.$$

循环群$G=\langle a\rangle$按生成元的阶数可以分为两类：n阶循环群和无限循环群.

若a是n阶元，则$G=\langle a\rangle$是n阶循环群，此时

$$G=\langle a\rangle=\{a^0=e,a^1,a^2,\cdots,a^{n-1}\};$$

若a是无限阶元，则$G=\langle a\rangle$是无限循环群，此时

$$G=\langle a\rangle=\{a^0=e,a^{\pm1},a^{\pm2},\cdots\}.$$

定理 6.16 设$G=\langle a\rangle$是循环群，$a^0=e$为单位元.

(1) 若a是无限阶元，即$G=\{e,a^{\pm1},a^{\pm2},\cdots\}$，则$G$中只有两个生成元，$a$和$a^{-1}$.

(2) 若a是n阶元，即$G=\{a^0=e,a^1,a^2,\cdots,a^{n-1}\}$，则$a^k(1\leqslant k\leqslant n,a^n=e)$是生成元的充分必要条件是$k$与$n$互素. 即$G$中只有$\varphi(n)$个生成元，这里$\varphi(n)$是欧拉函数，它是小于或等于$n$且与$n$互素的正整数的个数.

例 6.14 $\langle\mathbf{Q},+\rangle$,$\langle\mathbf{R},+\rangle$都是交换群但都不是循环群，$\langle\mathbf{Z},+\rangle$是无限循环群，1和$-1$是其生成元.

例 6.15 设$G=2\mathbf{Z}=\{2\times n \mid n\in\mathbf{Z}\}$，$G$上的运算是普通加法，则$G$是无限阶循环群，2和$-2$是其生成元.

注：循环群一定是交换群，因为循环群的元素都是某个生成元的幂，自然满足交换律. 然而，交换群却不一定是循环群，克莱因四元群就是一个典型的例子，它是一个元素间运算满足交换律的群，但由于没有任何一个元素能生成整个群，因此它不是循环群.

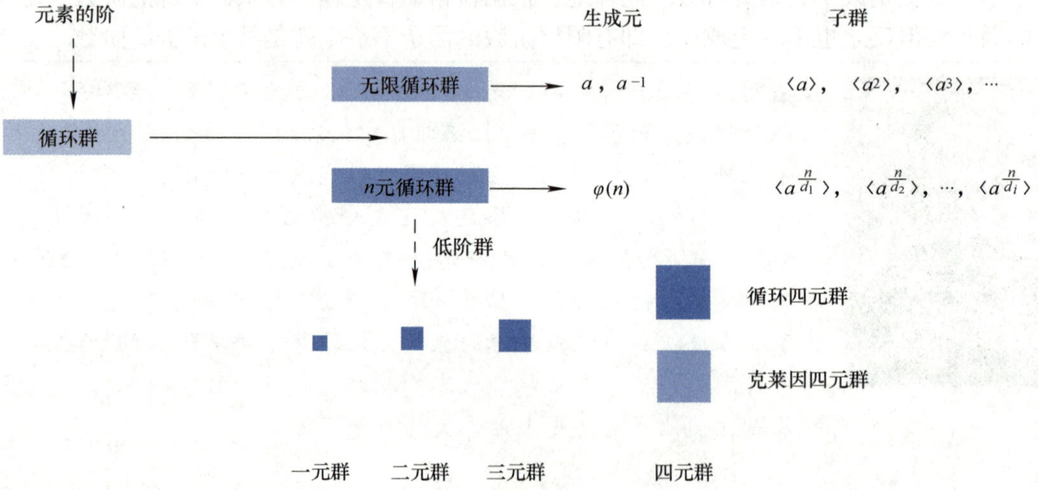

6.4.2 置换群

置换群在计算机领域有着广泛的应用，特别是在数据加密、网络安全和密码学方面. 通过置换群，可以实现数据的高效加密和解密，保护信息安全. 此外，置换群作为研究对称性的有力工具，在计算机图形学、计算机视觉等领域也发挥着重要作用，帮助实现图像的变换、模式识别等任务.

定义 6.10 设 $S=\{1,2,\cdots,n\}$ 为 n 个元素的集合，S 上的任何双射函数 σ：$S\to S$ 构成 S 上 n 个元素的置换，称为 ***n* 元置换**，一般记为

$$\sigma=\begin{pmatrix}1 & 2 & \cdots & n\\ \sigma(1) & \sigma(2) & \cdots & \sigma(n)\end{pmatrix}.$$

例 6.16 设 $S=\{1,2\}$，则 S 上的二元置换共有 2 个，如下所示：

$$\sigma_1=\begin{pmatrix}1 & 2\\ 1 & 2\end{pmatrix},\ \sigma_2=\begin{pmatrix}1 & 2\\ 2 & 1\end{pmatrix}.$$

由排列组合的知识可以知道，n 个不同元素有 $n!$ 种排列的方法. 所以 $S=\{1,2,\cdots,n\}$ 上有 $n!$ 个置换. 例如 $S=\{1,2,3\}$，则 S 上的 3 元置换共有 $3!=6$ 个，如下所示：

$$\sigma_1=\begin{pmatrix}1 & 2 & 3\\ 1 & 2 & 3\end{pmatrix},\ \sigma_2=\begin{pmatrix}1 & 2 & 3\\ 2 & 1 & 3\end{pmatrix},\ \sigma_3=\begin{pmatrix}1 & 2 & 3\\ 3 & 2 & 1\end{pmatrix},$$

$$\sigma_4=\begin{pmatrix}1 & 2 & 3\\ 1 & 3 & 2\end{pmatrix},\ \sigma_5=\begin{pmatrix}1 & 2 & 3\\ 2 & 1 & 3\end{pmatrix},\ \sigma_6=\begin{pmatrix}1 & 2 & 3\\ 3 & 1 & 2\end{pmatrix}.$$

定义 6.11 设 σ 和 τ 是 $S=\{1,2,\cdots,n\}$ 上的 n 元置换，则 σ 和 τ 的复合也是 S 上的 n 元置换，称为 **σ 与 τ 的乘积**，记作 $\sigma\tau$.

例 6.17 四元置换

$$\sigma=\begin{pmatrix}1 & 2 & 3 & 4\\ 4 & 1 & 2 & 3\end{pmatrix},\ \tau=\begin{pmatrix}1 & 2 & 3 & 4\\ 2 & 4 & 3 & 1\end{pmatrix}$$

的乘积为

$$\sigma\tau=\begin{pmatrix}1 & 2 & 3 & 4\\ 1 & 2 & 4 & 3\end{pmatrix},\ \tau\sigma=\begin{pmatrix}1 & 2 & 3 & 4\\ 1 & 3 & 2 & 4\end{pmatrix}.$$

注：这里的复合是右复合，运算顺序是从左往右.

通过交换两行来表示置换，这种方法虽直观易懂，但在处理更为复杂的置换时可能会显得较为烦琐. 为了更高效地描述和分析置换过程，需要引入一种更为简洁且实用的表示方法，即轮换.

定义 6.12 设 σ 是 $S=\{1,2,\cdots,n\}$ 上的 n 元置换，若

$$\sigma(i_1)=i_2,\sigma(i_2)=i_3,\cdots,\sigma(i_{k-1})=i_k,\sigma(i_k)=i_1,$$

且保持 S 中的其他元素不变，则称 σ 为 S 上的 ***k* 阶轮换**，记作 $(i_1 i_2\cdots i_k)$.

例如，6 元置换

$$\sigma=\begin{pmatrix}1 & 2 & 3 & 4 & 5 & 6\\ 3 & 2 & 4 & 5 & 1 & 6\end{pmatrix},\ \tau=\begin{pmatrix}1 & 2 & 3 & 4 & 5 & 6\\ 1 & 2 & 4 & 3 & 5 & 6\end{pmatrix}$$

可以分别表示为 $\sigma=(1345)$ 和 $\tau=(34)$.

定理 6.17 设 S_n 为 $S=\{1,2,\cdots,n\}$ 上 $n!$ 个置换构成的集合，则 S_n 关于置换的乘法构成群，称为 ***n* 元对称群**.

证明 置换就是双射函数，置换的乘法就是函数的复合运算，S_n 对置换乘法是封闭的，即置换乘法是 S_n 上的运算，从而 S_n 关于置换的乘法构成代数系统. 又因为置换乘法（即函数的复合运算）满足结合律，S_n 的单位元是恒等置换，每个元都有逆元，所以 $\langle S_n,\circ\rangle$ 构成群.

例如，所有的 3 元置换关于置换的乘法构成 3 元对称群S_3.

了解完 n 元对称群后，我们来探究一个特别的例子：2×2 方格棋盘的旋转和翻转. 这些动作可以看作在$\{1,2,3,4\}$上的特殊置换，组成了一个被称为二面体群 D_4 的子群.

例 6.18 如图 6.1 所示，一个 2×2 方格棋盘可以围绕它的中心进行旋转，也可以围绕它的对称轴进行翻转，但经过旋转或翻转后仍要与原来的方格重合(方格中的数字可以改变). 如果把每种旋转或翻转看作作用在$\{1,2,3,4\}$上的置换，求所有这样的置换构成的群 D_4.

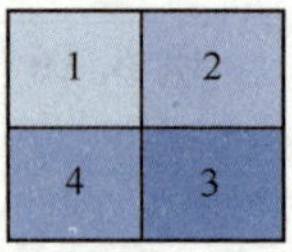

图 6.1

解 所有的这样的置换如下：

$\sigma_1=(1)$，(恒等置换)

$\sigma_2=(1\quad2\quad3\quad4)$，(逆时针旋转 90°)

$\sigma_3=(1\quad3)(2\quad4)$，(逆时针旋转 180°)

$\sigma_4=(1\quad4\quad3\quad2)$，(逆时针旋转 270°)

$\sigma_5=(1\quad2)(3\quad4)$，(围绕垂直轴翻转 180°)

$\sigma_6=(1\quad4)(2\quad3)$，(围绕水平轴翻转 180°)

$\sigma_7=(2\quad4)$，(围绕对角线轴翻转 180°)

$\sigma_8=(1\quad3)$. (围绕另一个对角线轴翻转 180°)

这 8 个置换构成一个置换群D_4，它的运算表见表 6-4.

表 6-4 置换群D_4的运算表

$\circ$	σ_1	σ_2	σ_3	σ_4	σ_5	σ_6	σ_7	σ_8
σ_1	σ_1	σ_2	σ_3	σ_4	σ_5	σ_6	σ_7	σ_8
σ_2	σ_2	σ_3	σ_4	σ_1	σ_7	σ_8	σ_6	σ_5
σ_3	σ_3	σ_4	σ_1	σ_2	σ_6	σ_5	σ_8	σ_7
σ_4	σ_4	σ_1	σ_2	σ_3	σ_8	σ_7	σ_5	σ_6
σ_5	σ_5	σ_8	σ_6	σ_7	σ_1	σ_3	σ_4	σ_2
σ_6	σ_6	σ_7	σ_5	σ_8	σ_3	σ_1	σ_2	σ_4
σ_7	σ_7	σ_5	σ_8	σ_6	σ_2	σ_4	σ_1	σ_3
σ_8	σ_8	σ_6	σ_7	σ_5	σ_4	σ_2	σ_3	σ_1

从表 6-4 中可以看出，运算满足封闭性，σ_1是幺元，且

$$\sigma_1^{-1}=\sigma_1,\sigma_2^{-1}=\sigma_4,\sigma_3^{-1}=\sigma_3,\sigma_1^{-1}=\sigma_2,$$

$$\sigma_5^{-1}=\sigma_5,\sigma_6^{-1}=\sigma_6,\sigma_7^{-1}=\sigma_7,\sigma_8^{-1}=\sigma_8.$$

即每个元素都有逆元. 又因为置换乘法满足结合律，所以D_4在置换乘法下构成群.

6.5 正规子群与商群

为了更深入地探索群的内在构造，理清元素之间的相互联系，以及简化对群的复杂性质的研究，我们有必要引入正规子群与商群的概念. 正规子群揭示了群中的某些特殊结构和稳定性，而商群则通过划分陪集的方式，帮助我们更好地理解和分析群的整体性质.

定义 6.13 设$\langle G,\circ\rangle$是群，H 是其子群，如果$\forall a\in G$都有 $a\circ H=H\circ a$，则称 H 是 G 的**正**

规子群.

任何群G都有正规子群，因为G的两个平凡子群，即G和$\{e\}$都是G的正规子群. 如果G是阿贝尔群，G的所有子群都是正规子群.

例如，克莱因四元群$\{e,a,b,ab\}$的正规子群不仅包含单位子群$\{e\}$和整个群$\{e,a,b,ab\}$，还有由单个非单位元素与单位元e构成的子群，如$\{e,a\}$、$\{e,b\}$和$\{e,ab\}$. 由于克莱因四元群是一个阿贝尔群，其所有子群都满足正规子群的定义，即对于群中的任意元素g和子群H中的任意元素h，都有ghg^{-1}仍在H中.

下面给出有关正规子群的判定定理.

定理 6.18 设$\langle G,\circ\rangle$是群，H是其子群，则

(1) H是正规子群当且仅当对任意的$a\in G,h\in H$，都有$a\circ h\circ a^{-1}\in H$;

(2) H是正规子群当且仅当对任意的$a\in G$，都有$a\circ H\circ a^{-1}=H$.

证明 (1) 必要性. 任取$a\in G,h\in H$，由$a\circ H=H\circ a$可知存在$h_1\in H$使得$a\circ h=h_1\circ a$，从而有

$$a\circ h\circ a^{-1}=h_1\circ a\circ a^{-1}=h_1\in H.$$

充分性. 即证明$\forall a\in G$有$a\circ H=H\circ a$. 任取$a\circ h\in a\circ H$，由$a\circ H\circ a^{-1}\in H$可知存在$h_1\in H$使得$a\circ H\circ a^{-1}=h_1$，从而得$a\circ h=h_1\circ a\in H\circ a$，这就推出了$a\circ H\subseteq H\circ a$. 反之，任取$h\circ a\in H\circ a$，由于$a^{-1}\in G$，所以也有$a^{-1}\circ h\circ(a^{-1})^{-1}\in H$，故存在$h_1\in H$使得$a^{-1}\circ h\circ a=h_1$，从而得$h\circ a=a\circ h_1\in aH$，这就推出了$H\circ a\subseteq a\circ H$.

综上所述，$\forall a\in G$有$a\circ H=H\circ a$.

(2) 证明略.

例 6.19 设$\langle \mathbf{Z},+\rangle$是整数加群，令$5\mathbf{Z}=\{5n\mid n\in\mathbf{Z}\}$，则$5\mathbf{Z}$是$\mathbf{Z}$的正规子群.

证明 显然$5\mathbf{Z}$是$\mathbf{Z}$的子群，任取$a\in\mathbf{Z},h\in5\mathbf{Z}$，有

$$aha^{-1}=a+h+a^{-1}=h\in5\mathbf{Z},$$

故$5\mathbf{Z}$是$\mathbf{Z}$的正规子群.

例 6.20 设$\langle G,\circ\rangle$是群，H是其子群，若H在G中的指数$[G:H]=2$，则H是正规子群.

证明 任取$a\in G$，若$a\in H$，则$H\cap a\circ H\neq\varnothing$，$H\cap H\circ a\neq\varnothing$，根据陪集的性质有

$$a\circ H=H=H\circ a.$$

若$a\notin H$，则$H\neq aH$，$H\neq Ha$，根据陪集的性质有

$$H\cap a\circ H=\varnothing,\ H\cap H\circ a=\varnothing.$$

由$[G:H]=2$可知

$$G=H\cup a\circ H,\ G=H\cup H\circ a,$$

从而$a\circ H=G-H=H\circ a$. 从而证明了H是群G的正规子群.

定理 6.19 设$\langle G,\circ\rangle$是群，H是其正规子群，令G/H是H在G中的全体左陪集(或右陪集)构成的集合，即

$$G/H=\{aH\mid a\in G\}.$$

在G/H上定义$\otimes$如下:

$$\forall aH,\ bH \in G/H,\ aH \otimes bH = (a \circ b)H,$$

则$\langle G/H, \otimes\rangle$构成群，称为$G$关于$H$的商群.

证明略.

6.6 群的同态和同构

同态和同构是描述群关系的核心概念，有助于理解群的结构和性质. 同态映射揭示群间相似性和共通之处，而同构则确立群的结构等价性，即使元素表示不同. 两者共同简化群研究，识别等价关系，是群论中重要的工具.

定义 6.14 设$\langle G, *\rangle$和$\langle H, \circ\rangle$是群，φ是从G到H的映射，若$\forall a, b \in G$，都有$\varphi(a * b) = \varphi(a) \circ \varphi(b)$，则称$\varphi$是从$G$到$H$的**同态映射**，简称**同态**.

例 6.21 设$\langle G, *\rangle$和$\langle H, \circ\rangle$是群，定义从G到H的映射ϕ如下：

$$\phi(x) = e_H,\ \forall x \in G,$$

则ϕ是从G到H的同态映射，这里e_H是H的单位元.

定义 6.15 设ϕ是从群$\langle G, *\rangle$到群$\langle H, \circ\rangle$的同态映射.

（1）若ϕ：$G \to H$是满射，则称ϕ为**满同态**；

（2）若ϕ：$G \to H$是单射，则称ϕ为**单同态**；

（3）若ϕ：$G \to H$是双射，则称ϕ为**同构**.

若$G = H$，则定义 6.14 和定义 6.15 中的ϕ分别称为自同态、满自同态、单自同态和自同构.

定理 6.20 设ϕ是群$\langle G, *\rangle$到群$\langle H, \circ\rangle$的同态映射，N是G的子群，则

（1）$\phi(N)$是H的子群；

（2）若N是G的正规子群，且ϕ是满同态，则$\phi(N)$是H的正规子群.

证明 （1）设e是G的单位元，则$\phi(e) \in \phi(N)$是$\phi(G)$的单位元，当然也是$\phi(N)$的单位元；另外，$\forall \phi(a), \phi(b) \in \phi(N)$，有$\phi(a) \circ \phi(b) = \phi(a * b) \in \phi(N)$，即满足封闭性；$\forall \phi(a) \in \phi(N)$，有逆元$\phi(a^{-1}) \in \phi(N)$. 所以$\phi(N)$是$H$的子群.

（2）$\forall x \in \phi(N)$，存在$a \in N$，使得$\phi(a) = x$，$\forall y \in H$，因为ϕ是满同态，所以也存在$b \in G$，使得$\phi(b) = y$，所以

$$y \circ x \circ y^{-1} = \phi(b) \circ \phi(a) \circ \phi(b)^{-1} = \phi(b) \circ \phi(a) \circ \phi(b^{-1}) = \phi(b * a * b^{-1}).$$

因为N是正规子群，所以$b * a * b^{-1} \in N$，因此$y \circ x \circ y^{-1} \in \phi(N)$，根据正规子群的判定定理知$\phi(N)$是$H$的正规子群.

定义 6.16 设ϕ是从群$\langle G, *\rangle$到群$\langle H, \circ\rangle$的同态映射，e_H是H的单位元，称

$$\ker(\phi) = \{x \mid x \in G \land \phi(x) = e_H\}$$

为**同态核**.

定理 6.21（群同态基本定理） 设$\langle G, *\rangle$是群.

（1）若N是G的正规子群，则商群$\langle G/N, \otimes\rangle$是$\langle G, *\rangle$的同态像；

（2）若群$\langle H, \circ\rangle$是$\langle G, *\rangle$的同态像，ϕ是相应的从G到H的满同态映射，则商群$\langle G/\ker(\phi), \otimes\rangle$同构于$\langle H, \circ\rangle$.

证明 （1）定义自然映射 $\phi: G \to G/N$ 如下：

$$\phi(a) = aN, \quad \forall a \in G,$$

易知它是从群 G 到商群 G/N 的同态，称为自然同态. 且 ϕ 是满同态映射，即 G/N 是 G 的同态像.

（2）记 $K = \ker(\phi)$，e_H为 H 的单位元，定义 g：$G/K \to H$ 如下：

$$g(aK) = \phi(a), \quad \forall aK \in G/K.$$

因为

$$aK = bK \Leftrightarrow b^{-1} * a \in K \Leftrightarrow \phi(b^{-1} * a) = e_H \Leftrightarrow \phi(b)^{-1} \cdot \phi(a) = e_H$$
$$\Leftrightarrow \phi(a) = \varphi(b) \Leftrightarrow g(aK) = g(bK),$$

所以 g 是一个映射，也证明了 g 是单射. 根据 ϕ 的满同态特性，不难证明 g 也是满同态映射，从而 g 是同构映射，即商群 $G/\ker(\phi)$ 同构于 H.

6.7 环与域

环和域是代数学中的核心概念，对于理解数与运算的关系、解决实际问题至关重要. 环揭示了运算的封闭性和结合性，域则保证了除法的可行性. 研究这两者不仅深化对数学结构的认识，还为密码学、数据科学等领域提供了理论基础.

本节介绍的环和域，都是具有两个二元运算的代数系统，习惯上用 +“加法”和 ·“乘法”表示. + 和 · 是抽象意义下的二元运算，不一定是普通的加法和乘法运算(实数集合上的加法和乘法).

定义 6.17 设 $\langle R, +, \cdot \rangle$ 是代数系统，+ 和 · 是集合 R 上的二元运算. 如果

（1）$\langle R, + \rangle$ 是交换群；

（2）$\langle R, \cdot \rangle$ 是半群；

（3）乘法 · 对加法 + 满足分配律，

则称 $\langle R, +, \cdot \rangle$ 是**环**.

为了区别环中的两个运算，通常称运算 + 为环中的加法，运算 · 为环中的乘法.

例 6.22 （1）整数集 $\mathbf{Z}$、有理数集 $\mathbf{Q}$、实数集 $\mathbf{R}$ 关于普通的加法和乘法构成的 $\langle \mathbf{Z}, +, \cdot \rangle$，$\langle \mathbf{Q}, +, \cdot \rangle$ 和 $\langle \mathbf{R}, +, \cdot \rangle$ 都是环.

（2）$\boldsymbol{n}$ 阶实矩阵集合 $\boldsymbol{M}_n(\mathbf{R})$ 关于矩阵加法和乘法构成环 $\langle \boldsymbol{M}_n(\mathbf{R}), +, \cdot \rangle$.

（3）$\mathbf{Z}_n = \{0, 1, \cdots, n-1\}$ 关于模 n 加法 $\oplus$ 和模 n 乘法 $\odot$ 构成环 $\langle \mathbf{Z}_n, \oplus, \odot \rangle$. $\oplus$ 和 $\odot$ 分别表示模 n 加法和乘法. 即 $\forall x, y \in \mathbf{Z}_n$，有

$$x \oplus y = (x + y)(\bmod n), \quad x \odot y = (xy)(\bmod n).$$

定理 6.22 设 $\langle R, +, \cdot \rangle$ 是环，则

（1）$\forall a \in R, a0 = 0a = 0$；

（2）$\forall a, b \in R, (-a)b = a(-b) = -(ab)$；

（3）$\forall a, b, c \in R, a(b-c) = ab - ac, (b-c)a = ba - ca$.

证明 （1）$\forall a \in R$，有

$$a0 = a(0+0) = a0 + a0.$$

因为$\langle R,+\rangle$构成群，从而满足消去律，所以有$a0=0$. 同理可证$0a=0$.

(2) $\forall a,b\in R, 0=a0=a(b+(-b))=ab+a(-b)$，所以$a(-b)=-(ab)$，同理可证$(-a)b=-(ab)$.

(3) $\forall a,b,c\in R, a(b-c)=a(b+(-c))=ab+a(-c)=ab-ac$，同理可得$(b-c)a=ba-ca$.

例 6.23 $\langle R,+,\cdot\rangle$是环，$\forall a,b\in R$，计算$(a+b)^3, (a-b)^2$.

解 $(a+b)^3=(a+b)(a+b)(a+b)=(a^2+ba+ab+b^2)(a+b)$

$=a^3+ba^2+aba+b^2a+a^2b+bab+ab^2+b^3$，

$(a-b)^2=(a-b)(a-b)=a^2-ba-ab+b^2$.

定义 6.18 设$\langle R,+,\cdot\rangle$是环.

(1) 若环中乘法·满足交换律，则称$\langle R,+,\cdot\rangle$是**交换环**.

(2) 若环中乘法·存在幺元，则称$\langle R,+,\cdot\rangle$是**含幺环**.

(3) 若$\forall a,b\in R, ab=0\Rightarrow a=0\vee b=0$，则称$\langle R,+,\cdot\rangle$是**无零因子环**.

(4) 若既是交换环、含幺环，又是无零因子环，则称$\langle R,+,\cdot\rangle$是**整环**.

例 6.24 (1) 整数环$\langle \mathbf{Z},+,\cdot\rangle$，有理数环$\langle \mathbf{Q},+,\cdot\rangle$，实数环$\langle \mathbf{R},+,\cdot\rangle$都是交换环、含幺环、无零因子环和整环.

(2) 令$3\mathbf{Z}=\{3n\mid n\in\mathbf{Z}\}$，则$3\mathbf{Z}$关于普通的加法和乘法构成交换环和无零因子环. 但不是含幺环和整环，因为$\mathbf{1}\notin 3\mathbf{Z}$.

(3) n阶实矩阵环$\langle \mathbf{M}_n(\mathbf{R}),+,\cdot,\rangle$是含幺环，但不是交换环和无零因子环，也不是整环.

例 6.25 模6整数环$\langle \mathbf{Z}_6,\oplus,\odot\rangle$是交换环、含幺环，但不是无零因子环和整环. 因为$3\odot 4=0$，但3和4都不是0. 通常称3为$\mathbf{Z}_6$中的左零因子，4为$\mathbf{Z}_6$中的右零因子. 类似地，因为$4\odot 3=0$，所以4也是左零因子，3也是右零因子，因此它们都是零因子.

定义 6.19 设$\langle \mathbf{R},+,\cdot\rangle$是整环，且$\mathbf{R}$中至少含有两个元素且含幺元和无零因子的，若$\forall a\in R^*=R-\{0\}$，都有逆元$a^{-1}\in R$，则称$\langle R,+,\cdot\rangle$是**域**.

例如，有理数环$\langle \mathbf{Q},+,\cdot\rangle$、实数环$\langle \mathbf{R},+,\cdot\rangle$和复数环$\langle \mathbf{C},+,\cdot\rangle$都是域，分别称为有理数域、实数域和复数域. 但整数环$\langle \mathbf{Z},+,\cdot\rangle$不是域，因为并不是对于任意的非零整数$x\in\mathbf{Z}$都有$\frac{1}{x}\in\mathbf{Z}$，比如$3\in\mathbf{Z}$，但是$\frac{1}{3}\notin\mathbf{Z}$，故$\langle \mathbf{Z},+,\cdot\rangle$不是域.

例 6.26 设S为下列集合，+和·为普通加法和乘法. 判断下述集合关于给定的运算是否构成整环和域？为什么？

(1) $S=\{a+b\sqrt{3}\mid a,b\in\mathbf{Z}\}$；

(2) $S=\{a+b\sqrt{5}\mid a,b\in\mathbf{Q}\}$；

(3) $S=\{x\mid x=4n\wedge n\in\mathbf{Z}\}$；

(4) $S=\{x\mid x=4n+1\wedge n\in\mathbf{Z}\}$；

(5) $S=\left\{\begin{pmatrix} a & b\\ b & a\end{pmatrix}\middle| a,b\in\mathbf{Z}\right\}$，运算为关于矩阵的加法和乘法.

解 (1) 是整环，但不是域. 例如$\sqrt{3}\in S$，但$\sqrt{3}$没有逆元.

(2) 是整环和域.

(3) 不是整环和域. 因为乘法幺元是1，$1\notin S$.

(4) 不是整环和域，因为S是环，普通加法在S上不封闭且幺元是0，$0\notin S$.

(5) 不是整环和域. 考虑矩阵$\begin{pmatrix}0&1\\0&1\end{pmatrix}$和$\begin{pmatrix}1&1\\0&0\end{pmatrix}$，它们都是$S$中的元素，且满足

$$\begin{pmatrix}0&1\\0&1\end{pmatrix}\begin{pmatrix}1&1\\0&0\end{pmatrix}=\begin{pmatrix}0&0\\0&0\end{pmatrix},$$

所以$\begin{pmatrix}0&1\\0&1\end{pmatrix}$是左零因子，$\begin{pmatrix}1&1\\0&0\end{pmatrix}$是右零因子. 因此$S$不是无零因子环，当然也就不是整环和域.

6.8 格与布尔代数

6.8.1 格的定义和性质

格与布尔代数在计算机科学中极为重要，它们为开关理论、逻辑设计、密码学及计算机理论科学等领域提供了基础理论和应用工具，是现代科技发展中不可或缺的重要代数系统.

定义 6.20 设$\langle S,\preccurlyeq\rangle$是偏序集，如果$\forall x,y\in S$，集合$\{x,y\}$都有最小上界和最大下界，则称$\langle S,\preccurlyeq\rangle$是**格**.

由于最小上界和最大下界的唯一性，可以把求$\{x,y\}$的最小上界和最大下界看成x和y的二元运算$\vee$和$\wedge$，即$x\wedge y$表示元素x,y的最大下界，$x\vee y$表示元素x,y的最小上界.

例 6.27 设n是正整数，S_n是n的正因子的集合. D为整除关系，则偏序集$\langle S_n,D\rangle$构成格，$\forall x,y\in S_n$，$x\vee y$是x和y的最小公倍数，$x\wedge y$是x和y的最大公约数. 图6.2给出了格$\langle S_8,D\rangle$和格$\langle S_6,D\rangle$.

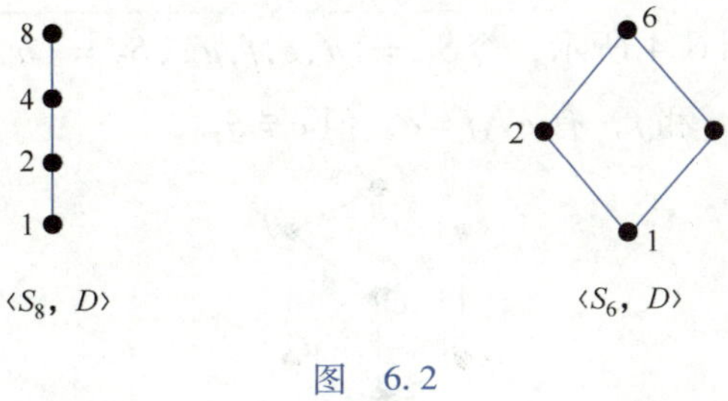

图 6.2

例 6.28 (1) 对于偏序集$\langle \mathbf{R},\leqslant\rangle$，$\forall x,y\in\mathbf{R}$，$\max\{x,y\}$和$\min\{x,y\}$分别是$\{x,y\}$的最小上界和最大下界，所以$\langle \mathbf{R},\leqslant\rangle$是格.

(2) 对于偏序集$\langle P(S),\subseteq\rangle$，$\forall A,B\in P(S)$，$\{A,B\}$都有最小上界$A\cup B$和最大下界$A\cap B$，所以$\langle P(S),\subseteq\rangle$是格，称为集合$S$的**幂集格**.

(3) 在图 6.3 所示的三个偏序集的哈斯图中. 图 6.3a 不是格，因为图 6.3a 中 $\{a,b\}$ 没有下界当然也没有下确界. 图 6.3b 不是格，因为图 6.3b 中 $\{b,d\}$ 有两个上界 c 和 e，但没有上确界. 图 6.3c 也不是格，因为图 6.3c 中 $\{b,c\}$ 有三个上界 d,e 和 f，但没有上确界.

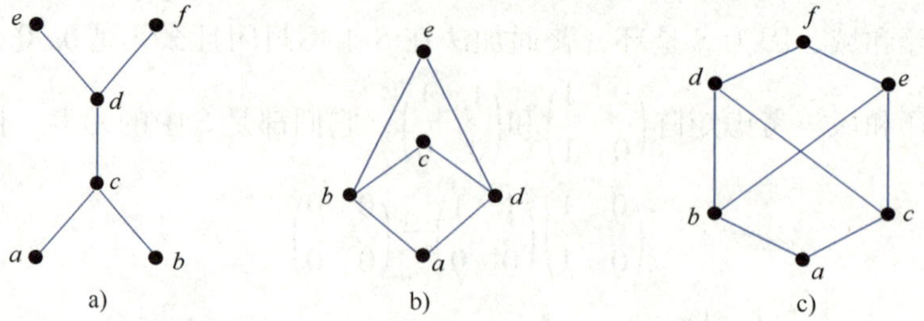

图 6.3

定理 6.23 设 $\langle L,\leqslant\rangle$ 是格，则运算 $\vee$ 和 $\wedge$ 适合交换律、结合律、幂等律和吸收律，即对于 $\forall a,b,c\in L$ 有

(1) 交换律：$a\vee b=b\vee a, a\wedge b=b\wedge a$；

(2) 结合律：$a\vee(b\vee c)=(a\vee b)\vee c, (a\wedge b)\wedge c=a\wedge(b\wedge c)$；

(3) 幂等律：$a\vee a=a, a\wedge a=a$；

(4) 吸收律：$a\vee(a\wedge b)=a, a\wedge(a\vee b)=a$.

证明略.

定理 6.24 设 $\langle S,\oplus,\otimes\rangle$ 是具有两个二元运算的代数系统，且运算 $\oplus$ 和 $\otimes$ 满足交换律、结合律、吸收律，则可以适当定义 S 中的偏序 $\leqslant$，使得 $\langle S,\leqslant\rangle$ 构成一个格，且 $\forall a,b\in S$，有 $a\oplus b$ 是 a 和 b 的最大下界，$a\otimes b$ 是 a 和 b 的最小上界.

根据定理 6.24 可以给出格的代数系统定义如下.

定义 6.21 设 $\langle S,\oplus,\otimes\rangle$ 是代数系统，二元运算 $\oplus$ 和 $\otimes$ 满足交换律、结合律、吸收律，则 $\langle S,\oplus,\otimes\rangle$ 构成**格**.

定义 6.22 设 $\langle L,\wedge,\vee\rangle$ 是格，S 是 L 的非空子集，若 S 关于 L 中的运算 $\wedge$ 和 $\vee$ 仍构成格，则称 S 是 L 的**子格**.

例 6.29 设格 L 如图 6.4 所示，令 $S_1=\{a,e,f,g\}$，$S_2=\{a,b,e,g\}$，则 S_1 不是 L 的子格，S_2 是 L 的子格，因为对 e 和 f，有 $e\wedge f=c$，但 $c\notin S_1$.

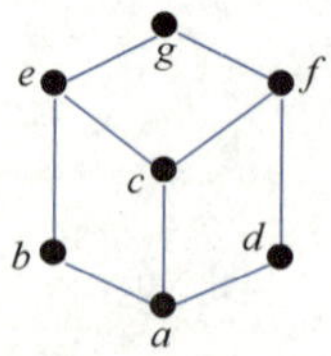

图 6.4

6.8.2 分配格、有补格与布尔代数

定义 6.23 设 $\langle L,\wedge,\vee\rangle$ 是格，如果在 L 中分配律成立，即 $\forall a,b,c\in L$，有 $a\wedge(b\vee c)=(a\wedge b)\vee(a\wedge c), a\vee(b\wedge c)=(a\vee b)\wedge(a\vee c)$，则称 L 是**分配格**.

例 6.30 说明图 6.5 中的格是否为分配格并陈述理由.

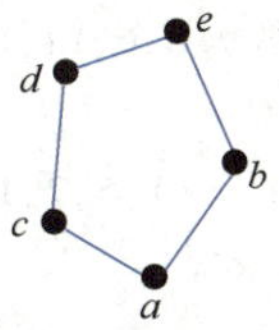

a)

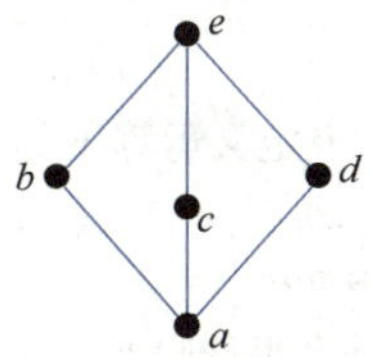

b)

图 6.5

解 图6.5a 所示是一个非分配格，因为$c\vee(b\wedge d)=c\vee a=c$，但$(c\vee b)\wedge(c\vee d)=e\wedge d=d$. 同样，图6.5b 所示是一个非分配格，因为$b\wedge(c\vee d)=b\wedge e=b$，但$(b\wedge c)\vee(b\wedge d)=a\vee a=a$. 图 6.5a 中的格叫作五角格，图 6.5b 中的格叫作钻石格.

定义 6.24 设L是格，若存在$a\in L$使得$\forall x\in L$有$a\leqslant x$，则称a为L的**全下界**. 若存在$b\in L$使得$\forall x\in L$有$x\leqslant b$，则称b为L的**全上界**.

可以证明，格L若存在全下界或全上界，一定是唯一的，以全下界为例，假若a_1,a_2都是格L的全下界，则有$a_1\leqslant a_2$和$a_2\leqslant a_1$. 根据偏序关系的反对称性必有$a_1=a_2$. 由于全上界和全下界的唯一性，一般将格L的全下界记为0，全上界记为1.

定义 6.25 设L是格，若L存在全下界和全上界，则称L为**有界格**，并将L记为$\langle L,\wedge,\vee,0,1\rangle$.

例 6.31 $L=\{x\in\mathbf{R}\mid -1\leqslant x\leqslant 1\}$，则$\langle L,\leqslant\rangle$是有界格.

定义 6.26 设$\langle L,\wedge,\vee,0,1\rangle$是有界格，$a\in L$. 若$\exists b\in L$，使得$a\wedge b=0,a\vee b=1$，则称$b$为$a$的**补元**.

由定义不难看出，若b是a的补元，那么a也是b的补元. 换句话说，a和b互为补元.

定义 6.27 设$\langle L,\wedge,\vee,0,1\rangle$是有界格，若$\forall a\in L$，在$L$中都有$a$的补元存在，则称$L$是**有补格**.

定义 6.28 如果一个格是有补分配格，则称它为**布尔格**或**布尔代数**.

布尔(1815—1864)，19 世纪著名的数学家和逻辑学家，被誉为现代逻辑学的奠基人. 他出生于英国，自幼便展现出对数学和逻辑的浓厚兴趣. 布尔在深入研究传统形式逻辑的基础上，创新性地将数学与逻辑相结合，从而开创了数理逻辑的新纪元. 他的代表作《逻辑的数学分析》与《思维规律的研究》，系统地阐述了逻辑代数的理论，为后来的计算机科学和信息技术的发展打下了坚实的理论基础. 他提出的布尔代数，不仅在数学领域产生了深远影响，还为电子工程和计算机科学中的逻辑设计和运算提供了关键的理论支撑. 他的一生，是对人类逻辑思维和科学方法的不断探索与深化，他的名字和成就将永载科学史册.

习题 6

1. 在非负实数集合 $\mathbf{R}_{\geqslant 0}$ 上定义运算 $*$ 如下：

$$a * b = \frac{a+b}{1+ab}.$$

试问 $\langle \mathbf{R}_{\geqslant 0}, * \rangle$ 是半群吗？是幺半群吗？

2. 在自然数集合 $\mathbf{N}$ 上定义运算 $\vee$ 和 $\wedge$ 如下：

$$a \vee b = \max\{a,b\}, a \wedge b = \min\{a,b\}.$$

试问 $\langle \mathbf{N}, \vee \rangle$ 和 $\langle \mathbf{N}, \wedge \rangle$ 是半群吗？是幺半群吗？

3. 设 $\langle G, * \rangle$ 是半群，它有一个左零元 θ，令

$$G_\theta = \{x * \theta \mid x \in G\},$$

证明 $\langle G_\theta, * \rangle$ 构成半群.

4. 设 $S=\{0,1,2,3\}$，$\otimes$ 为模 4 乘法，即

$$\forall x,y \in S,\ x \otimes y = (xy) \pmod 4,$$

问 $\langle S, \otimes \rangle$ 是否构成群？

5. 设 $G=\{a+b\mathrm{i} \mid a,b \in \mathbf{Z}\}$，i 为虚数单位，即 $\mathrm{i}^2=-1$. 验证 G 关于复数加法构成群.

6. 设 $\mathbf{Z}$ 为整数集合，在 $\mathbf{Z}$ 上定义二元运算，$\forall x,y \in \mathbf{Z}, x * y = x+y-2$，问 $\mathbf{Z}$ 关于 $*$ 运算能否构成群？为什么？

7. 设 $G = \left\{ \begin{pmatrix} 1 & 0 \\ 0 & 1 \end{pmatrix}, \begin{pmatrix} 1 & 0 \\ 0 & -1 \end{pmatrix}, \begin{pmatrix} -1 & 0 \\ 0 & 1 \end{pmatrix}, \begin{pmatrix} -1 & 0 \\ 0 & -1 \end{pmatrix} \right\}$，证明 G 关于矩阵乘法构成一个群.

8. 设 G 是 $M_n(\mathbf{R})$ 上的加法群，$n \geqslant 2$，判断下述子集是否构成子群.

(1) 全体对称矩阵；

(2) 全体对角矩阵；

(3) 全体行列式大于或等于 0 的矩阵；

(4) 全体上(下)三角矩阵；

(5) 全体可逆矩阵.

9. 某一通信编码的码字 $x=(x_1,x_2,\cdots,x_7)$，其中 x_1,x_2,x_3 和 x_4 为数据位，x_5,x_6 和 x_7 为校验位 ($x_1,x_2,\cdots,x_7$ 都是 0 或 1)，并且满足

$x_5 = x_1 +_2 x_2 +_2 x_3$，$x_6 = x_1 +_2 x_2 +_2 x_4$，$x_7 = x_1 +_2 x_3 +_2 x_4$，

这里 $+_2$ 是模 2 加法. 设 H 是所有这样的码字构成的集合. 在 H 上定义二元运算如下：

$$\forall x,y \in H, x * y = (x_1 +_2 y_1, x_2 +_2 y_2, \cdots, x_7 +_2 y_7).$$

证明 $\langle H, * \rangle$ 构成群，且是 $\langle G, * \rangle$ 的子群，其中 G 是长度为 7 的位串构成的集合.

10. 设 σ,τ 是 5 元置换，且

$$\sigma = \begin{pmatrix} 1 & 2 & 3 & 4 & 5 \\ 2 & 1 & 4 & 5 & 3 \end{pmatrix},\ \tau = \begin{pmatrix} 1 & 2 & 3 & 4 & 5 \\ 3 & 4 & 5 & 1 & 2 \end{pmatrix}.$$

(1) 计算 $\sigma\tau, \tau\sigma, \tau^{-1}, \sigma^{-1}, \sigma^{-1}\tau\sigma$；

(2) 将 $\tau\sigma, \tau^{-1}, \sigma^{-1}\tau\sigma$ 表成不交的轮换之积.

11. 阶数为 5,6,14,15 的循环群的生成元分别有多少个？

12. 设 $G=\{1,5,7,11\}$，对于 G 上的二元运算"模 12 乘法 $\times_{12}$"：

$$i \times_{12} j = (i \times j) \pmod{12},$$

(1) 证明 $\langle G, \times_{12} \rangle$ 构成群；

(2) 求 G 中每个元素的次数；

(3) 问 $\langle G, \times_{12} \rangle$ 是循环群吗？

13. 设 $S=\{1,2,3,4\}$，写出 S 上的所有 4 元置换.

14. 证明 6 阶群必含有 3 次元.

15. 证明偶数阶群必含 2 次元.

16. 证明在有限群中次数大于 2 的元素的个数必定是偶数.

17. 判断下列集合和给定运算是否构成环、整环和域，如果不能构成，请说明理由.

(1) $A=\{a+b\mathrm{i} \mid a,b \in \mathbf{Q}, \mathrm{i}^2=-1\}$，运算为复数的加法和乘法.

(2) $A=\{2n+1 \mid n \in \mathbf{Z}\}$，运算为实数的加法和乘法.

(3) $A=\{2n \mid n \in \mathbf{Z}\}$，运算为实数的加法和乘法.

(4) $A=\{x \mid x \geqslant 0 \wedge x \in \mathbf{Z}\}$，运算为实数的加法和乘法.

(5) $A=\{a+b\sqrt[4]{5} \mid a,b \in \mathbf{Q}\}$，运算为实数的加法和乘法.

18. 确定具有图 6.6 所示哈斯图的偏序集是否为格.

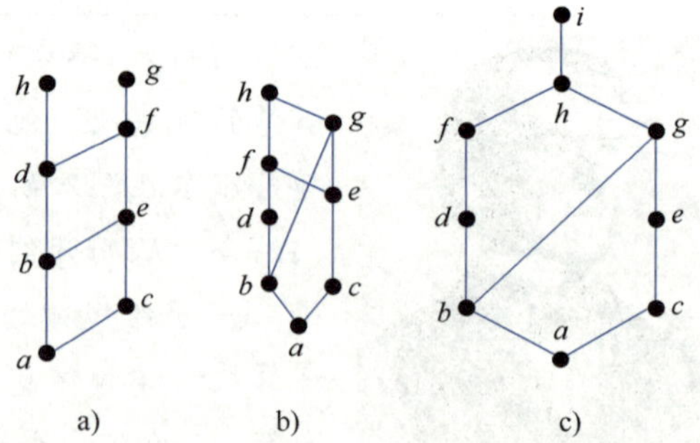

图 6.6

19. 设 $\langle L, \preccurlyeq \rangle$ 是格，其哈斯图如图 6.7 所示，取

$$S_1=\{a,b,c,d\},$$
$$S_2=\{a,b,d,f\},$$
$$S_3=\{c,d,e,f\},$$
$$S_4=\{a,b,f,g\},$$

试问$\langle S_1,\preccurlyeq_1\rangle$,$\langle S_2,\preccurlyeq_2\rangle$,$\langle S_3,\preccurlyeq_3\rangle$,$\langle S_4,\preccurlyeq_4\rangle$中哪些是格，哪些是$\langle L,\preccurlyeq\rangle$的子格，这里关系$\preccurlyeq_i=\preccurlyeq\cap(S_i\times S_i)$,$i=1,2,3,4$.

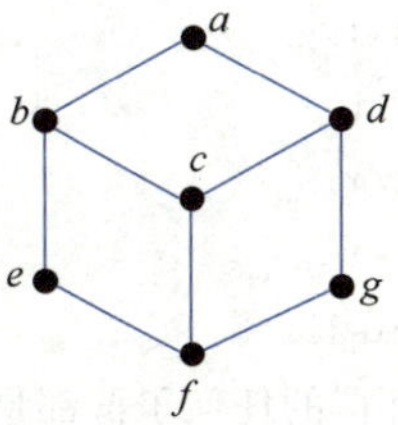

图 6.7

20. 设 G 是一个交换群，令

$$S=\{a\mid a\in G\text{ 且 }a=a^{-1}\},$$

证明：S 是 G 的一个子群.

21. 求$\langle \mathbf{Z}_{12},\oplus\rangle$的所有子群.

22. 设 $G=\{\langle a,b\rangle\mid a,b$ 为实数且 $a\neq 0\}$，并规定

$$\langle a,\ b\rangle\circ\langle c,\ d\rangle=\langle ac,\ ad+b\rangle.$$

证明：G 对所规定的运算$\circ$做成一个群.

23. 令 G 是由以下四个二阶方阵做成的集合：

$$\begin{pmatrix}1&0\\0&1\end{pmatrix},\ \begin{pmatrix}-1&0\\0&-1\end{pmatrix},\begin{pmatrix}1&0\\0&-1\end{pmatrix},\ \begin{pmatrix}-1&0\\0&1\end{pmatrix}.$$

证明：G 对方阵的普通乘法做成一个交换群，并给出 G 的乘法表.

24. 令 $G=\{e,a,b\}$，且 G 有乘法表见表 6-5.

表 6-5　G 的乘法表

运算符	e	a	b
e	e	a	b
a	a	b	e
b	b	e	a

证明：G 对此乘法做成一个群.

25. 令 M 是除去 0,1 以外的全体实数做成的集合，G 为 M 的以下六个变换做成的集合：

$$\sigma_1(x)=x,\quad \sigma_2(x)=\frac{1}{x},$$
$$\sigma_3(x)=1-x,\quad \sigma_4(x)=\frac{1}{x-1},$$
$$\sigma_5(x)=\frac{x-1}{x},\quad \sigma_6(x)=\frac{x}{x-1}.$$

26. 令 M 是任意一个集合，$P(M)$是 M 的所有子集(包括空集在内)做成的集合. 证明：$P(M)$关于对称差

$$A\oplus B=(A-B)\cup(B-A)$$

做成一个群.

27. 证明：在群中只有单位元满足方程

$$x^2=x.$$

28. 证明：如果群 G 中每个元素都满足方程

$$x^2=e(e\text{ 是 }G\text{ 的单位元}),$$

则 G 必是交换群.

29. 设 G 是一个群. 证明：G 是交换群的充要条件是，对 G 中任意元素 a,b 都有

$$(ab)^2=a^2b^2.$$

30. 设 G 是一个群，a,b,c 是 G 中任意三个元素. 证明：方程

$$xaxba=xbc$$

在 G 中有且仅有一解.

31. 证明：在任意群中，下列各组中的元素有相同的阶：

(1) a 与 a^{-1}；　(2) a 与 $cac^{-1}(\forall c\in G)$；

(3) ab 与 ba；　(4) abc,bca,cab.

32. (1)证明：在一个有限群里，阶数大于 2 的元素的个数一定是偶数；

(2)设 G 是一个偶数阶有限群. 证明：G 中阶等于 2 的元素的个数是奇数.

33. 试求出三次对称群

$$S_3=\{(1),(12),(13),(23),(123),(132)\}$$

的所有子群.

34. 设 G 是一个群，H 是 G 的一个子群，a 是 G 中一个 n 阶元素. 证明：存在最小正整数 m，使

$$a^m\in H\text{ 且 }m\mid n.$$

35. 设 G 是一个阶数大于 2 的群，且 G 的每个元素都满足方程$x^2=e$. 证明：G 必含有 4 阶子群.

36. 全体整数的集合对于普通减法来说是不是一个群?

37. 一个有限群的每一个元的阶都有限.

38. 证明群 G 的两个子群的交集也是 G 的子群.

39. 设$(G,*)$是一群，$x\in G$. 定义：$a\circ b=a*x*b$，$\forall a,\ b\in G$，证明$(G,\circ)$也是一群.

40. 证明有限群中阶大于 2 的元素的个数必定是偶数.

41. 证明阶为偶数的有限群中必有奇数个阶为 2 的元素.

42. 在偶阶数的有限群中必存在 $a \neq e$，使得 $a^2 = e$，其中 e 是群的单位元.

43. S_n 是 $D = \{1,2,\cdots,n\}$ 上所有置换（双射）组成的集合. S_n 对置换乘法（函数复合）运算构成群，G 是 S_n 的子群.

（1）在 S_n 上定义关系 R，$\forall s,t \in S_n, sRt \Leftrightarrow \exists g \in G, s = g^{-1}tg$，证明 R 是 S_n 上的等价关系.

（2）取 $n=3$，列出 S_3 的所有元素，找出 S_3 的一个二阶子群 G. 求上述等价关系 R 所确定的 S_3 的一个划分.

44. 设 $(G, *)$ 是群，对任一 $a \in G$，令 $H = \{y \mid y * a = a * y, y \in G\}$，证明：$(H, *)$ 是 G 的子群.

45. 下面哪些是对称群 $\langle S_4, \circ \rangle$ 的子群？

（1）$\{f \mid f \in S_4, f(4) = 4\}$；

（2）$\{f \mid f \in S_4, f(1) = 2\}$；

（3）$\{f \mid f \in S_4, f(1) \in \{1,2\}\}$；

（4）$\{f \mid f \in S_4, f(1) \in \{1,2\}, f(2) \in \{1,2\}\}$.

46. 设 G 是一群，H 是 G 的子群，$x \in G$. 证明 $x \cdot H \cdot x^{-1} = \{x \cdot h \cdot x^{-1} \mid h \in H\}$ 是 G 的子群.

47. 设 G 是一群，H 是 G 的子群，令 $M = \{x \mid x \in G, xHx^{-1} = H\}$ 证明 M 是 G 的子群.

48. 设 G 是群，A, B 为子群，试证明若 $AYB = G$，则 $A = G$ 或 $B = G$.

49. 设 $\langle G, * \rangle$ 是一群，令 $R = \{\langle a,b \rangle \mid a,b \in G$，存在 $\theta \in G$ 使 $b = \theta^* a * \theta^{-1}\}$.
验证 R 是 G 上的等价关系.

50. 设 H 是群 G 的子群，在 G 中定义二元关系 R：

$$R = \{\langle a,b \rangle \mid b^{-1} \cdot a \in H\}.$$

证明 R 是 G 上一个等价关系.

51. 设 G 是一群，$\sim$ 是 G 的元素之间的等价关系，并且 $\forall a,x,y \in G$，有 $ax \sim ay \Rightarrow x \sim y$. 证明 $H = \{x \mid x \in G, x \sim e\}$ 是 G 的子群，其中 e 是 G 的单位元.

52. 求下面的群同态 h 的核：

（1）从 $(\mathbf{Z},+)$ 到 $(\mathbf{Z},+)$，对任意的 $n, h(n) = 73n$；

（2）从 $(\mathbf{Z},+)$ 到 $(\mathbf{Z},+)$，对任意的 $n, h(n) = 0$；

（3）从 $(\mathbf{Z},+)$ 到 $(\mathbf{Z},+)$，对任意的 $n, h(n) = n$.

53. 设 G 是非零实数乘法群，下述映射 f 是否是 G 到 G 的同态映射？对于同态映射 f，求 $\mathrm{Im}f$ 和 $\ker(f)$.

（1）$f(x) = |x|$；

（2）$f(x) = 2x$；

（3）$f(x) = x^2$；

（4）$f(x) = 1/x$；

（5）$f(x) = -x$；

（6）$f(x) = x + 1$.

54. 证明循环群的任何子群都是循环群.

55. 考虑群 $(\mathbf{Z},+)$，将 $\mathbf{Z}$ 写成某个子群的 5 个不相交的陪集的并.

56. 证明群 G 的子群 H 是正规子群的充要条件是 $a \cdot h \cdot a^{-1} \in H$，这里 $a \in G$，$h \in H$.

57. 设 $G = \{a,b,c,d,e,f\}$，G 上的运算 $*$ 定义见表 6-6.

（1）写出子群 $\langle a \rangle$；

（2）证明：$\langle a \rangle * c = c^* \langle a \rangle$；

（3）找出所有 2 个元素的子群；

（4）求 $|G/\langle d \rangle|$；

（5）求 $\langle d \rangle$ 的右陪集.

表 6-6　G 上的运算 $*$

$*$	e	a	b	c	d	f
e	e	a	b	c	d	f
a	a	b	e	d	f	c
b	b	e	a	f	c	d
c	c	f	d	e	b	a
d	d	c	f	a	e	b
f	f	d	c	b	a	e

代数结构部分小结

代数结构，也被普遍称作代数系统，是抽象代数这一数学分支的核心探索对象. 抽象代数通过代数手段，从不同的科研领域中提炼出共通的数学模型，进而深入探索其内在的规律、特性和构成.

我们系统地阐述了二元运算的概念，并提出了判定某种运算是否为二元运算的标准. 我们详尽地探讨了二元运算的各种特性，特别强调了幺元、零元及逆元在这些运算中的不可或缺性. 代数系统，其本质是建立在特定集合及其上的运算，我们亦对代数系统的同态与同构概念进行了初步解读.

进一步地，我们引领读者领略了几个关键的代数系统：半群、群、环、域、格以及布尔代数. 其中，半群与群的相关性质是我们深入探讨的重点. 同时，为了满足课程需求，我们也对环、域、格等基础概念和初步理论进行了简明扼要的介绍. 对于环、域、格等代数系统的更深层性质和定理，我们建议有兴趣的读者可以深入相关书籍进行研读.

代数结构部分知识结构图

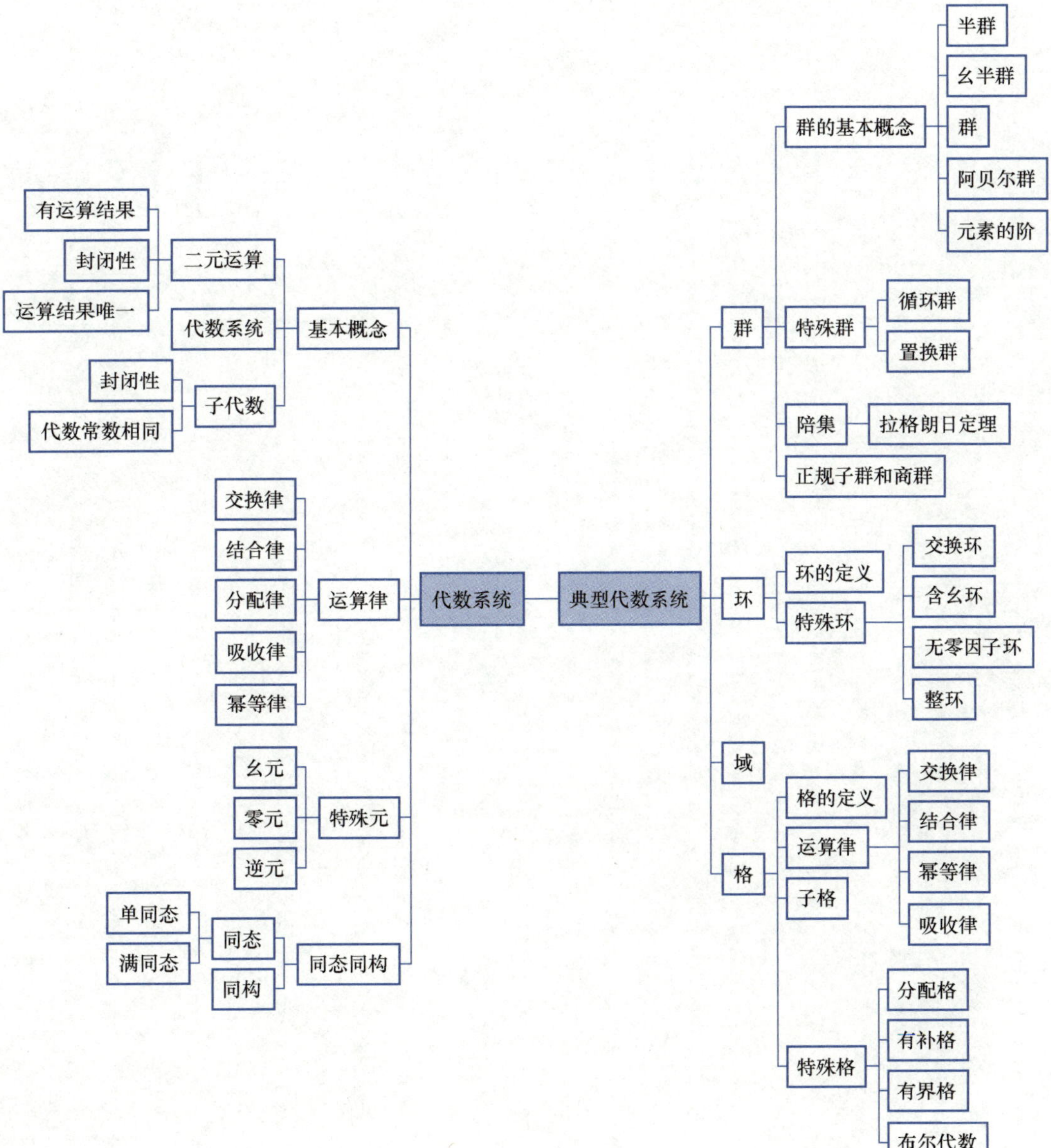

第 4 部分　图　　论

图论是数学的一个分支，它以图为研究对象. 图论中的图是若干给定的点及连接两点的线所构成的图形，这种图形通常用来描述事物之间的某种特定关系，用点代表事物，用连接两点的线表示相应两个事物间具有这种关系. 图论本身是应用数学的一部分，因此，历史上图论曾经被多位数学家各自独立地建立过. 关于图论的文字记载最早出现在欧拉 1736 年的论著中，他所考虑的原始问题有很强的实际背景. 图论的广泛应用促进了其自身的发展，在 20 世纪 40 ~ 60 年代，拟阵理论、超图理论、极图理论以及代数图论、拓扑图论等都有了很大的发展. 现今，图论的应用越来越广泛，在工农业生产、交通运输、通信和电力领域经常都能看到网络图，如管道网图、公路网图、铁路网图、通信网图、输电线网图、社交网图、关系网图等；还有一些生产计划、投资计划、设备更新等问题也可以转化为网络图的优化问题. 本部分主要介绍图的基本概念、图的表示、图的连通性、欧拉图、哈密顿图、树和平面图等.

第 7 章 图论基础

在描述二元关系时，已经提到用图表示二元关系. 图能提供一种直观、清晰表达信息的方式. 图论作为数学的一个分支，起源于著名的哥尼斯堡七桥问题，随着信息时代的来临，图论的应用越来越广泛，在工农业生产、交通运输、通信和电力领域经常都能看到许多网络，如河道网、灌溉网、管道网、公路网、铁路网、通信网、输电网等，这些网络的一些相关问题都可以归结为图论的研究对象. 人们常称1736年是图论历史元年，因为在这一年瑞士数学家欧拉（Euler）发表了图论的首篇论文——《哥尼斯堡七桥问题无解》，所以人们普遍认为欧拉是图论的创始人. 从19世纪中叶到20世纪中叶，图论问题大量出现，如哈密顿图问题、四色猜想等. 这些问题的出现进一步促进了图论的发展. 在很长一段时期内，图论被当成是数学家的智力游戏，解决一些著名的难题，如迷宫问题、棋盘上马的路线问题、四色问题和哈密顿环球旅行问题、任务分配问题和地图着色问题等，吸引了众多的学者. 图论中许多的概念和定理的建立都与这些问题的解有关. 近几十年来，随着计算机科学的发展，图论以更加惊人的速度向前发展.

图论中的图是由若干给定的点及连接两点的线所构成的图形，这种图形通常用来描述某些事物之间的某种特定关系，用点代表事物，用连接两点的线表示相应两个事物间具有这种关系. 在人们的社会实践中，图论已成为解决自然科学、工程技术、社会科学以及经济、军事等领域中许多问题的有力工具之一，因此越来越受到数学家和工程技术工作者的喜爱. 随着信息科学的发展，图论的应用也越来越广泛，同时图论也得到了充分的发展. 本部分主要介绍图论的一些基本概念和一些简单特殊的图形结构，如欧拉图、哈密顿图、树和平面图等.

7.1 图的基本概念

在第2部分中我们介绍了集合的笛卡儿积的概念，为了定义无向图，还需要给出集合的无序积的概念. 任意两个元素 a,b 构成的**无序对**记作 (a,b)，这里总有 $(a,b)=(b,a)$. 设 A,B 为两个集合，无序对的集合 $\{(a,b)\mid a\in A\wedge b\in B\}$ 称为集合 A 与 B 的**无序积**，记作 $A\&B$. 无序积与有序积的不同在于无序积满足交换律：$A\&B=B\&A$，而有序积不满足交换律：$A\times B\neq B\times A$.

例如，设 $A=\{a,b\},B=\{0,1,2\}$，则

$$A\&B=\{(a,0),(a,1),(a,2),(b,0),(b,1),(b,2)\}=B\&A,$$
$$A\&A=\{(a,a),(a,b),(b,b)\}.$$

7.1.1 图的概念

一个图通常包括一些顶点及顶点之间的一些连线，至于图中线段的长度及顶点的位置并

不重要. 图论中图是一个非常抽象的概念，它可以表示许多具体的东西. 下面给出图的定义.

定义 7.1(无向图)　一个**无向图** G 是一个有序二元组 $\langle V,E\rangle$，记作 $G=\langle V,E\rangle$，其中 V 是一个非空集合，V 中的元素称为**结点**或**顶点**；E 是无序积 $V\&V$ 的多重子集(元素可重复出现的集合)，称 E 为 G 的**边集**，E 中的元素称为**无向边**或简称**边**.

为了表示 V 和 E 分别是图 G 的顶点集和边集，常将 V 记作 $V(G)$，将 E 记作 $E(G)$.

图可以用图形来表示，这种图形有助于我们理解图的性质. 在这种表示法中，每个顶点用点来表示，每条边用线来表示，这样的线连接着代表该边端点的两个顶点. 例如 $G=\langle V,E\rangle$，$V=\{v_1,v_2,v_3,v_4,v_5\}$，$E=\{(v_1,v_2),(v_2,v_2),(v_2,v_3),(v_1,v_3),(v_1,v_3),(v_3,v_4)\}$，$G$ 的图形如图 7.1 所示.

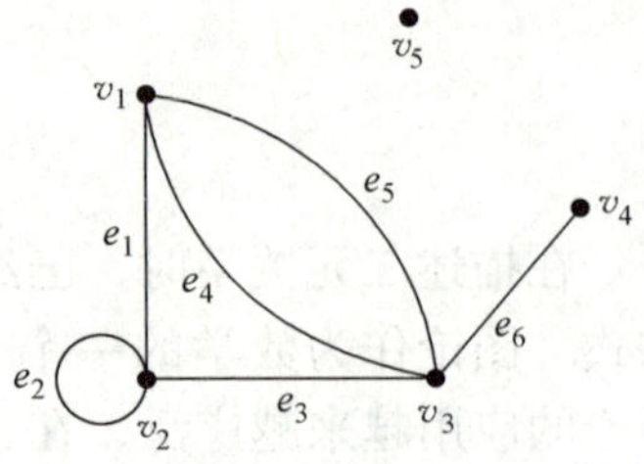

图　7.1

定义 7.2(有向图)　一个**有向图** G 是一个有序二元组 $\langle V,E\rangle$，记作 $\langle V,E\rangle$，其中 V 是一个非空的顶点集；E 是笛卡儿积 $V\times V$ 的多重子集，其元素称为**有向边**，也简称**边**或**弧**. 一般地，有向图用字母 D 表示，如 $D=\langle V,E\rangle$.

对于一个有向图 D，也可用有向图形来表示. 边 $\langle v_i,v_j\rangle$ 表示以 v_i 为起点，v_j 为终点的有向边. 例如 $D=\langle V,E\rangle$，其中

$$V=\{v_1,v_2,v_3,v_4\},E=\{\langle v_2,v_2\rangle,\langle v_2,v_1\rangle,\langle v_1,v_3\rangle,\langle v_3,v_1\rangle,\langle v_1,v_4\rangle,\langle v_3,v_4\rangle\}.$$

D 的图形如图 7.2 所示.

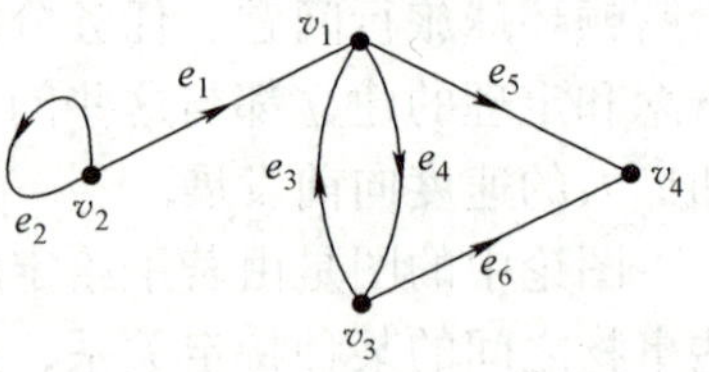

图　7.2

给图的顶点和边都标记信息的图称为**标定图**，如图 7.1 所示.

当 $e=(u,v)$ 时，称 u 和 v 是 e 的**端点**（或**顶点**），并称 e 与 u 和 v 是**关联**的，而称顶点 u 与 v 是**邻接**的. 若两条边关联于同一个顶点，则称两条边是**相邻**的. 无边关联的顶点称为**孤立点**；若一条边关联的两个顶点重合，则称此边为**环**或**自回路**. 若 $u\neq v$，则称 e 与 u(或 v)**关联的次数**是 1；若 $u=v$，则称 e 与 u(或 v)**关联的次数**为 2；若 u 不是 e 的端点，则称 e 与 u **关联的次数**为 0（或称 e 与 u **不关联**）. 在图 7.1 中，$e_1=(v_1,v_2)$，v_1,v_2 是 e_1 的端点，e_1 与 v_1、v_2 的关联次数均为 1，v_5 是孤立点，e_2 是环，e_2 与 v_2 关联的次数为 2.

当 $e=\langle u,v\rangle$ 是有向边时，称 u 是 e 的**始点**，v 是 e 的**终点**.

如果图 G 的顶点集 V 和边集 E 都是有限集，则称图 G 为**有限图**，本书所讨论的图主要是指有限图. 若图 $G=\langle V,E\rangle$ 中 $|V|=n$，$|E|=m$，则称 G 是 ***n* 阶图**. 如果一个图有 n 个顶点而没有边，则称该图为 n 阶**零图**；若一个图只有一个顶点，没有边，则称该图为**平凡图**.

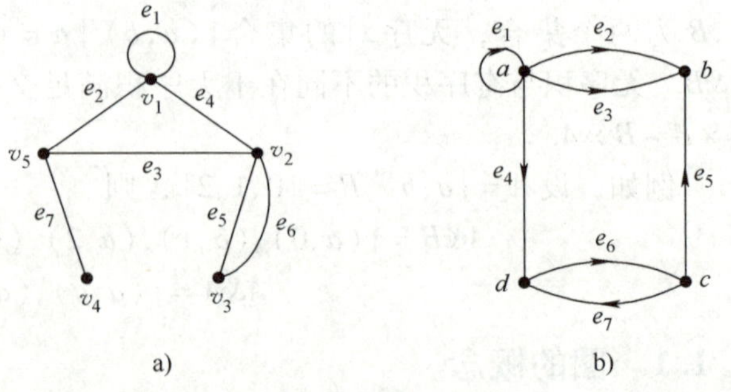

图　7.3

关联于同一对顶点的两条边称为**平行边**（若是有向边方向应相同），平行边的条数称为**边的重数**. 不含平行边和环的图称为**简单图**. 本书如果没有特别指明，所给的图都指简单图.

在图 7.3a 中的边 e_5 和 e_6 是平行边，e_1

是环；e_3、e_4、e_5和e_6相互为邻边. 在图7.3b中e_2 和e_3是平行边，e_6和e_7不是平行边.

7.1.2 顶点的度

定义7.3(顶点度数) 设$G=\langle V,E\rangle$为一无向图，$v\in V$，与v相关联的边的次数称为v的**度数**，简称**度**，记作$\deg(v)$，简记为$\mathrm{d}(v)$.

设$D=\langle V,E\rangle$是有向图，$v\in V$，v作为边的始点的次数，称为v的**出度**，记作$\deg^+(v)$，简记为$\mathrm{d}^+(v)$；v作为边的终点的次数称为v的**入度**，记作$\deg^-(v)$，简记为$\mathrm{d}^-(v)$；v作为边的端点的次数称为v的**度数**，简称**度**，记作$\deg(v)$，显然$\deg(v)=\deg^+(v)+\deg^-(v)$. 若$\deg(v)$为奇数，则称$v$为**奇点**或**奇度顶点**，若$\deg(v)$为偶数，则称$v$为**偶点**或**偶度顶点**.

记$\Delta(G)=\max\{\deg(v)\mid v\in V\}$，$\delta(G)=\min\{\deg(v)\mid v\in V\}$，分别称为图$G$的**最大度**和**最小度**. 若$G=\langle V,E\rangle$是有向图，除了$\Delta(G),\delta(G)$，还有如下的定义：

最大出度$\Delta^+(G)=\max\{\deg^+(v)\mid v\in V\}$；**最大入度**$\Delta^-(G)=\max\{\deg^-(v)\mid v\in V\}$；

最小出度$\delta^+(G)=\min\{\deg^+(v)\mid v\in V\}$；**最小入度**$\delta^-(G)=\min\{\deg^-(v)\mid v\in V\}$.

在图7.1中，$\deg(v_1)=3,\deg(v_2)=4,\deg(v_3)=4,\deg(v_4)=1,\deg(v_5)=0$；

在图7.2中，$\deg^+(v_1)=2,\deg^-(v_1)=2,\deg^+(v_2)=2,\deg^-(v_2)=1,\deg^+(v_3)=2,\deg^-(v_3)=1,\deg^+(v_4)=0,\deg^-(v_4)=2$；

在图7.3a中，$\deg(v_1)=4,\deg(v_2)=4,\deg(v_3)=2,\deg(v_4)=1,\deg(v_5)=3$；在图7.3b中，$\deg^+(a)=4,\deg^-(a)=1,\deg^+(b)=0,\deg^-(b)=3,\deg^+(c)=2,\deg^-(c)=1,\deg^+(d)=1,\deg^-(d)=2$.

在图7.3b中，$\Delta(G)=5,\delta(G)=3,\Delta^+(G)=4,\delta^+(G)=0,\Delta^-(G)=3,\delta^-(G)=1$.

称度数为1的顶点为**悬挂点**，与悬挂点关联的边称为**悬挂边**. 如图7.1中，v_4是悬挂点，e_6是悬挂边；在图7.3a中v_4是悬挂点，e_7是悬挂边.

设$V=\{v_1,v_2,\cdots,v_n\}$是图G的顶点集，称$\{\mathrm{d}(v_1),\mathrm{d}(v_2),\cdots,\mathrm{d}(v_n)\}$为$G$的度数序列. 如图7.3a的度数序列为4,4,2,1,3，图7.3b的度数序列是5,3,3,3.

定理7.1(握手定理) 设图$G=\langle V,E\rangle$的顶点集$V=\{v_1,v_2,\cdots,v_n\}$，且边数$|E|=m$，则$\sum_{i=1}^{n}\deg(v_i)=2m$.

证明 G中每条边(包括环)均有两个端点，所以在计算G中各顶点度数之和时，每条边均提供2度，故m条边共提供$2m$度.

推论7.1 在任一图中，奇度顶点必有偶数个.

证明 假设G具有m条边，设$V_1=\{v\mid v\text{为奇度顶点}\}$，$V_2=\{v\mid v\text{为偶度顶点}\}$，则由定理7.1可得

$$\sum_{v\in V}\deg(v)=\sum_{v\in V_1}\deg(v)+\sum_{v\in V_2}\deg(v)=2m,$$

因为$\sum_{v\in V_2}\deg(v)$是偶数，所以$\sum_{v\in V_1}\deg(v)$也是偶数，而V_1中每个顶点v的度数$\deg(v)$均为奇数，因此$|V_1|$为偶数.

特别地，对有向图而言，有下面的定理.

定理7.2 设有向图$D=\langle V,E\rangle$，顶点集$V=\{v_1,v_2,\cdots,v_n\}$且边数$|E|=m$，则

$$\sum_{i=1}^{n}\deg^+(v_i)=\sum_{i=1}^{n}\deg^-(v_i)=m.$$

定理 7.2 的证明非常简单，请读者自己完成. 以上两个定理及推论都很重要，要牢记并灵活运用.

例 7.1 （1）图 G 的度数序列为 2,2,3,3,4，则边数 m 是多少？

（2）图 G 有 12 条边，度数为 3 的顶点有 6 个，其余顶点度均小于 3，问图 G 中至少有几个顶点？

解 （1）由握手定理知 $2m = \sum_{v \in V} \mathrm{d}(v) = 2+2+3+3+4 = 14$，所以 $m = 7$.

（2）由握手定理知 $\sum_{v \in V} \mathrm{d}(v) = 2m = 24$，度数为 3 的顶点有 6 个占去 18 度，还有 6 度由其余顶点占有，其余顶点的度数可为 0,1,2，当均为 2 时所用顶点数最少，所以应由 3 个顶点占有这 6 度，即图 G 中至少有 9 个顶点.

例 7.2 在一场足球比赛中，传递过奇数次球的队员人数必定为偶数个.

解 把参加球赛的队员抽象为顶点，两个队员之间每进行一次传球，则在两个队员之间加一条边，这样得到的图就是球赛中传递球的简单的数学模型，由定理 7.1 即知结论正确.

例 7.3 证明不存在具有奇数个面且每个面都具有奇数条棱的多面体.

证明 作无向图 $G = \langle V, E \rangle$，其中 $V = \{v \mid v$ 为多面体的面$\}$，$E = \{(u,v) \mid u,v \in V \wedge u$ 与 v 有公共的棱，且 $u \neq v\}$. 设 $\deg(v)$ 表示围成面 v 的棱的条数，令 $V_1 = \{v \mid \deg(v)$ 为奇数$\}$，$V_2 = \{v \mid \deg(v)$ 为偶数$\}$，每条棱正好是两个不同面的公共边，根据握手定理可知，$\sum_{v \in V} \deg(v) = \sum_{v \in V_1} \deg(v) + \sum_{v \in V_2} \deg(v) = 2m$，其中 m 为图 G 的边的条数，故 $|V_1|$ 必为偶数.

任意给定一个非负整数序列能否作出一个相应的图（简单图），即可图化（简单图）问题. 关于可图化问题，下面推论给出了一个充要条件. 而对于可简单图化问题，它是图论中的一个难题，这里只给出一个必要条件，更多的结论希望读者查阅相关资料.

推论 7.2 非负整数序列 $(d_1, d_2, \cdots, d_p)$ 是某个图的度数序列当且仅当 $\sum_{i=0}^{p} d_i$ 是偶数.

证明 由定理 7.1 知必要性成立. 对于充分性，取 p 个相异顶点 $v_1, v_2, \cdots, v_p$，若 d_i 是偶数，就在 v_i 处作 $d_i/2$ 个环；若 d_i 是奇数，在 v_i 处作 $(d_i - 1)/2$ 个环，由于 $\sum_{i=0}^{p} d_i$ 是偶数，故 $d_1, d_2, \cdots, d_p$ 中有偶数个奇度数顶点，从而将所有与奇数 d_i 相对应的顶点 v_i 两两配对并连上一条边，最后所得的度数序列就是 $(d_1, d_2, \cdots, d_p)$.

推论 7.3（非负整数列可简单图化的必要条件） 对任意 n 阶无向简单图 G，必有

$$\Delta(G) \leqslant n-1.$$

推论 7.3 指出，如果一个图是简单图，则它的顶点度数最大是 $n-1$.

例 7.4 判断下列各非负整数序列哪些是可图化的？哪些是可简单图化的？

（1）(5,5,4,4,2,1)；

（2）(5,4,3,2,2)；

（3）(3,3,3,1)；

（4）$(d_1, d_2, \cdots, d_n)$，$d_1 > d_2 > \cdots > d_n$ 且 $\sum_{i=0}^{n} d_i$ 为偶数；

(5) (4,4,3,3,2,2).

解 序列(1)中奇度数顶点个数是奇数，故不可图化，其余都可图化. 序列(2)中最大顶点度数为5，与阶数相等，故不可简单图化，类似可说明序列(4)也不可简单图化. 序列(3)不可简单图化. 根据序列(5)可画出一个简单图(请读者自己完成)，故(5)可简单图化.

7.1.3 完全图、补图、正则图和子图

定义7.4(完全图) 设 $G=\langle V,E\rangle$ 是无向简单图，若任意两个顶点之间都有边相连，则称 G 为**完全图**，具有 n 个顶点的完全图记作 K_n.

设 $D=\langle V,E\rangle$ 为有向简单图，若每对顶点间均有一对方向相反的边相连，则称 G 为**有向完全图**，具有 n 个顶点的有向完全图记作D_n.

无向完全图 K_n的边数为 C_n^2. 事实上，因为在无向完全图 K_n 中，任意两个顶点之间都有边相连，所以 n 个顶点中任取两个顶点的组合数为 C_n^2，故无向完全图 K_n 的边数为 $C_n^2=\frac{n(n-2)}{2}$. 有向完全图 D_n的边数显然是 K_n的2倍，即是 $n(n-1)$.

图7.4给出了几个无向完全图和有向完全图的例子.

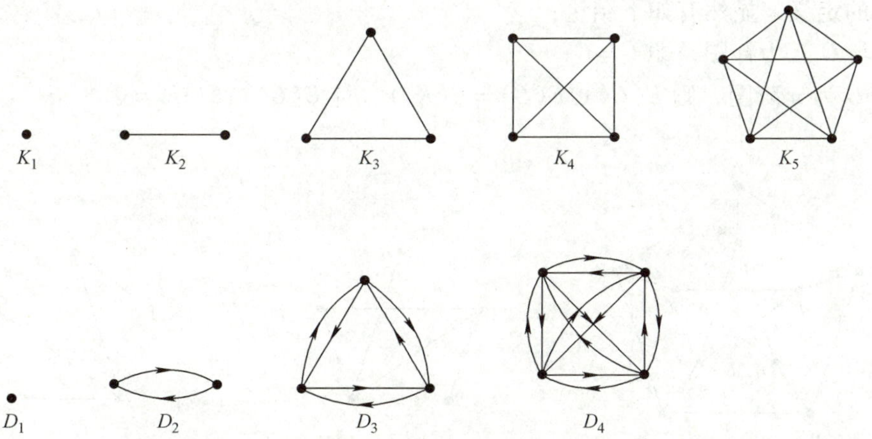

图 7.4

定义7.5(竞赛图) 设 $D=\langle V,E\rangle$ 是有向简单图，若任意两个顶点之间都有边相连，则称 D 为**竞赛图**.

n 阶竞赛图的边数为 $\frac{n(n-1)}{2}$. 图7.5所示是竞赛图的几个例子.

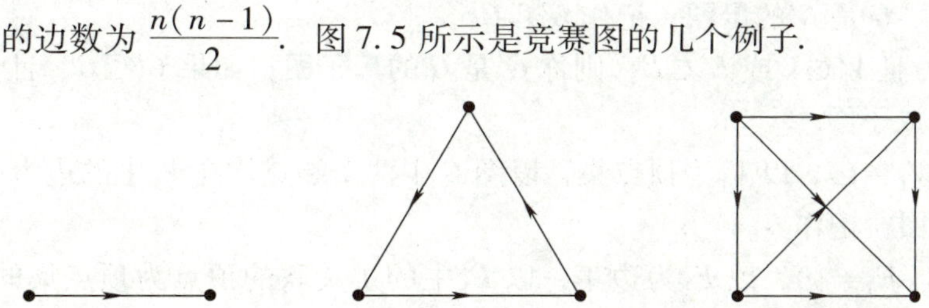

图 7.5

定义7.6(正则图) 在一个无向简单图中，如果每个顶点的度数均为 k，则该图称为 ***k*-正则图**.

图 7.6 所示是 3-正则图，该图称为**彼得森图**. 显然根据正则图的定义，完全图 K_n 是 $(n-1)$-正则图.

彼得森(1839—1910)，丹麦数学家. 他在数学领域，特别是在图论研究中，做出了重要贡献. 1892 年，他创造了一个具有划时代意义的图形，这个图形后来被称为“彼得森图”，对于图论领域的发展产生了深远影响. 除此之外，他在 1880 年还出版了一部关于几何结构的系统性著作，为数学界提供了宝贵的理论资源. 这部著作在 1990 年还出版了法语的译本，进一步扩大了其影响力. 彼得森的学术成就不仅体现在他的研究成果上，更体现在他对数学事业的执着追求和无私奉献上. 他的工作为数学领域的发展奠定了坚实的基础，也为后来的数学家们提供了宝贵的启示和借鉴.

定义 7.7(补图) 给定一个图 G，以 G 中所有顶点为顶点集，以所有能使 G 成为完全图所添加的边为边集组成的图，称为图 G 相对于完全图的**补图**，简称 G 的补图，记作$\overline{G}$.

图 7.7 中 $\overline{G}$ 是 G 的补图，当然 G 也是 $\overline{G}$ 的补图，即 G 和 $\overline{G}$ 互为补图.

由补图的定义，显然有如下结论：

(1) G 与 $\overline{G}$ 互为补图，即 $\overline{\overline{G}}=G$；

(2) 若 G 为 n 阶图，则 $E(G)\cup E(\overline{G})=E(K_n)$，且 $E(G)\cap E(\overline{G})=\varnothing$.

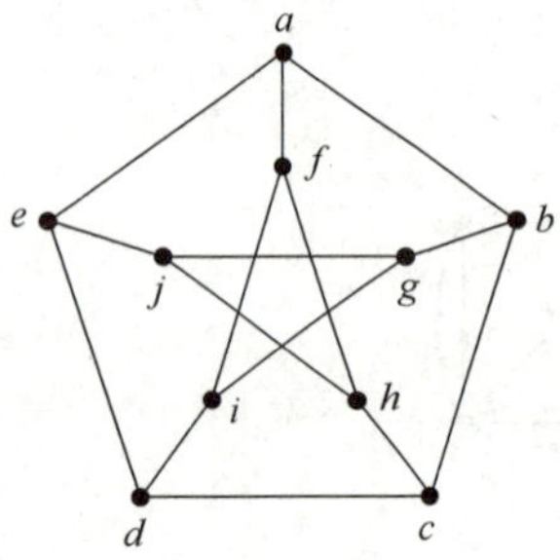

图 7.6

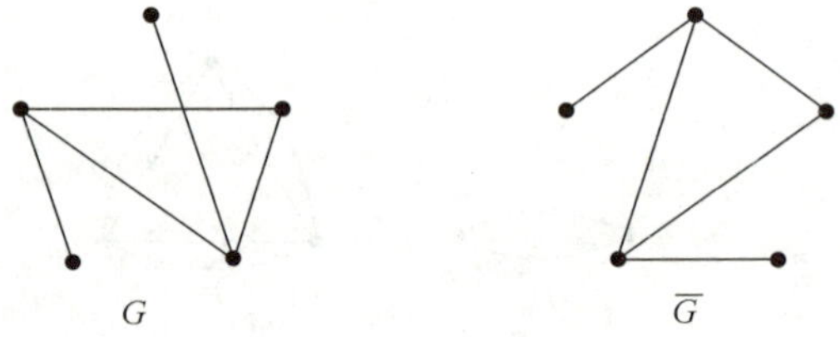

图 7.7

定义 7.8(子图与母图) 设 $G=\langle V,E\rangle$，$G'=\langle V',E'\rangle$是两个图. 若 $V'\subseteq V$，且 $E'\subseteq E$，则称 G'是 G 的**子图**，G 是 G'的**母图**，记作 $G'\subseteq G$.

如果 $G'\subseteq G$，且 $V'\subset V$ 或 $E'\subset E$，则称 G'是 G 的**真子图**；如果 $G'\subseteq G$，且 $V'=V$，$E'\subset E$，则称 G'是 G 的**生成子图**.

若 $V_1\subseteq V$ 且 $V_1\neq\varnothing$，以 V_1 为顶点集，以图 G 中两个端点均在 V_1 中的边为边集的子图，称为由 V_1 导出的**子图**，记作 $G[V_1]$.

设 $E_1\subseteq E$，且 $E_1\neq\varnothing$，以 E_1 为边集，以 E_1 中的边关联的顶点为顶点集的图，称为由 E_1 导出的**子图**，记作 $G[E_1]$.

在图 7.8 中，G_1,G_2,G_3 均是 G 的真子图，其中 G_2 是 G 的生成子图，G_1 是由 $V_1=\{a,b,c,f\}$ 导出的导出子图 $G[V_1]$，G_3是由 $E_3=\{e_2,e_3,e_4\}$ 导出的子图 $G[E_3]$.

同理，图 7.9b、c、d 都是图 7.9a 的子图，也是真子图. 图 7.9b、c 是图 7.9a 的生成子图.

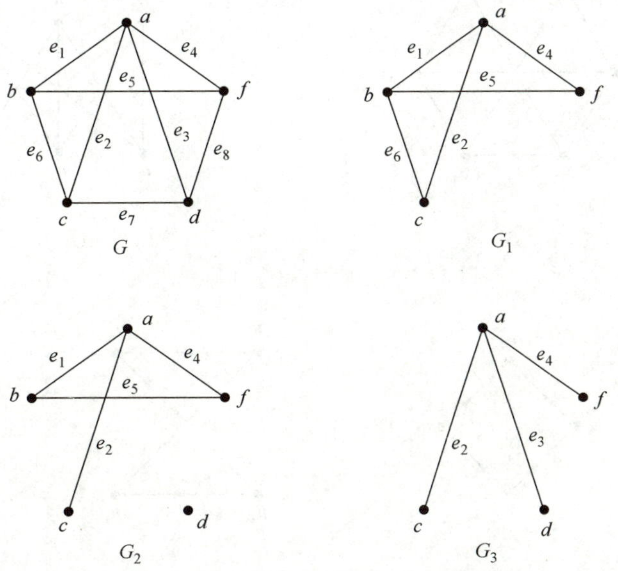

图 7.8

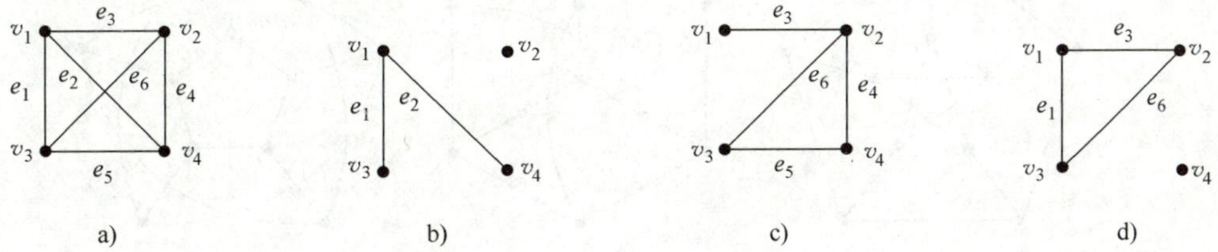

图 7.9

图 7.9c是图 7.9a 的由边集$\{e_3,e_4,e_5,e_6\}$导出的子图，图 7.9d 是图 7.9a 的由边集$\{e_1,e_3,e_6\}$导出的子图. 图 7.9d 是图 7.9a 的由顶点集$\{v_1,v_2,v_3\}$导出的子图. 图 7.9b 和图 7.9c 互为补图.

7.1.4 图的同构

同一个图的图形表示并不唯一. 由于这种图形表示的任意性，可能出现这样的情况：看起来完全不同的两种图形，却揭示顶点间相同的关系，即表示同一个图. 为了判断不同图形是否代表同一个图，在此给出图的同构的概念.

定义 7.9(图的同构) 设有两个图 $G_1=\langle V_1,E_1\rangle$ 和 $G_2=\langle V_2,E_2\rangle$，如果存在双射函数 $f:V_1\to V_2$，使得$(u,v)\in E_1$当且仅当$(f(u),f(v))\in E_2$(或者$\langle u,v\rangle\in E_1$当且仅当$\langle f(u),f(v)\rangle\in E_2$)，且重数相同，则称图 G_1 与 G_2 **同构**，记作 $G_1\cong G_2$.

如图 7.10 中，$G_1\cong G_2$，其中 f: $V_1\to V_2$，$f(v_i)=u_i(i=1,2,\cdots,6)$；$G_3\cong G_4$，其中 h: $V_3\to V_4$，$h(v_1)=u_3$，$h(v_2)=u_4$，$h(v_3)=u_1$，$h(v_4)=u_2$.

图 7.11a、b、c 是彼得森图的 3 种不同形式，它们相互同构；而图 7.11d、e、f 所示的有向图形式似乎相同，但不满足同构条件，因此它们相互不同构，请读者自己分析.

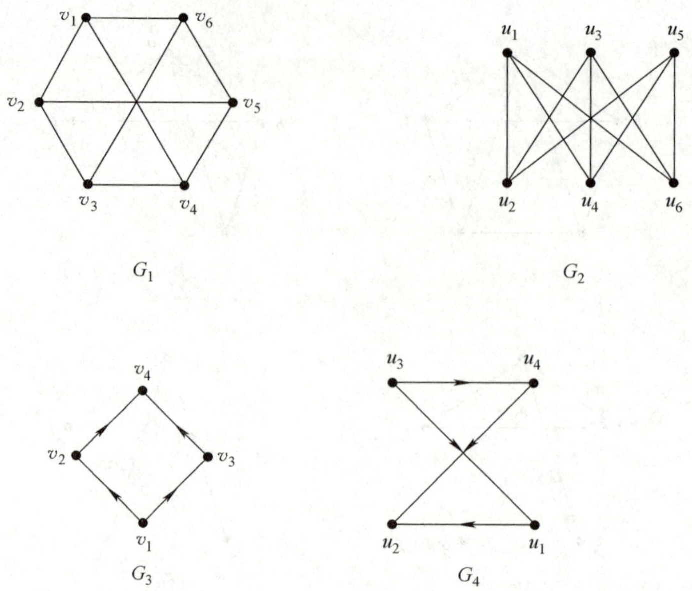

图 7.10

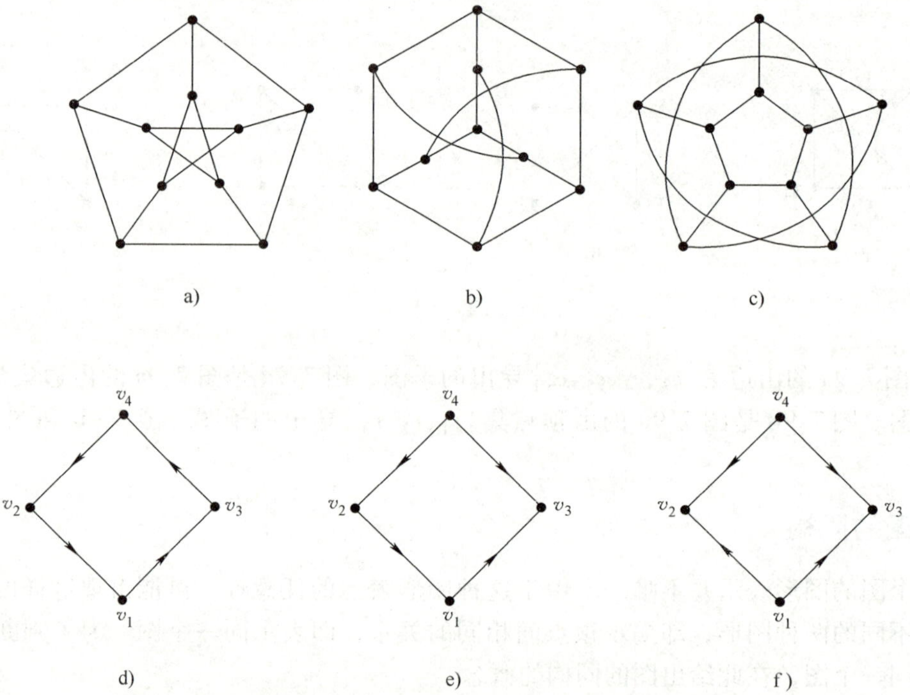

图 7.11

例 7.5 设 $G=\langle V,E\rangle$ 是简单无向图，且 $|V|=5$，$|E|=3$，试画出 G 的所有不同构的图.

解 由握手定理可知，该简单无向图各顶点度数之和为 $2\times3=6$. 最大度数小于或等于 3. 于是所求的简单无向图的度数序列应满足的条件是：将 6 分成 5 个非负整数，每个整数均大于或等于 0 且小于或等于 3，并且奇数个数为偶数. 将这样的整数列排列出来，有下列 6 种情况：

3，1，1，1，0
2，2，2，0，0
2，1，1，1，1
2，2，1，1，0
3，2，1，0，0
3，3，0，0，0

可以证明后2种不是简单图的度数序列，前4个中每一个对应一个非同构的图，如图7.12所示.

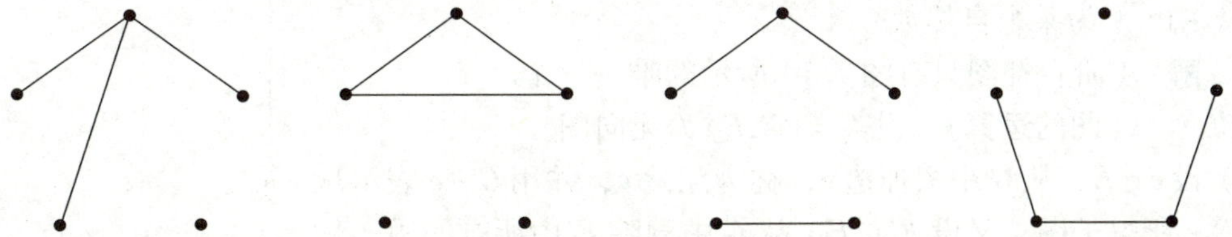

图 7.12

根据定义，图的同构关系是等价关系，即是自反、对称和传递的. 两个图同构，必有阶数相等、边数相等、度数序列相同等一些必要条件. 从物理的角度来讲，所谓两个图同构就是通过物理变化，即拉伸、旋转和压缩后可以变成同一个图的两个图. 但到目前为止，判断两个图是否同构是图论中的一个难点，还没有找到一个十分有效的方法来简单判断两个图是否同构，有的情况下，即使两个图的阶数相等、边数相等和度数序列相同也不一定同构.

由图同构的定义，可以得到两个图 $G=\langle V,E\rangle$ 和 $G'=\langle V', E'\rangle$ 同构的必要条件：
（1）顶点数相同，即 $|V|=|V'|$；
（2）边数相同，即 $|E|=|E'|$；
（3）度数序列相同.

需要指出的是，上述的三个条件不是两个图同构的充分条件，就算同时满足上述三个条件，如图 7.13a、b、c、d 分别满足上述三个条件，但图 7.13a、b 这两个图并不同构，图7.13c、d这两个图也并不同构.

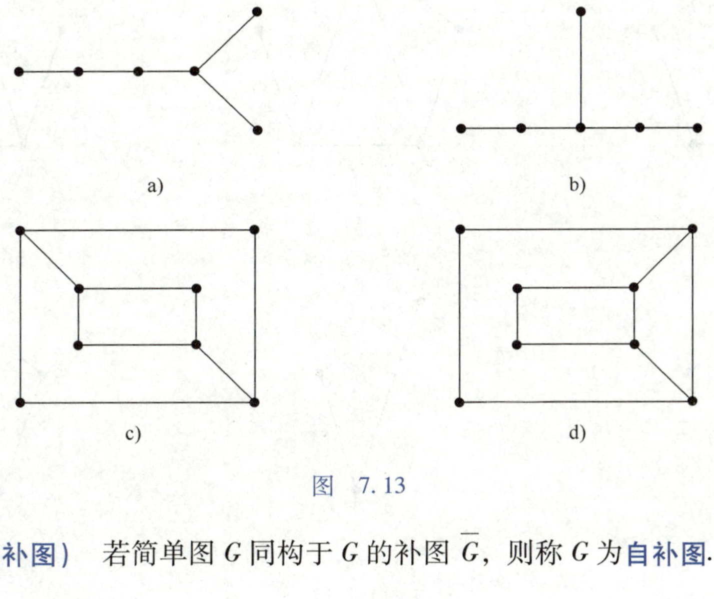

图 7.13

定义 7.10（自补图） 若简单图 G 同构于 G 的补图 $\overline{G}$，则称 G 为**自补图**.

例 7.6 （1）证明：自补图的阶数为 $n=4k$ 或 $n=4k+1$，k 为某个自然数；

（2）找出所有 4 阶自补图.

（1）**证明** 不妨设图 G 为 n 阶自补图. 根据自补图的性质易得

$$|E(G)|=|E(\overline{G})|, 且 |E(G)|+|E(\overline{G})|=\frac{n(n-1)}{2},$$

故 $|E(G)|=|E(\overline{G})|=\frac{n(n-1)}{4}$，又 $E(G)$ 是正整数，所以 $n=4k$ 或 $n=4k+1$，k 为某个自然数.

（2）**解** 4 阶自补图只有图 7.14 所示的唯一一个.

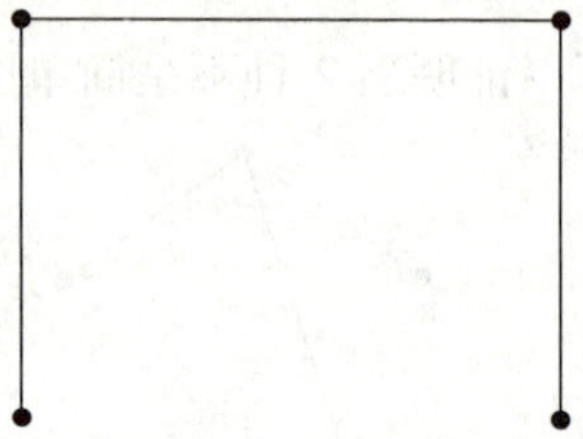

图 7.14

定义 7.11（图的运算） 设 $G=\langle V,E\rangle$ 为无向图.

（1）设 $e\in E$，从 G 中去掉边 e，称为**删除 e**，并用 $G-e$ 表示从 G 中删除 e 所得子图. 又设 $E'\subset E$，从 G 中删除 E' 中所有的边，称为**删除 E'**，并用 $G-E'$ 表示删除 E' 后所得子图.

（2）设 $v\in V$，从 G 中去掉 v 及所关联它的一切边称为**删除顶点 v**，并用 $G-v$ 表示删除 v 后所得子图. 又设 $V'\subset V$，称从 G 中删除 V' 中所有顶点为删除 V'，并用 $G-V'$ 表示所得子图.

（3）设边 $e=(u,v)\in E$，先从 G 中删除 e，然后将 e 的两个端点 u，v 用一个新的顶点 w（或用 u 或 v 充当 w）代替，使 w 关联除 e 外 u，v 关联的一切边，称为**收缩边 e**，并用 G/e 表示所得新图.

（4）设 u，$v\in V$（u，v 可能相邻，也可能不相邻，且 $u\neq v$），在 u，v 之间加新边 (u,v)，称为**加新边**，并用 $G\cup(u,v)$（或 $G+(u,v)$）表示所得新图.

注：在收缩边和加新边过程中可能产生环或平行边.

在图 7.15 中，设图 7.15a 为 G，则图 7.15b 为 $G-e_5$，图 7.15c 为 $G-\{e_1,e_4\}$，图 7.15d 为 $G-v_5$，图 7.15e 为 $G-\{v_4,v_5\}$，而图 7.15f 为 $G\backslash e_5$.

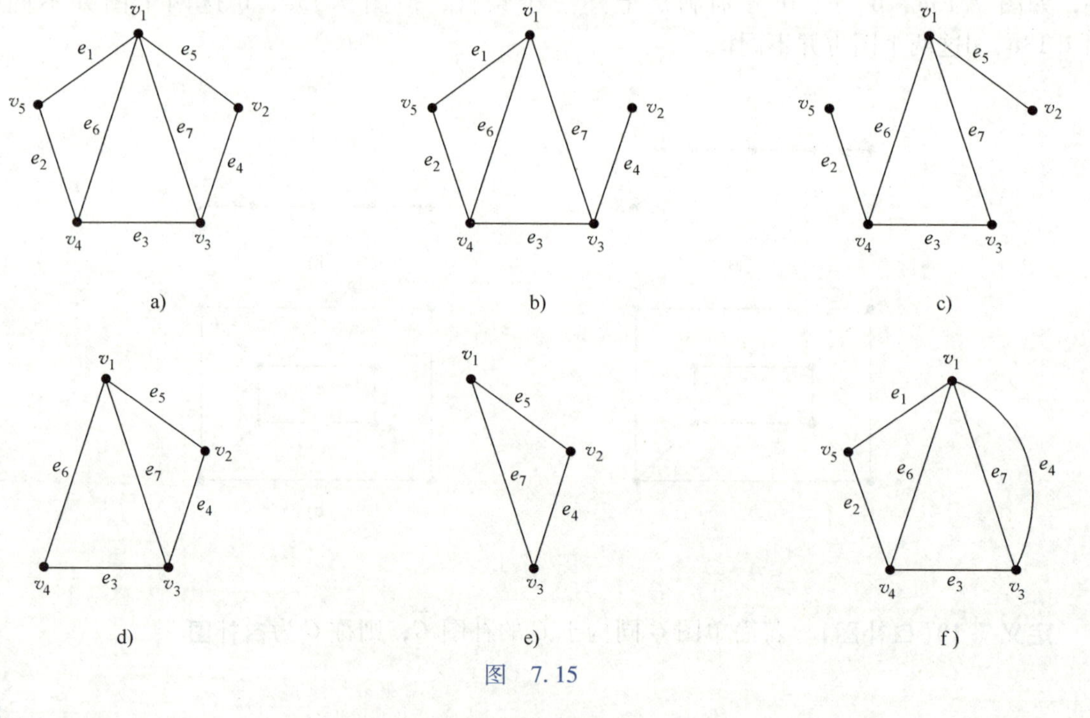

图 7.15

7.2 图的连通性

在无向图(或有向图)的研究中，常常考虑从一个顶点出发，沿着一些边到达另一个指定顶点，这种依次由顶点和边组成的序列，便形成了路的概念. 在图的研究中，路与回路是两个重要的概念，而图是否具有连通性则是图的一个基本特征.

定义 7.12(通路与回路) 设 $G=\langle V,E\rangle$ 是图，称图的一个顶点、边的交错序列($v_0e_1v_1e_2v_2\cdots v_{n-1}e_nv_n$)为顶点 v_0 到 v_n 的一条**通路**，其中 $e_i=(v_{i-1},v_i)$(或者 $e_i=\langle v_{i-1},v_i\rangle$)($i=1,2,\cdots,n$)，$v_0$，$v_n$ 分别称为通路的**起点**和**终点**，通路中包含的边数 n 称为通路的**长度**. 当起点和终点相等时，则称为**回路**.

若通路的边 $e_1,e_2,\cdots,e_n$ 互不相同，则称为**简单通路**；如果它满足 $v_0=v_n$，则称为**简单回路**.

如果一条通路中顶点 $v_0,v_1,v_2,\cdots,v_n$ 互不相同，则称为**路径**.

如果一条简单回路的起点和内部顶点互不相同，则称为**圈**. 一般地，称长度为 k 的圈为 ***k* 圈**，并称长度为奇数的圈为**奇圈**，称长度为偶数的圈为**偶圈**.

在有向图中，通路、回路及圈的定义与无向图中非常相似，只是要注意有向边方向的一致性.

例 7.7 在图 7.16 中，

(1) $p_1=v_5e_8v_4e_5v_2e_6v_5e_7v_3$ 是起点为 v_5，终点为 v_3，长度为 4 的一条路；

(2) $p_2=v_5e_8v_4e_5v_2e_6v_5e_7v_3e_4v_2$ 是简单通路但不是路径；

(3) $p_3=v_4e_8v_5e_6v_2e_1v_1e_2v_3$ 既是通路又是简单通路，且是路径；

(4) $p_4=v_2e_1v_1e_2v_3e_7v_5e_6v_2$ 是一个圈.

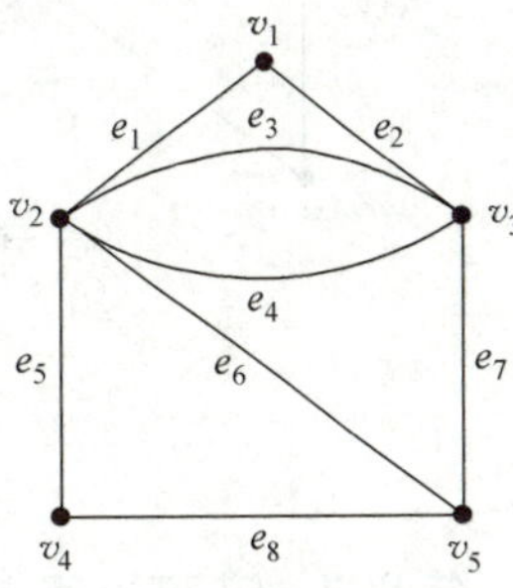

图 7.16

定理 7.3 在一个 n 阶图 $G=\langle V,E\rangle$ 中，如果从顶点 v_i 到 v_j($v_i\neq v_j$)存在一条通路，则从 v_i 到 v_j 存在一条长度小于或等于 $n-1$ 的通路.

证明 假定从 v_i 到 v_j 存在一条通路($v_i,\cdots,v_k,\cdots,v_j$)，如果其中有相同的顶点 v_e，例如($v_i,\cdots,v_k,\cdots,v_e,\cdots,v_e,\cdots,v_j$)，删去 v_e 到 v_e 的那些边，它仍是从 v_i 到 v_j 的通路，如此反复地进行直到($v_i,\cdots,v_k,\cdots,v_j$)中没有重复顶点为止. 此时，所得就是一条从 v_i 到 v_j 的通路，通路的长度比所经顶点数少 1，由于图有 n 个顶点，故通路的长度不超过 $n-1$.

推论 7.4 在 n 阶图 G 中，若从顶点 v_i 到 v_j($v_i\neq v_j$)存在通路，则 v_i 到 v_j 一定存在长度小于或等于 $n-1$ 的路径.

若由定理 7.3 得到的满足长度小于或等于 $n-1$ 的通路不是路径，即在此通路中还有顶点相同. 这时，我们继续重复删除相同顶点之间的部分，最终得到路径.

定理 7.4 在一个 n 阶图 G 中，若存在 v_i 到自身的回路，则一定存在 v_i 到自身长度小于或等于 n 的回路.

推论 7.5 在一个 n 阶图中，如果存在一条经过 v_i 的简单回路，则存在一个经过 v_i 的长度不超过 n 的圈.

下面讨论图的连通性及相关性质. 图的连通性分为无向图的连通性和有向图的连通性.

有向图的连通性要比无向图的连通性复杂一些.

定义 7.13(顶点的连通) 在一个无向图 G 中，若存在从顶点 v_i 到 v_j 的通路(当然也存在从 v_j 到 v_i 的通路)，则称 v_i 与 v_j 是**连通的**，记作 $v_i \sim v_j$；$\forall v_i \in V$，规定 $v_i \sim v_i$.

由定义不难看出，无向图中顶点之间的连通关系 $\sim$ ($\{(u, v) \mid u, v \in V$ 且 u 与 v 之间有通路$\}$)是自反的、对称的和传递的，因此连通关系 $\sim$ 是 V 上的等价关系，该等价关系将顶点集 V 划分为不相交的顶点子集，这些顶点子集将形成后面介绍的连通分支.

定义 7.14(连通图) 若无向图 G 中任意两个顶点都是连通的，则称图 G 是**连通图**. 规定平凡图是连通图.

设 G 为一无向图，R 是 $V(G)$ 中顶点之间的连通关系，由 R 可将 $V(G)$ 划分成 $k(k \geqslant 1)$ 个等价类，记作 $V_1, V_2, \cdots, V_k$，它们的导出子图 $G[V_1], G[V_2], \cdots, G[V_k]$ 称为 G 的**连通分支**，其个数记为 $\omega(G)$.

若 G 为连通图，则 $\omega(G)=1$；若 G 为非连通图，则 $\omega(G) \geqslant 2$. 在所有的 n 阶无向图中，n 阶零图 G 的连通分支最多，即 $\omega(G)=n$.

例如，图 7.17 所示的图 G_1 是连通图，$\omega(G_1)=1$，图 G_2 是一个非连通图，$\omega(G_2)=3$.

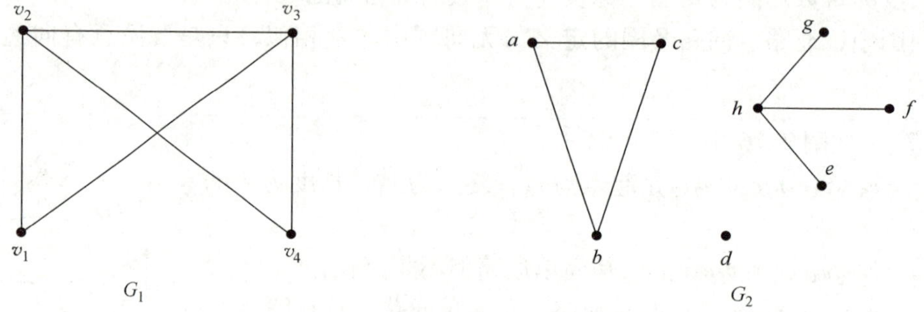

图 7.17

定义 7.15(可达顶点) 设 $D=\langle V,E\rangle$ 为一个有向图. 对于任意的 v_i，$v_j \in V$，若从 v_i 到 v_j 存在通路，则称 **v_i 可达 v_j**，记作 $v_i \to v_j$，规定 v_i 总是可达自身的，即 $v_i \to v_i$. 若 $v_i \to v_j$ 且 $v_j \to v_i$，则称 v_i 与 v_j 是**相互可达**的，记作 $v_i \leftrightarrow v_j$，规定 $v_i \leftrightarrow v_i$.

不难证明"$\to$"不是等价关系，而"$\leftrightarrow$"是 V 上的等价关系.

定义 7.16(顶点间距离) 在图 $G=\langle V,E\rangle$ 中，从顶点 v_i 到 v_j 的最短通路称为 v_i 与 v_j 间的**短程线**，短程线的长度称为 v_i 到 v_j 的**距离**，记作 $d(v_i, v_j)$. 若从 v_i 到 v_j 不存在通路，则记 $d(v_i, v_j)=\infty$.

注：在有向图中，$d(v_i, v_j)$ 不一定等于 $d(v_j, v_i)$，但一般地有如下性质：

(1) $d(v_i,v_j) \geqslant 0$；

(2) $d(v_i,v_i)=0$；

(3) $d(v_i,v_j)+d(v_j,v_k) \geqslant d(v_i,v_k)$.（通常称为**三角不等式**）

定义 7.17(有向连通图) 设 D 是一有向图，若去掉 D 中各有向边的方向后所得无向图 G 是连通的，则称 D 是**弱连通图**；如果 D 中任意两顶点 v_i，v_j 之间，或者 v_i 到 v_j 可达，或者 v_j 到 v_i 可达，则称图 D 是**单向连通图**；如果 D 中任意两顶点之间都相互可达，则称 D 是**强连通图**.

如果 D 是强连通图，则 D 是单向连通图，也一定是弱连通图；如果 D 是单向连通图，则一定是弱连通图，反之不然.

在图 7.18 中，图 7.18a 为强连通图，图 7.18b 为单连通图，图 7.18c 是弱连通图.

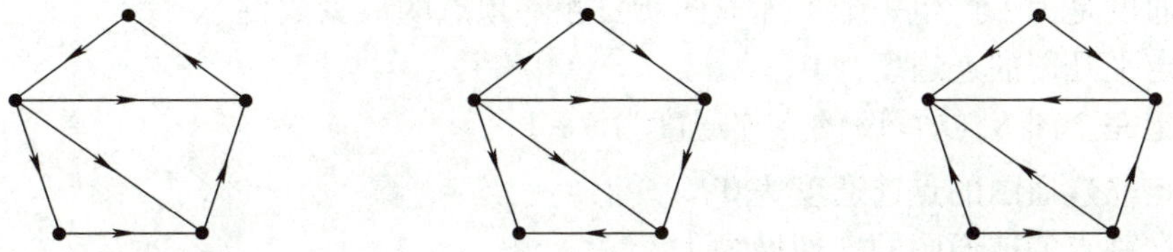

a)　　b)　　c)

图 7.18

定理 7.5　设有向图 $D=\langle V,E\rangle$，$V=\{v_1,v_2,\cdots,v_n\}$，D 是强连通图当且仅当 D 中存在经过每个顶点至少一次的回路.

证明　充分性显然. 下面证明必要性. 由 D 的强连通性可知，$v_i\to v_{i+1}(i=1,2,\cdots,n-1)$. 设 Γ_i 为 v_i 到 v_{i+1} 的通路. 又因为 $v_n\to v_1$，设 Γ_n 为 v_n 到 v_1 的通路，则 Γ_1，Γ_2，$\cdots$，Γ_{n-1}，Γ_n 所围成的回路经过 D 中每个顶点至少一次.

定理 7.6　设 D 是 n 阶有向图，D 是单向连通图当且仅当 D 中存在经过每个顶点至少一次的通路.

证明留给读者思考，这里略.

定义 7.18　设无向图 $G=\langle V,E\rangle$，若存在 $V'\subseteq V$，且 $V'\neq\varnothing$，使得 $\omega(G-V')>\omega(G)$，而对于任意的 $V''\subset V'$，均有 $\omega(G-V'')=\omega(G)$，则称 V' 是 G 的**点割集**，若 V' 是单点集，即 $V'=\{v\}$，则称 v 为**割点**.

在图 7.19 中，$\{v_2,v_4\}$，$\{v_3\}$，$\{v_5\}$ 都是点割集，其中 v_3 和 v_5 均为割点，而 $\{v_2,v_3,v_4\}$ 不是点割集.

定义 7.19　设无向图 $G=\langle V,E\rangle$，若存在 $E'\subseteq E$，且 $E'\neq\varnothing$，使得 $\omega(G-E')>\omega(G)$，而对于任意的 $E''\subset E'$，均有 $\omega(G-E'')=\omega(G)$，则称 E' 是 G 的**边割集**；若 E' 是单点集，即 $E'=\{e\}$，则称 e 为**割边**或**桥**.

在图 7.19 中，$\{e_5\}$，$\{e_6\}$，$\{e_2,e_3\}$，$\{e_1,e_2\}$，$\{e_3,e_4\}$，$\{e_1,e_4\}$，$\{e_1,e_3\}$，$\{e_2,e_4\}$ 都是边割集，其中 e_5 和 e_6 均为桥，而 $\{e_1,e_2,e_4\}$ 不是边割集.

同理，在图 7.20 中，$\{v_1,v_3\}$ 是点割集，v_4 和 v_6 均为割点；$\{e_1,e_4\}$，$\{e_2,e_3\}$，$\{e_8,e_9\}$ 均为边割集，而 e_5，e_6 均为割边.

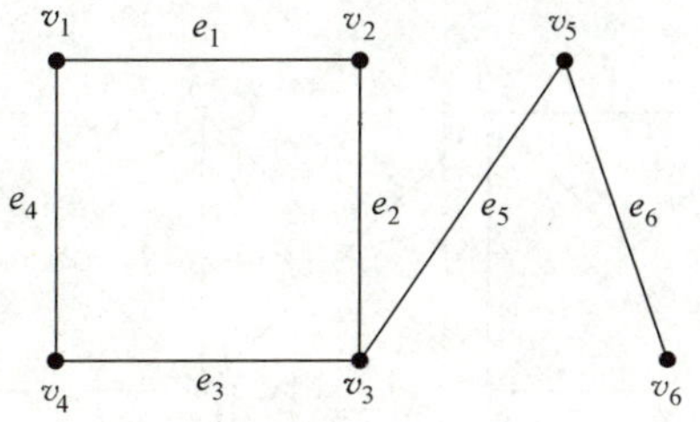

图 7.19

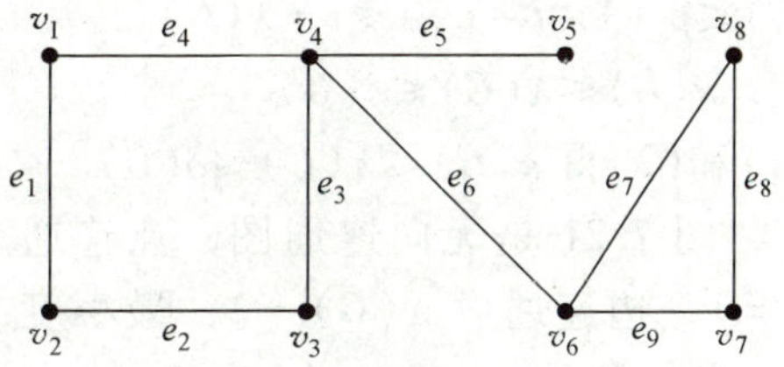

图 7.20

显然，从连通图中删去一个点割集或边割集后得到的子图是不连通的.

定义 7.20（点连通度） 设 G 为无向连通图且为非完全图，则称 $\kappa(G)=\min\{|V'|\,|\,V'\text{为}G\text{的点割集}\}$ 为 G 的**点连通度**，简称**连通度**.

注：连通度是为了产生一个不连通图所要删除顶点的最少数目.

（1）规定平凡图的连通度为 0；

（2）规定完全图 $K_n(n\geqslant 1)$ 的点连通度为 $n-1$；

（3）规定非连通图的点连通度为 0；

（4）存在割点的连通图的连通度为 1.

定义 7.21（边连通度） 设 G 是无向连通图，称 $\lambda(G)=\min\{|E'|\,|\,E'\text{是}G\text{的边割集}\}$ 为 G 的**边连通度**.

注：边连通度是为了产生一个不连通图所要删除边的最少数目.

（1）规定平凡图的边连通度为 0；

（2）规定非连通图的边连通度为 0；

（3）存在割边的连通图的边连通度为 1.

定理 7.7 对于任何无向图 $G=\langle V,E\rangle$，有 $\kappa(G)\leqslant\lambda(G)\leqslant\delta(G)$.

证明 若 G 不连通或 G 是平凡图，则 $\kappa(G)=\lambda(G)=0$，故 $\kappa(G)\leqslant\lambda(G)\leqslant\delta(G)$. 下证 G 为非平凡连通图的情况.

（1）证明 $\lambda(G)\leqslant\delta(G)$. 设 $v\in V$，$\deg(v)=\delta(G)$ 且 v 上有 $s(s\geqslant 0)$ 个环，则与 v 关联的 $\deg(v)-2s$ 条边中必含有一个边割集，故 $\lambda(G)\leqslant\deg(v)-2s\leqslant\delta(G)$.

（2）证明 $\kappa(G)\leqslant\lambda(G)$.

若 $\lambda(G)=1$，即 G 中有一条割边 $e=(u,v)$，此时或者 u，v 至少有一个为割点或者 G 为 K_2，从而 $\kappa(G)=1$. 不等式成立.

若 $\lambda(G)\geqslant 2$，设 $\lambda(G)=t$，则 G 中有边割集 $E'=\{e_1,e_2,\cdots,e_t\}$. 显然边割集 E' 中无环. 若 E' 中有环，则删除 E' 中除环外的所有边后，产生的图不连通，与 E' 是边割集矛盾. 下面通过删除顶点的方式从 G 中删除边割集 E'. 设 $e_1=(u,v)$，则 $u\neq v$. 设 E_1 中有 s 条端点为 u，v 的平行边，即 $|E_1|=|\{e\,|\,e\in E'\wedge e=(u,v)\}|=s$，显然 $1\leqslant s\leqslant t$. 对 $E'-E_1$ 中每一条边都选取一个不同于 u，v 的端点，设选取的端点为 $w_1,\cdots,w_p$，则 $p\leqslant|E'|-|E_1|\leqslant t-s$. 先从 G 中删除顶点 $w_1,\cdots,w_p$，此时 $E'-E_1$ 也随之删除，故只需再删除顶点 u 或 v，就可以将 E_1 删除. 所以，从 G 中删除顶点 $w_1,\cdots,w_p,u$（或 $w_1,\cdots,w_p,v$）后，边割集 E' 也被删除，从而产生的图是非连通的. 所以

$$\kappa(G)\leqslant p+1\leqslant t-s+1\leqslant t=\lambda(G).$$

综上，$\kappa(G)\leqslant\lambda(G)\leqslant\delta(G)$.

由（1）和（2）得 $\kappa(G)\leqslant\lambda(G)\leqslant\delta(G)$.

例如，图 7.21 是无向连通图，点连通度 $\kappa(G)=1$，边连通度 $\lambda(G)=2$，最小度 $\delta(G)=3$，此图满足 $\kappa(G)\leqslant\lambda(G)\leqslant\delta(G)$.

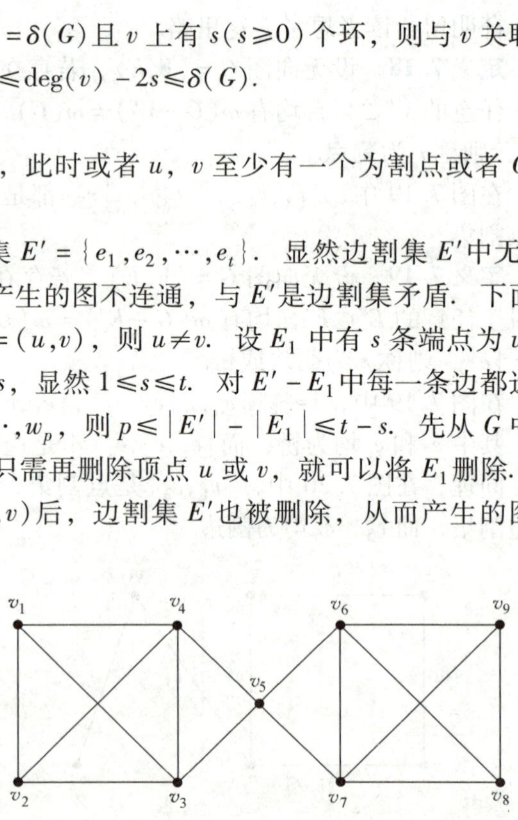

图 7.21

例 7.8 证明：一个无向连通图 G 中的顶点 v 是割点的充分必要条件是存在顶点 u 和 w，使得连接 u 和 w 的每条路都经过 v.

证明 充分性：如果连通图 G 中存在顶点 u 和 w，使得连接 u 和 w 的每条路都经过 v，则在子图 $G-v$ 中 u 和 w 必不连通，故 G 是割点.

必要性：如果 v 是割点，则 $G-\{v\}$ 中至少有两个连通分支 $G_1=\langle V_1, E_1\rangle$ 和 $G_2=\langle V_2, E_2\rangle$，任取 $u\in V_1$，$w\in V_2$，因为 G 连通，故在 G 中必有连接 u 和 w 的路 P，但 u 和 w 在 $G-\{v\}$ 中不可达，因此路 P 必通过 v，即 u 和 w 之间的任意路必经过 v.

类似例 7.8，一个无向连通图 G 中的边 e 是割边的充分必要条件是存在顶点 u 和 w，使得连接 u 和 w 的每条路都经过 e. 证明留给读者.

例 7.9 证明：无向连通图 G 中的边 e 是割边的充分必要条件是 e 不包含在图的任何简单回路中.

证明 设 $e=(x, y)$ 是连通图 G 的割边，则顶点 x 和 y 在 $G-\{e\}$ 的不同连通分支中，因此在 $G-\{e\}$ 中不存在 x 到 y 的路，从而 e 不包含在图的任何回路中. 反之，如果 e 不包含在图的任何回路中，删除 e 后，该图必然不连通，因此 e 是割边.

设 $G=\langle V,E\rangle$ 为 n 阶无向图，$E\neq\varnothing$，设 $\varGamma_l$ 为 G 中一条路径，若此路径的始点或终点与路径外的顶点相邻，就将它们扩到路径中来，继续这一过程，直到最后得到的路径的两个端点不与路径外的顶点相邻为止，设最后得到的路径为 $\varGamma_{l+k}$（长度为 l 的路径扩大成了长度为 $l+k$ 的路径），称 $\varGamma_{l+k}$ 为**极大路径**，此种方法被称为**扩大路径法**.

例 7.10 设 G 为 $n(n\geqslant 4)$ 阶无向简单图，$\delta(G)\geqslant 3$. 证明 G 中存在长度大于或等于 4 的圈.

证明 不妨设 G 是连通图，否则，因为 G 的各连通分支的最小度也都大于或等于 3，因而可对它的某个连通分支进行讨论. 设 u，v 为 G 中任意两个顶点，由 G 是连通图，因而 u，v 之间存在通路，由定理 7.3 的推论可知，u，v 之间存在路径，用“扩大路径法”扩大这条路径，设最后得到的“极大路径”为 $\varGamma_l=v_0v_1\cdots v_l$，易知 $l\geqslant 3$. 若 v_0 与 v_l 相邻，则 $\varGamma_l\cup(v_0,v_l)$ 为长度大于或等于 4 的圈. 否则，由于 $d(v_0)\geqslant\delta(G)\geqslant 3$，因而 v_0 除与 $\varGamma_l$ 上的 v_1 相邻外，一定还存在 $\varGamma_l$ 上的顶点 $v_k(k\neq 1)$ 和 $v_t(k<t\leqslant l)$ 与 v_0 相邻，则 $v_0v_1\cdots v_k\cdots v_tv_0$ 为一个圈且长度大于或等于 4，如图 7.22 所示.

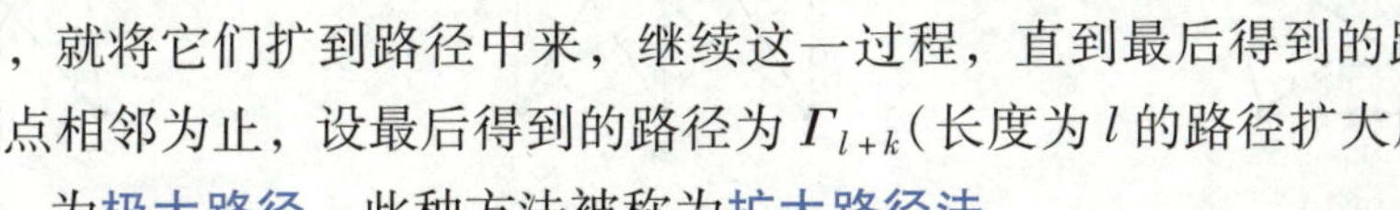

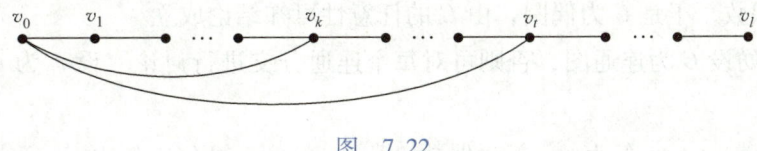

图 7.22

定义 7.22（二部图） 设 $G=\langle V,E\rangle$ 为一个无向图，若能将 V 分成 V_1 和 V_2（$V_1\cup V_2=V$，$V_1\cap V_2=\varnothing$），使得 G 中的每条边的两个端点都是一个属于 V_1，另一个属于 V_2，则称 G 为**二部图**（或称二分图、偶图等），称 V_1 和 V_2 为互补顶点子集，常将二部图 G 记为 $\langle V_1, V_2, E\rangle$，而 $\langle V_1, V_2, E\rangle$ 也被称作 $G=\langle V, E\rangle$ 的二部划分形式. 又若 G 是简单二部图，且 V_1 中每个顶

点均与 V_2 中所有顶点相邻，则称 G 为**完全二部图**，记为 $K_{r,s}$，其中 $r=|V_1|$，$s=|V_2|$.

注：n 阶零图为二部图. 在图 7.23 中所示各图都是二部图，其中 7.23a、b、c 为 K_6 的子图，图 7.23c 为完全二部图 $K_{3,3}$，常将 $K_{3,3}$ 画成与其同构的图 7.23e 的形式，$K_{3,3}$ 是图论中经常遇到的图. 图 7.23d 是 K_5 的子图，它是完全二部图 $K_{2,3}$，$K_{2,3}$ 也画成图 7.23f 的形式.

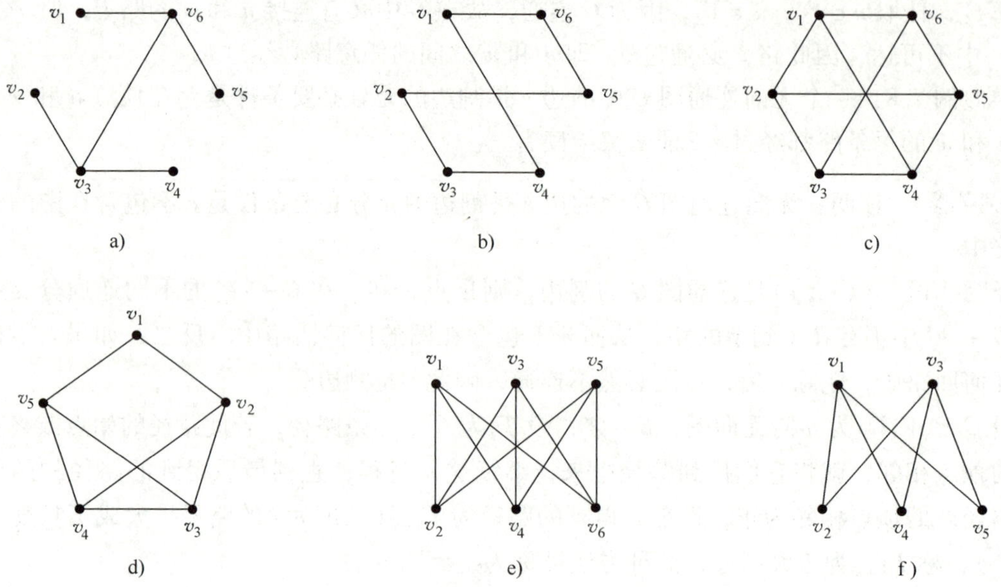

图 7.23

画二部图时，人们习惯于将互补顶点子集 V_1，V_2 分开画，画成图 7.23e、f 的形式. 请读者将图 7.23a、b 也画成图 7.23e、f 的形式. 有许多实际问题可用二部图表示，并且用二部图的性质来研究和解决这些实际问题.

定理 7.8（二部图判定定理） 一个无向图 $G=\langle V,E\rangle$ 是二部图当且仅当 G 中无奇圈.

证明 必要性. 若 G 中无回路，结论显然成立. 若 G 中有回路，只需证明 G 中无奇圈. 设 C 为 G 中任意一圈，不妨令 $C=v_0e_1v_1\cdots e_kv_ke_0v_0$，易知 $k\geqslant 2$，且圈长为 $k+1$. 不妨设 $v_0\in V_1$，则有 $v_1\in V-V_1\in V_2$，由此可知 $v_{2l}\in V_1$ 而 $v_{2l+1}\in V_2$，由 $v_0\in V_1$，则 $v_k\in V_2$，故 k 必为奇数，则 $k+1$ 为偶数，于是 C 为偶圈，由 C 的任意性可知结论成立.

充分性. 不妨设 G 为连通图，否则可对每个连通分支进行讨论. 设 v_0 为 G 中任意一个顶点，令

$$V_1=\{v\mid v\in V(G)\wedge d(v_0,v)\text{ 为偶数}\},V_2=\{v\mid v\in V(G)\wedge d(v_0,v)\text{ 为奇数}\}.$$

易知 $V_1\cap V_2=\varnothing$，$V_1\cup V_2=V(G)$. 下面只要证明 V_1 中任意两顶点不相邻，V_2 中任意两顶点也不相邻. 若存在 $v_i,v_j\in V_1$ 相邻，令 $(v_i,v_j)=e$，设 v_0 到 v_i，v_j 的短程线分别为 Γ_i 和 Γ_j，则它们的长度 $d(v_0,v_i)$，$d(v_0,v_j)$ 都是偶数，于是 $\Gamma_i\cup\Gamma_j\cup e$ 中一定含奇圈，这与已知条件矛盾，类似可证，V_2 中也不存在相邻的顶点，于是 G 为二部图.

7.3 图的矩阵表示

由图的数学定义可知，一个图可以用集合来描述；从前面的例子可以看出，图也可以用点线图表示，在较简单的情况下有其优越性. 但对于较为复杂的图，这种表示法显示了它的局限性. 所以对于顶点较多的图常用矩阵来表示，这样便于用代数知识来研究图的性质，同时也便于计算机处理. 本节主要考虑图的 3 种矩阵表示，即关联矩阵、邻接矩阵、和可达矩阵. 关联矩阵反映的是顶点与边之间的关系，邻接矩阵反映的是顶点与顶点之间的关系，而可达矩阵反映的是图的连通情况.

定义 7.23(无向图关联矩阵) 设无向图 $G=\langle V,E\rangle$，$V=\{v_1,v_2,\cdots,v_n\}$，$E=\{e_1,e_2,\cdots,e_m\}$，令

$$m_{ij}=\begin{cases}0, & \text{若 } v_i \text{ 与 } e_j \text{ 不关联},\\ 1, & \text{若 } v_i \text{ 是 } e_j \text{ 的端点},\\ 2, & \text{若 } e_j \text{ 是关联 } v_i \text{ 的环},\end{cases}$$

则称$(m_{ij})_{n\times m}$为 G 的**关联矩阵**，记作 $\boldsymbol{M}(G)$.

例如，图 7.24 的关联矩阵是

$$\boldsymbol{M}(G)=\begin{pmatrix}1&1&1&1&0&0\\1&1&0&0&0&0\\0&0&1&0&2&1\\0&0&0&1&0&1\\0&0&0&0&0&0\end{pmatrix}.$$

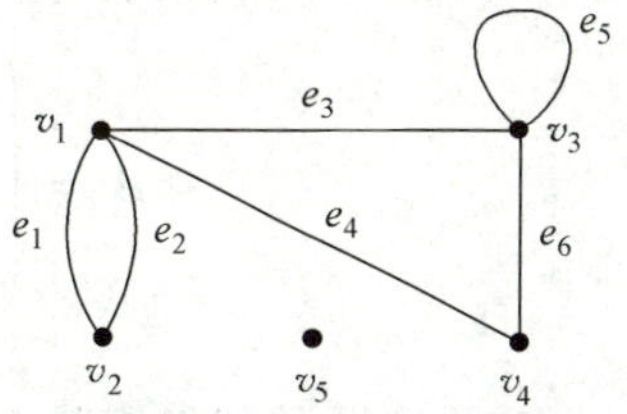

图 7.24

从关联矩阵的定义不难看出：

(1) $\sum\limits_{i=1}^{n} m_{ij}=2(j=1,2,\cdots,m)$，即 $\boldsymbol{M}(G)$ 每列元素的和为 2；

(2) $\sum\limits_{j=1}^{n} m_{ij}=\deg(v_i)$（第 i 行元素之和为 v_i 的度）；

(3) $\sum\limits_{j=1}^{n} m_{ij}=0$ 当且仅当 v_i 为孤立点；

(4) 若第 j 列与第 k 列相同，则说明 e_j 与 e_k 为平行边.

定义 7.24(有向图关联矩阵) 设 $D=\langle V,E\rangle$ 是无环有向图，$V=\{v_1,v_2,\cdots,v_n\}$，$E=\{e_1,e_2,\cdots,e_m\}$，令

$$m_{ij}=\begin{cases}1, & \text{若 } v_i \text{ 为 } e_j \text{ 的起点},\\ 0, & \text{若 } v_i \text{ 与 } e_j \text{ 不关联},\\ -1, & \text{若 } v_i \text{ 为 } e_j \text{ 的终点},\end{cases}$$

则称$(m_{ij})_{n\times m}$为 D 的**关联矩阵**，记作 $\boldsymbol{M}(D)$.

例如，有向图 7.25 的关联矩阵为

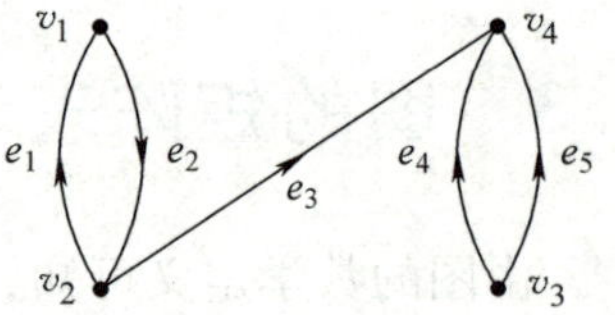

图 7.25

$$M(D)=\begin{pmatrix}-1 & 1 & 0 & 0 & 0\\ 1 & -1 & 1 & 0 & 0\\ 0 & 0 & 0 & 1 & 1\\ 0 & 0 & -1 & -1 & -1\end{pmatrix}.$$

由此可看出 $M(D)$ 有如下性质：

(1) $\sum_{i=1}^{n} m_{ij}=0, j=1,2,\cdots,m$；

(2) 每行中 1 的个数是该顶点的出度，-1 的个数是该顶点的入度.

定义 7.25（有向图邻接矩阵） 设 $D=\langle V,E\rangle$ 是有向图，$V=\{v_1,v_2,\cdots,v_n\}$，令

$$a_{ij}^{(1)}=\begin{cases}k, & v_i \text{ 邻接到 } v_j \text{ 的边数为 } k,\\ 0, & \text{没有 } v_i \text{ 到 } v_j \text{ 的边},\end{cases}$$

则称 $(a_{ij}^{(1)})_{n\times n}$ 为 D 的**邻接矩阵**，记作 $A(D)$，简记 A.

例如，图 7.26 的邻接矩阵 A 表示如下：

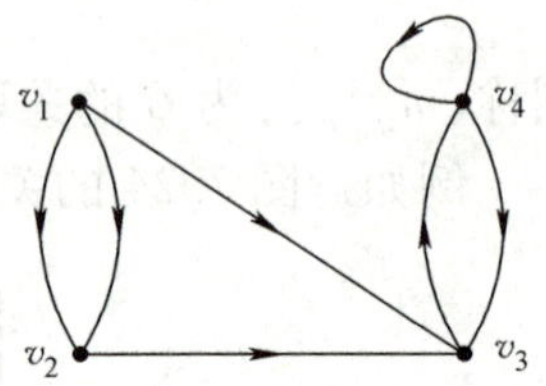

图 7.26

$$A=\begin{pmatrix}0 & 2 & 1 & 0\\ 0 & 0 & 1 & 0\\ 0 & 0 & 0 & 1\\ 0 & 0 & 1 & 1\end{pmatrix}.$$

不难看出图的邻接矩阵有如下性质：

(1) $\sum_{j=1}^{n} a_{ij}^{(1)}=\deg^+(v_i)$（第 i 行元素的和为 v_i 的出度），因此，$\sum_{i=1}^{n}\sum_{j=1}^{n} a_{ij}^{(1)}=\sum_{i=1}^{n}\deg^+(v_i)=m$；

(2) $\sum_{i=1}^{n} a_{ij}^{(1)}=\deg^-(v_j)$（第 j 列元素的和为 v_j 的入度），因此，$\sum_{j=1}^{n}\sum_{i=1}^{n} a_{ij}^{(1)}=\sum_{j=1}^{n}\deg^-(v_j)=m$；

(3) A 中所有元素的和是 G 中长度为 1 的通路的数目，而 $\sum_{i=1}^{n} a_{ii}^{(1)}$ 为 G 中长度为 1 的回路（环）的数目.

下面考察 A^l 的元素的意义，这里 $A^l=(a_{ij}^{(l)})_{n\times n}(l\geqslant 2)$，其中 $a_{ij}^{(l)}=\sum_{k=1}^{n} a_{ik}^{(l-1)}a_{kj}^{(1)}$，则 $a_{ij}^{(l)}$ 为顶点 v_i 到 v_j 长度为 l 的通路的数目，$a_{ii}^{(l)}$ 为始于（终于）v_i 长度为 l 的回路的数目. A^l 中所有元素的和 $\sum_{i=1}^{n}\sum_{j=1}^{n} a_{ij}^{(l)}$ 为 G 中长为 l 的通路的总数，而 A^l 对角线上元素之和 $\sum_{i=1}^{n} a_{ii}^{(l)}$ 为 G 始于（终于）各顶点的长为 l 的回路总数.

定理 7.9 设 G 是具有 n 个顶点 $\{v_1,v_2,\cdots,v_n\}$ 的图，其邻接矩阵为 A，则 $A^k(k=1,2,\cdots)$ 中的 (i,j) 项元素 $a_{ij}^{(k)}$ 等于从顶点 v_i 到顶点 v_j 的长度等于 k 的通路的总数.

证明 对 k 用数学归纳法.

当 $k=1$ 时，$A^1=A$，由 A 的定义，定理显然成立.

假设当 $k=l$ 时定理成立，则当 $k=l+1$ 时，$\boldsymbol{A}^{l+1}=\boldsymbol{A}^{l}\cdot\boldsymbol{A}$，故 $a_{ij}^{(l+1)}=\sum_{r=1}^{n}a_{ir}^{(l)}a_{rj}^{(1)}$.

根据邻接矩阵定义 $a_{rj}^{(1)}$ 是连接 v_r 和 v_j 的长度为 1 的通路的数目，$a_{ir}^{(l)}$ 是连接 v_i 和 v_r 的长度为 l 的通路数目，故上式右边的每一项表示由 v_i 经过 l 条边到 v_r，再由 v_r 经过 1 条边到 v_j 的总长度为 $l+1$ 的通路的数目. 对所有 r 求和，即得 $a_{ij}^{(l+1)}$ 是所有从 v_i 到 v_j 的长度等于 $l+1$ 的通路的总数，故结论对 $l+1$ 成立.

在图 7.26 中，计算 $\boldsymbol{A}^2,\boldsymbol{A}^3,\boldsymbol{A}^4$ 得

$$\boldsymbol{A}^2=\begin{pmatrix}0&0&2&1\\0&0&0&1\\0&0&1&1\\0&0&1&2\end{pmatrix},\boldsymbol{A}^3=\begin{pmatrix}0&0&1&3\\0&0&1&1\\0&0&1&2\\0&0&2&3\end{pmatrix},\boldsymbol{A}^4=\begin{pmatrix}0&0&3&4\\0&0&1&2\\0&0&2&3\\0&0&3&5\end{pmatrix}.$$

由以上各矩阵得 $a_{13}^{(2)}=2,a_{13}^{(3)}=1,a_{13}^{(4)}=3$，即 G 中 v_1 到 v_3 长为 2，3，4 的通路分别为 2 条、1 条和 3 条. 而 $a_{44}^{(2)}=2,a_{44}^{(3)}=3,a_{44}^{(4)}=5$，则 G 中以 v_4 为起点（终点）的长为 2,3,4 的回路分别有 2 条，3 条和 5 条. 由于 $\sum_{i=1}^{4}\sum_{j=1}^{4}a_{ij}^{(2)}=9$，所以 G 中长度为 2 的通路总数为 9，其中长为 2 的回路总数为 3.

若令 $\boldsymbol{B}_r=\boldsymbol{A}+\boldsymbol{A}^2+\cdots+\boldsymbol{A}^r=(b_{ij}^{(r)})(r\geqslant1)$，则 $b_{ij}^{(r)}$ 表示从顶点 v_i 到 v_j 长度小于或等于 r 的通路总数，而 $b_{ii}^{(r)}$ 表示以 v_i 为起点（终点）长度小于或等于 r 的回路总数.

例如，与图 7.26 对应的矩阵为 $\boldsymbol{B}_4=\begin{pmatrix}0&2&7&8\\0&0&3&4\\0&0&4&7\\0&0&7&11\end{pmatrix}$.

无向图可类似地定义邻接矩阵，下面我们简单介绍无向图的邻接矩阵.

定义 7.26（无向图邻接矩阵） 设 $G=\langle V,E\rangle$ 是无向图，$V=\{v_1,v_2,\cdots,v_n\}$，令

$$a_{ij}=\begin{cases}k, & v_i \text{ 邻接到 } v_j \text{ 的边数为 } k,\\0, & v_i \text{ 没有邻接到 } v_j \text{ 的边,}\end{cases}$$

则称 $(a_{ij})_{n\times n}$ 为 G 的**邻接矩阵**，记作 $\boldsymbol{A}(G)$，简记为 $\boldsymbol{A}$.

例如，图 7.27 的邻接矩阵为

$$\boldsymbol{A}=\begin{pmatrix}0&1&1&1&1\\1&0&1&0&0\\1&1&0&1&0\\1&0&1&0&1\\1&0&0&1&0\end{pmatrix}.$$

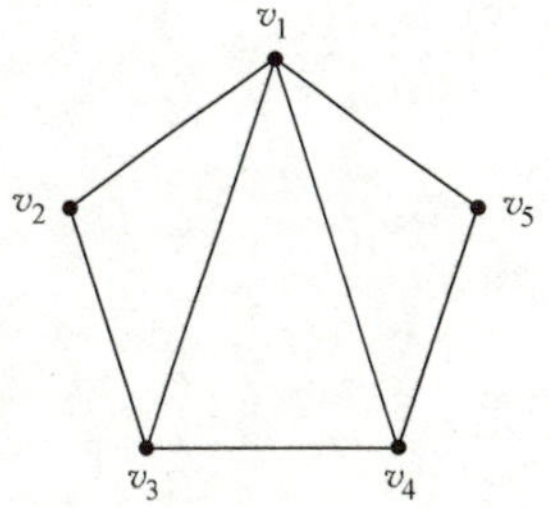

图 7.27

无向图的邻接矩阵与有向图的邻接矩阵的最大不同在于它是对称的，且矩阵的每行（每列）的元素的和等于对应顶点的度. 其他性质都是类似的，这里就不再重复，由读者自行给出.

定义 7.27（可达矩阵） 设 $G=\langle V,E\rangle$ 是有向图，$V=\{v_1,v_2,\cdots,v_n\}$，令

$$p_{ij}=\begin{cases}1, & v_i \text{ 可达 } v_j,\\0, & \text{其他,}\end{cases}$$

则称$(p_{ij})_{n\times n}$为 G 的可达矩阵，记作 $\boldsymbol{P}(G)$，简记为 $\boldsymbol{P}$.

图 7.28 所示有向图 G 的可达矩阵为

$$\boldsymbol{P}=\begin{pmatrix}1&1&1&1&1\\1&1&1&1&1\\1&1&1&1&1\\1&1&1&1&1\\1&1&1&1&1\end{pmatrix}.$$

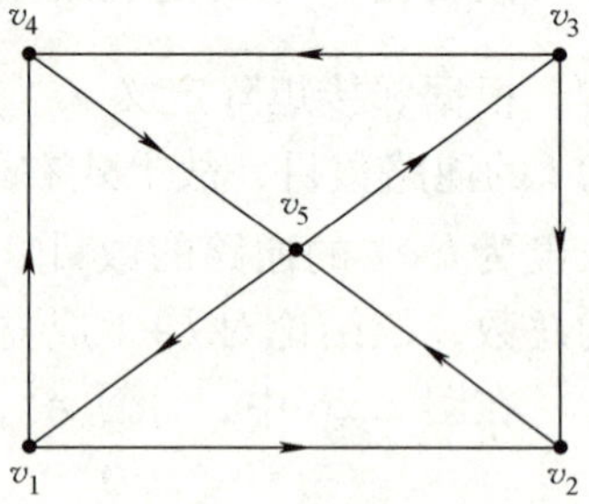

图 7.28

实际上，根据邻接矩阵的性质，令 $\boldsymbol{B}=\boldsymbol{E}+\boldsymbol{A}+\boldsymbol{A}^2+\cdots+\boldsymbol{A}^{n-1}=(b_{ij})_{n\times n}$，$\boldsymbol{E}$ 为单位矩阵，则可达矩阵 $\boldsymbol{P}$ 中的元素可按如下的方式得到：

$$p_{ij}=\begin{cases}1, & b_{ij}\neq 0,\\0, & \text{其他},\end{cases}$$

即可由邻接矩阵求可达矩阵.

例 7.11

设有向图 G 的邻接矩阵为 $\boldsymbol{A}=\begin{pmatrix}0&1&0&0\\0&0&1&1\\1&1&0&1\\1&0&0&0\end{pmatrix}$，求 G 的可达矩阵 $\boldsymbol{P}$.

解 根据矩阵的乘法运算得

$$\boldsymbol{A}^2=\begin{pmatrix}0&0&1&1\\2&1&0&1\\1&1&1&1\\0&1&0&0\end{pmatrix},\boldsymbol{A}^3=\begin{pmatrix}2&1&0&1\\1&2&1&1\\2&2&1&2\\0&0&1&1\end{pmatrix},$$

根据矩阵的加法运算得

$$\boldsymbol{B}_4=\boldsymbol{E}+\boldsymbol{A}+\boldsymbol{A}^2+\boldsymbol{A}^3=\begin{pmatrix}3&2&1&2\\3&4&2&3\\4&4&3&4\\1&1&1&2\end{pmatrix}.$$

于是，

$$\boldsymbol{P}=\begin{pmatrix}1&1&1&1\\1&1&1&1\\1&1&1&1\\1&1&1&1\end{pmatrix}.$$

由上述例子可知，图 G 中任何两个顶点都是相互可达的，因此，该图为强连通图. 另外，需要注意的是，可达矩阵的对角线元素必须都是 1，不能有 0.

上述计算可达矩阵的步骤还是比较复杂的，因为可达矩阵是一个布尔矩阵，我们在求可达矩阵时，只关心两个顶点间是否存在通路，而不管通路的长度及通路的数目，所以我们可将矩阵 $\boldsymbol{A},\boldsymbol{A}^2,\cdots,\boldsymbol{A}^{n-1}$，分别改为布尔矩阵 $\boldsymbol{A}^{(1)},\boldsymbol{A}^{(2)},\cdots,\boldsymbol{A}^{(n-1)}$，则可达矩阵可表示为 $\boldsymbol{P}=\boldsymbol{E}\vee\boldsymbol{A}^{(1)}\vee\boldsymbol{A}^{(2)}\vee\cdots\vee\boldsymbol{A}^{(n-1)}$，其中 $\boldsymbol{A}^{(i)}$ 表示在布尔运算下 $\boldsymbol{A}$ 的 i 次方.

下面仍以例 7.11 为例来说明这种求可达矩阵的方法.

根据布尔矩阵的布尔积、布尔和运算得

$$\boldsymbol{A}^{(2)}=\begin{pmatrix}0&0&1&1\\1&1&0&1\\1&1&1&1\\0&1&0&0\end{pmatrix},\boldsymbol{A}^{(3)}=\begin{pmatrix}1&1&0&1\\1&1&1&1\\1&1&1&1\\0&0&1&1\end{pmatrix},$$

于是

$$\boldsymbol{P}=\boldsymbol{E}\vee\boldsymbol{A}\vee\boldsymbol{A}^{(2)}\vee\boldsymbol{A}^{(3)}=\begin{pmatrix}1&1&1&1\\1&1&1&1\\1&1&1&1\\1&1&1&1\end{pmatrix}.$$

由于上述求可达矩阵的过程与求二元关系的传递闭包关系矩阵的过程相同，所以也可以利用 Warshall 算法计算可达矩阵，读者可以自行验证.

上述可达矩阵的概念也可以推广到无向图中，只要将无向图中的每条无向边看成是具有相反方向的两条边，这样一个无向图就可看成一个有向图. 无向图也可以用矩阵描述一个顶点到另一个顶点是否有通路. 在无向图中，如果两个顶点之间有通路，则称这两个顶点是连通的，所以把描述一个顶点到另一个顶点是否有通路的矩阵叫作连通矩阵. 无向图的连通矩阵是对称矩阵.

7.4 欧拉图和哈密顿图

18 世纪，普鲁士的哥尼斯堡城中有一条普雷格尔河，河上架设有七座桥，连接着两岸及河中的两个小岛，如图 7.29a 所示. 每逢节假日，有些城市居民进行环城周游，于是人们自然提出了“能否从某地出发，通过每座桥恰好一次，在走遍七座桥后又返回到出发点”的问题. 直到 1736 年，瑞士数学家欧拉专门针对这个问题发表了图论的首篇论文，从理论上成功地解决了这个问题，论证了这个问题是无解的. 欧拉用点代表岛和两岸，用线表示桥，得到该问题的一个图论数学模型如图 7.29b 所示，使“七桥问题”转化为图论问题.

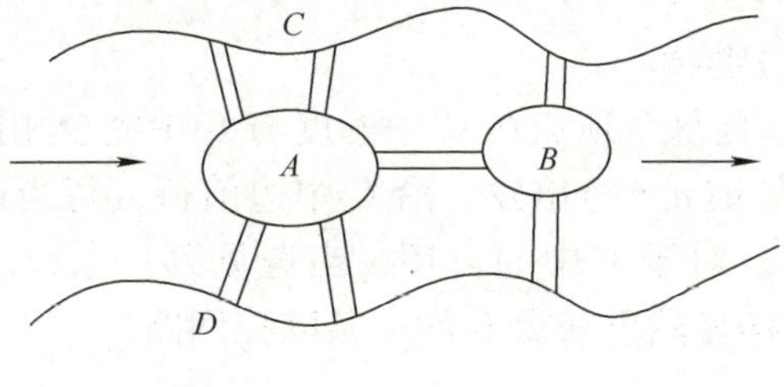

a)

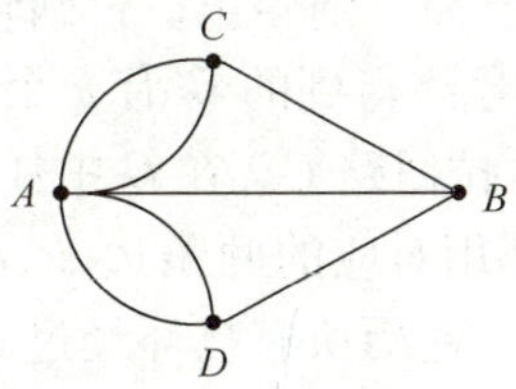

b)

图 7.29

欧拉(1707—1783)，瑞士数学家、物理学家、天文学家、地理学家、逻辑学家和工程师，近代数学先驱之一．他被誉为18世纪数学界最伟大的人物之一，以其卓越的数学成就和对物理学的贡献而著称．欧拉自幼对数学怀有浓厚兴趣，年仅13岁便进入巴塞尔大学学习，15岁大学毕业，16岁获得硕士学位．他的研究领域极为广泛，包括力学、分析学、几何学、变分法等，且成就显著．欧拉是多产的数学家，平均每年撰写八百多页的论文，其著作如《无穷小分析引论》等成为数学经典．他不仅在理论上贡献卓越，更将数学应用于实际问题，如航海、建筑和弹道学等领域，其工作对后世产生了深远影响．他引进和推广了许多数学术语和书写格式，并一直沿用至今，例如函数的记法 $f(x)$、虚数单位 $\sqrt{-1}$ 的记法 i、求和符号 Σ、差分符号 Δ，以及用小写字母表示三角形的边和用大写字母表示三角形的角等．还给出了自然对数的底数 e 的定义，其也称为欧拉数．

定义 7.28(欧拉图) 设 $G=\langle V,E\rangle$ 是无向图，经过图 G 的所有边一次且仅一次行遍所有顶点的回路称为**欧拉回路**，存在欧拉回路的图称为**欧拉图**．经过图 G 的每条边一次且仅一次行遍所有顶点的通路，称为**欧拉通路**，具有欧拉通路而无欧拉回路的图称为**半欧拉图**．

规定平凡图为欧拉图．

定理 7.10 无向连通图 $G=\langle V,E\rangle$ 是欧拉图，当且仅当图 G 中无奇度顶点．

证明 若 G 是平凡图，结论显然成立．因此，下面只讨论非平凡图．

必要性．因为 G 是欧拉图，设 $V=\{v_1,v_2,\cdots,v_n\}$，且 C 是图 G 的一条欧拉回路，对任意的 $v\in V$，v 必在 C 上出现．注意 C 每经过 v 一次，就有两条与 v 关联的边被使用．设 C 经过 v 共 k 次，则 $\deg(v)=2k$．

充分性．因为 G 连通且无奇度顶点．对 $|V|$ 用数学归纳法进行证明．

当 $|V|=1$ 时，G 为平凡图，显然为欧拉图．

当 $|V|=2$ 时，设仅有的两个顶点为 u,v，因其度数均为偶数，故 u,v 间有偶数条平行边，显然构成欧拉回路．

假设 $|V|=k$ 时，结论成立．

当 $|V|=k+1$ 时，任取 $v\in V$．令 $S=\{$与 v 关联的所有边$\}$．记 S 中的非自环的边为 $e_1,e_2,\cdots,e_m$，其中 m 为偶数．记 $G'=G-v$．对 G' 做如下操作：

(1) 任取 $e_i,e_j\in S$ 且非自环，设在 G 中，$e_i=(v,v_i)$，$e_j=(v,v_j)$，令

$$G' := G' \cup (v_i,v_j),$$
$$S := S-\{e_i,e_j\}.$$

(2) 若 $S=\varnothing$，则停止；否则转至(1)继续．

这个过程最终得到的 G' 有 k 个顶点，且每个顶点在 G' 中的度与 G 中完全相同．由归纳假设，G' 中有欧拉回路 C．在 G 中任一顶点 $u(u\neq v)$ 出发，沿 C 中边前行，每当遇到上述添加边 (v_i,v_j) 时都用对应的两条边 e_i,e_j 代替，对于 V 中的自环，当遇见第一条 $(v_i,\ v_j)$ 的边时，通过 e_i 到达 v，遍历所有自环经过 e_j，这样显然可获得 G 的一条欧拉回路．

由此定理容易得到如下的推论．

推论 7.6 连通图 G 具有一条 v_i 到 v_j 的欧拉路，当且仅当 v_i 和 v_j 是 G 中仅有的两个奇度顶点．

例 7.12 图 7.30 中各图哪些是欧拉图？哪些是半欧拉图？

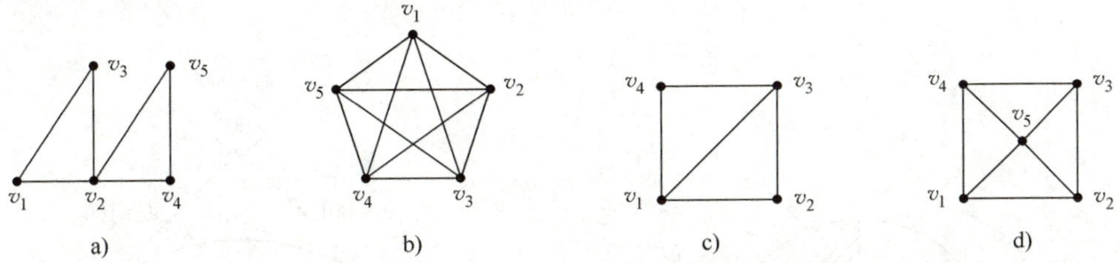

图 7.30

解 根据定理 7.10 及推论 7.6，图 7.30a、b 是欧拉图，图 7.30c 是半欧拉图，图 7.30d 中不存在欧拉通路，也不存在欧拉回路.

定义 7.29（有向欧拉图） 设 G 是有向连通图，若 G 中具有经过每条边一次且仅一次的回路，则称该回路为**有向欧拉回路**. 具有有向欧拉回路的图称为**有向欧拉图**.

若连通有向图 G 具有一条包含所有边一次且仅一次的有向通路，则此通路称为**有向欧拉路**. 具有有向欧拉路而无有向欧拉回路的图称为**有向半欧拉图**. 由有向欧拉图的定义，连通的有向欧拉图一定是强连通的.

定理 7.11 一个连通的有向图 G 是欧拉图，当且仅当 G 的每个顶点的入度等于出度.

推论 7.7 连通有向图 G 有一条 v_i 到 v_j 的有向欧拉路，当且仅当

(1) 存在 $v_i, v_j \in V(G)$ 使得 $\deg^+(v_i)=\deg^-(v_i)+1$，$\deg^+(v_j)=\deg^-(v_j)-1$；

(2) 而在 $V(G)-\{v_i, v_j\}$ 中的每个顶点的入度等于其出度.

例 7.13 欧拉图和半欧拉图的一个典型的应用是一笔画的判定，即用笔连续移动（笔不离纸也不重复）将一个图描绘出来，这实质上就是判断图形是否存在欧拉通路或欧拉回路的问题，如图 7.31 所示，图 7.31a、b 都可一笔画，因为它们都是欧拉图，而图 7.31c 不能一笔画. 在图 7.32 中，图 7.32a、b 都可一笔画，因为图 7.32a 是欧拉图，而图 7.32b 是半欧拉图，而图 7.32c 不能一笔画.

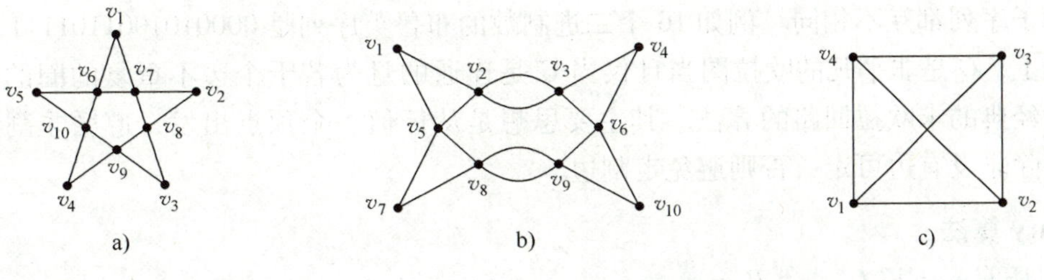

图 7.31

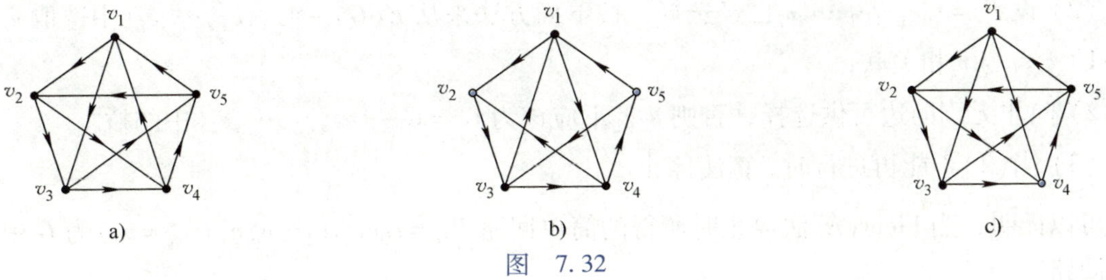

图 7.32

例 7.14（计算机鼓轮设计——布鲁英序列） 旋转鼓轮的表面分成 8 个扇面，如图 7.33 所示.

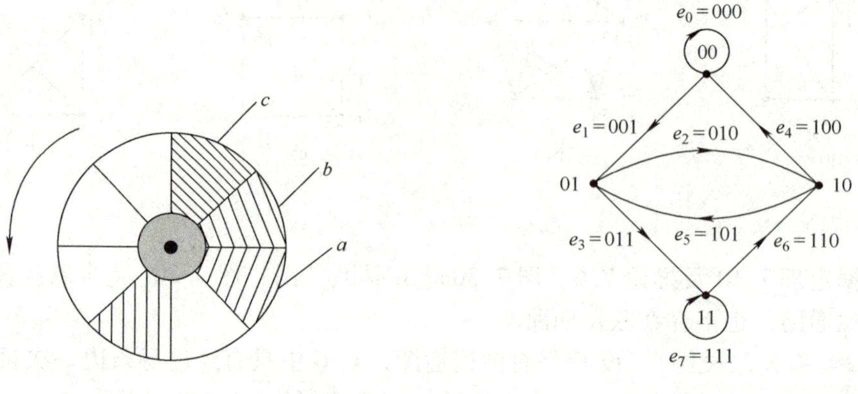

图 7.33

图 7.33 中阴影部分表示用导体材料制成. 空白区表示用绝缘材料制成，触点 a,b 和 c 与扇面接触时导体输出 1，接触绝缘体输出 0. 鼓轮按逆时针旋转，触点每转一个扇区就输出一个二进制信号. 问鼓轮上的 8 个扇区应如何安排导体或绝缘体，使鼓轮旋转一周，触点输出一组不同的二进制信号?

解 每转一个扇区，信号 $a_1a_2a_3$ 变成 $a_2a_3a_4$，前者右两位决定了后者左两位. 因此，我们把所有两位二进制数看作顶点，从每一个顶点 a_1a_2 到顶点 a_2a_3 引一条有向边表示 $a_1a_2a_3$ 这三位二进制数，作出表示所有可能数码变换的有向图(见图 7.33). 于是问题转化为在这个有向图上求一条欧拉回路，这个有向图的 4 个顶点的度数都是出度、入度各为 2，根据定理 7.11，图 7.33 中有欧拉回路存在，例如($e_0e_1e_2e_5e_3e_7e_6e_4$)是一欧拉回路，对应于这一回路的布鲁英序列是 00010111，因此材料应按此序列分布.

用类似的论证，我们可以证明，存在一个2^n个二进制的循环序列，其中2^n个由 n 位二进制数组成的子序列都互不相同. 例如 16 个二进制数的布鲁英序列是 0000101001101111.

事实上，G 是非平凡的欧拉图当且仅当 G 是连通的且为若干个边不重复的圈的并. 下面介绍一种经典的求欧拉回路的算法. 其主要思想是从任何一个顶点出发，遵循非割边优先的原则，即除非没有边可走，否则避免走割边.

Fleury 算法

(1) 任取 $v_0\in V(G)$，令 $P_0=v_0$.

(2) 设 $P_i=v_0e_1v_1e_2\cdots e_iv_i$已经选择，按下面方法来从 $E(G)-\{e_1,e_2,\cdots,e_i\}$ 中选取 e_{i+1}:

1) e_{i+1}与 v_i相关联；

2) 除非无别的边可供选择，否则 e_{i+1}不应该为 $G_i=G-\{e_1,e_2,\cdots,e_i\}$ 中的桥.

(3) 当(2)不能再进行时，算法停止.

可以证明，当 Fleury 算法停止时所得的简单回路 $P_m=v_0e_1v_1e_2\cdots e_mv_m(v_m=v_0)$为 G 中一条欧拉回路.

欧拉回路在实际应用中非常广泛，其理论相对容易理解，读者可以查阅相关资料进一步了解相关结论及其应用.

爱尔兰数学家哈密顿(Hamilton)1859 年提出了一个“周游世界”的游戏. 这个游戏把一个正十二面体的 20 个顶点看成地球上的 20 个城市. 棱线看成是连接城市的航路(航空、航海线或陆路交通线)，要求游戏者沿棱线走，寻找一条经过所有顶点(即城市)一次且仅一次的回路，如图 7.34a 所示. 也就是在图 7.34b 中找一条包含所有顶点的圈. 图 7.34b 中的实线所构成的圈就是这个问题的答案.

对于任何连通图有类似的问题.

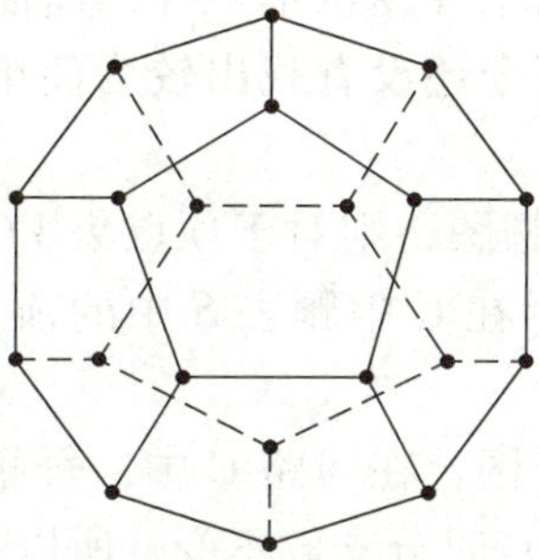
a)

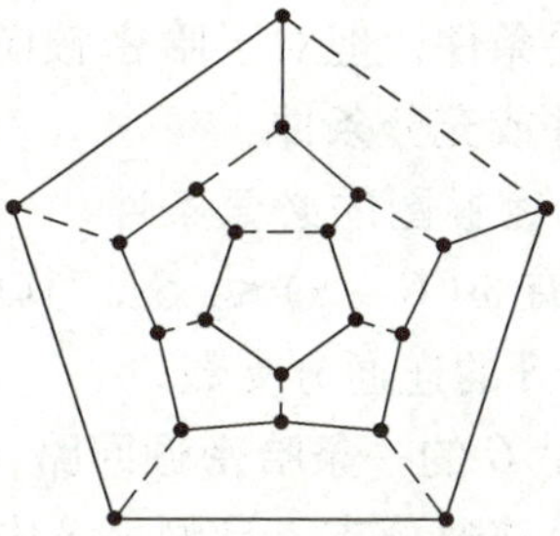
b)

图 7.34

定义 7.30(哈密顿图) 给定无向图 G，通过图中每个顶点一次而且仅一次的通路称为**哈密顿通路**. 经过图中每个顶点一次而且仅一次的回路称为**哈密顿回路**. 具有哈密顿回路的图称为**哈密顿图**；具有哈密顿通路而无哈密顿回路的图称为**半哈密顿图**.

规定平凡图为哈密顿图.

由定义可知哈密顿回路与哈密顿通路通过图 G 中的每个顶点一次且仅一次，例如图 7.34b 就是哈密顿图(哈密顿回路用实线标出).

哈密顿(1805—1865)，爱尔兰数学家、物理学家及天文学家. 哈密顿最伟大的成就在于他发现了四元数，这一创新为后来的矢量分析奠定了基础，对现代数学和物理学产生了深远的影响. 此外，他还建立了光学的数学理论，并成功地将这种理论应用于动力学中，提出了著名的“哈密顿最小作用原理”. 哈密顿在光学、动力学和代数等领域的发展上均做出了重要的贡献，他的研究成果后来成为量子力学中的主干. 哈密顿的一生充满了对知识和真理的追求. 他不仅是一位伟大的科学家，还是一位痴迷于诗与哲学的语言天才. 哈密顿的故事激励着无数后来者，他的成就将永远镌刻在科学史上.

例 7.15 在图 7.35 中，图 7.35a、b 中有哈密顿回路，图 7.35c 中只有哈密顿通路，无哈密顿回路，图 7.35d 中既没有哈密顿回路也没有哈密顿通路.

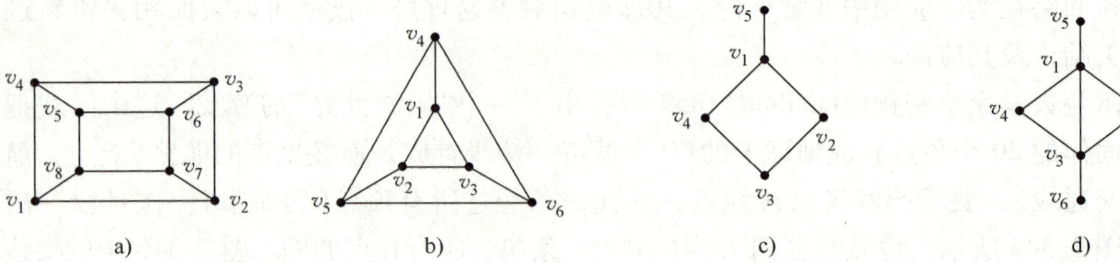

图 7.35

哈密顿图和欧拉图相比，虽然考虑的都是遍历问题，但是侧重点不同. 欧拉图遍历的是边，而哈密顿图遍历的是顶点. 另外，两者的判定困难程度也不一样，前面已经给出了判定欧拉图的充分必要条件，但对于哈密顿图的判定，至今还没有找出较为简单的充要条件，只给出若干必要条件或充分条件.

定理 7.12（哈密顿图的必要条件） 若 G 是哈密顿图，则对于顶点集 $V(G)$ 的任一非空真子集 $S\subset V(G)$ 均有 $\omega(G-S)\leqslant|S|$. 其中 $G-S$ 表示在 G 中删去 S 中的顶点后所构成的图，$\omega(G-S)$ 表示 $G-S$ 的连通分支数.

证明 设 C 是 G 的一条哈密顿回路，C 是 G 的子图，在回路 C 中，每删去 S 中的一个顶点，最多增加一个连通分支，且删去 S 中的第一个顶点时分支数不变，所以有

$$\omega(C-S)\leqslant|S|.$$

又因为 C 是 G 的生成子图，所以 $C-S$ 是 $G-S$ 的生成子图，且 $\omega(G-S)\leqslant\omega(C-S)$，因此 $\omega(G-S)\leqslant|S|$.

推论 7.8 设无向图 $G=\langle V,E\rangle$ 是半哈密顿图，则对于顶点集 $V(G)$ 的任一非空真子集 $S\subset V(G)$ 均有 $\omega(G-S)\leqslant|S|+1$.

证明 设 P 是 G 中起于 u 终于 v 的哈密顿路，令 $G'=G\cup(u,v)$（在 G 的顶点 u,v 之间加新边），易知 G' 为哈密顿图，由定理 7.12 可知，$\omega(G'-S)\leqslant|S|$，因而有

$$\omega(G-S)=\omega(G'-S-(u,v))\leqslant\omega(G'-S)+1\leqslant|S|+1.$$

哈密顿图的这个必要条件可用来判定某些图不是哈密顿图.

例如，图 7.36 不是哈密顿图. 因为图 7.36 中共有 9 个顶点，如果取顶点集 $S=\{3$ 个蓝点$\}$，即 $|S|=3$，而这时 $\omega(G-S)=4$，因此图 7.36 不是哈密顿图. 同理，图 7.37 也不是哈密顿图，因为删除 v_1 和 v_4 后得到 3 个连通分支，不满足哈密顿图的必要条件.

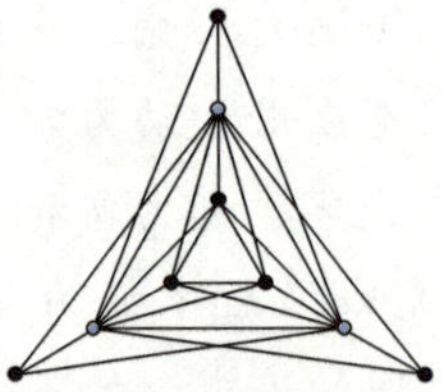

图 7.36

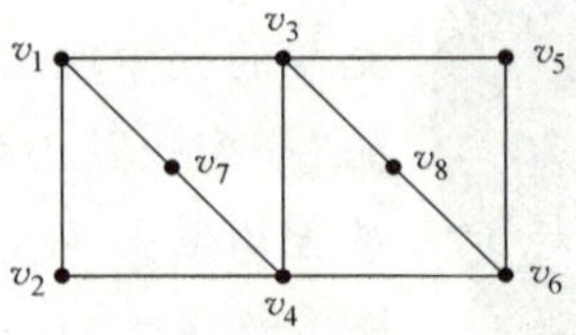

图 7.37

二部图是实际问题中应用非常广泛的图，且具有很特殊的性质，对于任何一个二部图是否是哈密顿图，有以下一些简单结论：

一般情况下，设二部图 $G(V_1,V_2,E)$，$|V_1|\leqslant|V_2|$，且 $|V_1|\geqslant2$，$|V_2|\geqslant2$，由定理 7.12

及其推论可以得出下面结论：

（1）若 G 是哈密顿图，则 $|V_1|=|V_2|$.

（2）若 G 是半哈密顿图，则 $|V_2|=|V_1|$，或 $|V_2|=|V_1|+1$.

（3）若 $|V_2|\geqslant|V_1|+2$，则 G 不是哈密顿图，也不是半哈密顿图.

定理 7.12 只是哈密顿图的必要条件，并非充分条件.

定理 7.13 设图 G 是具有 n 个顶点的无向简单图，如果 G 中任意两个不相邻顶点 u,v，均有 $\deg(u)+\deg(v)\geqslant n-1$，则 G 中存在一条哈密顿路.

证明 首先证明 G 是连通图. 若 G 有两个或更多个连通分支，设一个分支 G_1 中有 n_1 个顶点，任取一个顶点 v_1. 设另一个分支 G_2 中有 n_2 个顶点，任取一个顶点 v_2（显然 v_1 与 v_2 不相邻），因为 $\deg(v_1)\leqslant n_1-1$，$\deg(v_2)\leqslant n_2-1$，所以 $\deg(v_1)+\deg(v_2)\leqslant n_1-1+n_2-1<n-1$，这与题设矛盾，故 G 必连通.

其次，我们从一条边出发构造一条路，证明它是哈密顿通路.

设在 G 中有 $p-1$ 条边的路，$p<n$，它的顶点序列为 $v_1,v_2,\cdots,v_p$. 如果有 v_1 或 v_p 邻接于不在这条路上的一个顶点，则用扩大路径法可扩展这条路，使它包含这一个顶点，从而得到 p 条边的路. 否则，v_1 和 v_p 都只邻接于这条路上的顶点，下面证明存在一条回路包含顶点 $v_1,v_2,\cdots,v_p$.

（1）若 v_1 邻接于 v_p，则 $v_1v_2\cdots v_pv_1$ 即为所求的回路.

（2）若 v_1 与 v_p 不相邻，假设与 v_1 邻接的顶点集是 $\{v_l,v_m,\cdots,v_j,\cdots,v_t\}$，共 k 个顶点，这里 $2\leqslant l,m,\cdots,j,\cdots,t\leqslant p-1$，如果 v_p 邻接于 $v_{l-1},v_{m-1},\cdots,v_{j-1},\cdots,v_{t-1}$ 中之一，不妨假设 v_p 邻接于 v_{j-1}，如图 7.38a 所示，则 $v_1v_2v_3\cdots v_{j-1}v_pv_{p-1}\cdots v_jv_1$ 是所求的包含顶点 $v_1,v_2,\cdots,v_p$ 的回路.

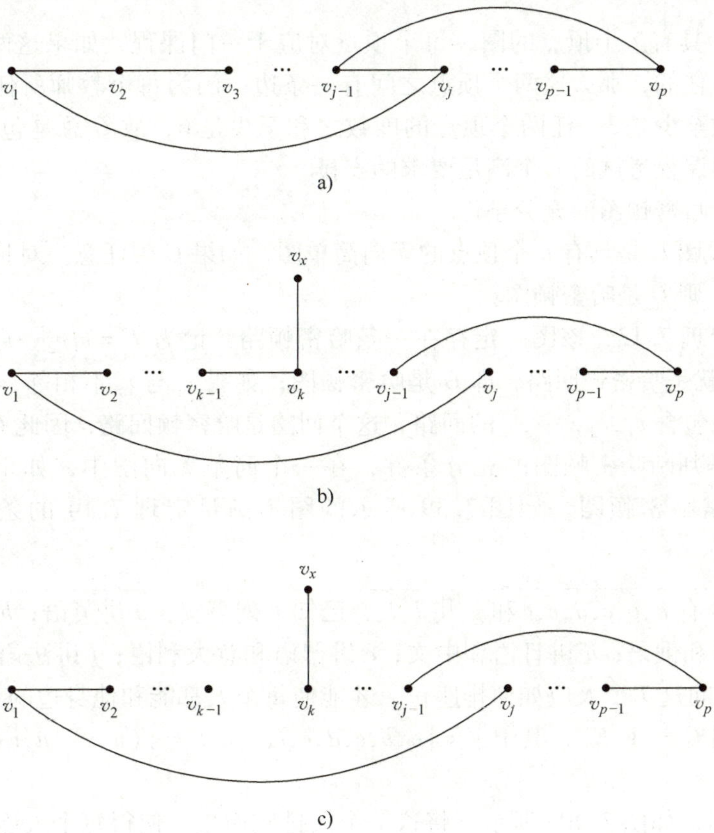

图 7.38

如果 v_p 不邻接于 $v_{l-1}, v_{m-1}, \cdots, v_{t-1}$ 中的任一个，则 v_p 至多邻接于 $p-k-1$ 个顶点，$\deg(v_p) \leqslant p-k-1$，$\deg(v_1)=k$，故 $\deg(v_p)+\deg(v_1) \leqslant p-k-1+k=p-1<n-1$，即 v_1 与 v_p 度数之和至多为 $n-2$，得到矛盾.

至此，有包含顶点 $v_1, v_2, \cdots, v_p$ 的一条回路，因为 G 是连通的，所以在 G 中必有一个不属于该回路的顶点 v_x 与 $v_1, v_2, \cdots, v_p$ 中的某一个顶点 v_k 邻接，如图 7.38b 所示，于是就得到一条包含 p 条边的路 $v_x v_k v_{k+1} \cdots v_{j-1} v_p v_{p-1} \cdots v_j v_1 v_2 \cdots v_{k-1}$，如图 7.38c 所示，重复前述构造法，直到得到 $n-1$ 条边的路.

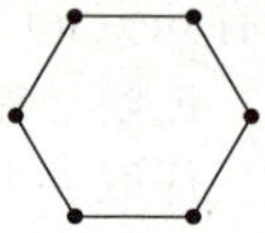
图 7.39

定理 7.13 给出了一个图是否有哈密顿路的充分条件，并不是必要条件. 例如，设 G 是 n 边形，如图 7.39 所示，其中 $n=6$，虽然任何两个顶点度数之和是 $4<5$，但在 G 中有一条哈密顿路.

例 7.16 某城市有 5 个风景点. 若每个景点均有两条道路与其他景点相通，问是否可经过每个景点恰好一次而游完这 5 处?

解 将景点作为顶点，道路作为边，则得到一个有 5 个顶点的无向图. 由题意，对每个顶点 v_i，有 $\deg(v_i)=2(i=1,2,3,4,5)$. 于是对任两点 $v_i, v_j(i,j=1,2,3,4,5)$ 均有 $\deg(v_i)+\deg(v_j)=2+2=4=5-1$，可知此图一定有一条哈密顿路可经过每个景点恰好一次而游完这 5 处.

例 7.17 考虑在 7 天内安排 7 门课程的考试，使得同一位教师所任的两门课程考试不排在接连的两天中，试证明如果没有教师担任多于 4 门课程，则符合上述要求的考试安排总是可能的.

证明 设 G 为具有 7 个顶点的图，每个顶点对应于一门课程，如果这两个顶点对应的课程是由不同教师担任的，那么这两个顶点之间有一条边，因为每个教师所任课程数不超过 4，故每个顶点的度数至少是 3，任两个顶点的度数之和至少是 6，故 G 总是包含一条哈密顿路，它对应于一个 7 门课程考试的一个满足要求的安排.

下面介绍几个哈密顿图的充分条件.

定理 7.14 设图 G 是具有 n 个顶点的无向简单图，如果 G 中任意一对顶点 u, v，均有 $\deg(u)+\deg(v) \geqslant n$，则 G 是哈密顿图.

证明 根据定理 7.13，该图一定存在一条哈密顿路，记为 $\Gamma=v_1 v_2 \cdots v_n$. 如果 v_1 与 v_n 相邻，则 $v_1 v_2 \cdots v_n v_1$ 就是哈密顿回路，即 G 是哈密顿图；如果 v_1 与 v_n 不相邻，由定理 7.13 的证明可知，一定存在包含 $v_1, v_2, \cdots, v_n$ 的回路，这个回路是哈密顿回路，因此 G 是哈密顿图.

上述定理也是判断哈密顿图的充分条件，在一个简单无向图中，如果不满足定理的条件，该图也可能是哈密顿图，如图 7.39 所示的图不满足定理 7.14 的条件，但它是哈密顿图.

例 7.18 今有 a,b,c,d,e,f 和 g 共 7 人，已知下列事实：a 讲英语；b 讲英语和中文；c 讲英语、意大利语和俄语；d 讲日语和中文；e 讲德语和意大利语；f 讲法语、日语和俄语；g 讲法语和德语. 试问这 7 个人应如何排座位，才能使每个人都能和他身边的人交谈?

解 设无向图 $G=\langle V,E \rangle$，其中 $V=\{a,b,c,d,e,f,g\}$，$E=\{(u,v) \mid u,v \in V$，且 u 和 v 有共同语言$\}$.

图 G 是连通图，如图 7.40a 所示. 将这 7 个人排座而坐，使得每个人能与两边的人交谈，即在图 7.40a 中找哈密顿回路. 经观察该回路是 $abdfgeca$. 即按照图 7.40b 安排座位即可.

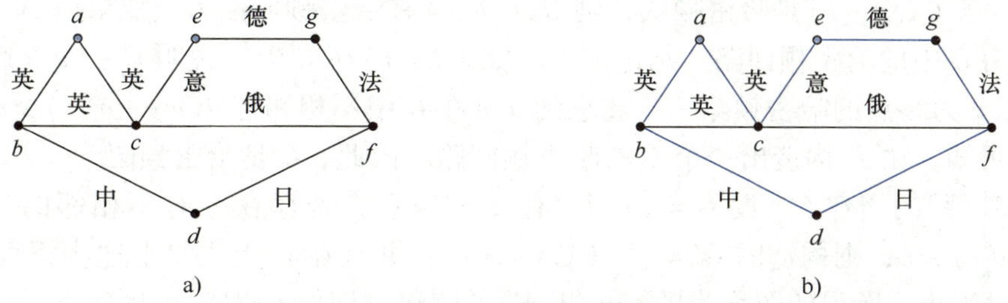

图 7.40

例 7.19 在某次国际会议的预备会议中，共有 15 人参加，他们来自不同的国家. 已知他们中任何两个无共同语言的人中的每一个，与其余有共同语言的人数之和大于或等于 15，问能否将这 15 个人排在圆桌旁，使其任何人都能与两边的人交谈.

解 设 15 个人分别为 $v_1, v_2, \cdots, v_{15}$，作无向简单图 $G = \langle V, E \rangle$，其中 $V = \{v_1, v_2, \cdots, v_{15}\}$，$\forall v_i, v_j \in V$，且 $i \neq j$，若 v_i 与 v_j 有共同语言，就在 v_i, v_j 之间连无向边 (v_i, v_j)，由此组成边集 E，则 G 为 15 阶无向简单图. $\forall v_i \in V$，$\deg(v_i)$ 为与 v_i 有共同语言的人数. 由已知条件可知，$\forall v_i, v_j \in V, i \neq j$，且 $(v_i, v_j) \notin E$，均有 $\deg(v_i) + \deg(v_j) \geq 15$. 由定理 7.14 可知，$G$ 中存在哈密顿回路，设 $C = v_{i_1} v_{i_2} \cdots v_{i_{15}} v_{i_1}$ 为 G 中一条哈密顿回路，按这条回路的顺序安排座次即可.

例 7.20 图 7.41 所示的两个图中，哪些是哈密顿图？哪些是半哈密顿图？

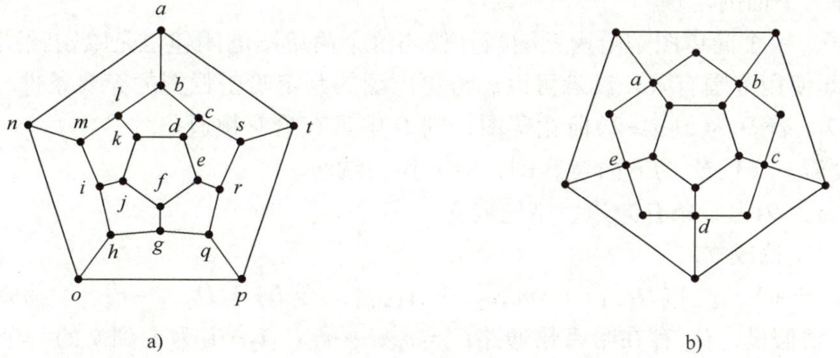

图 7.41

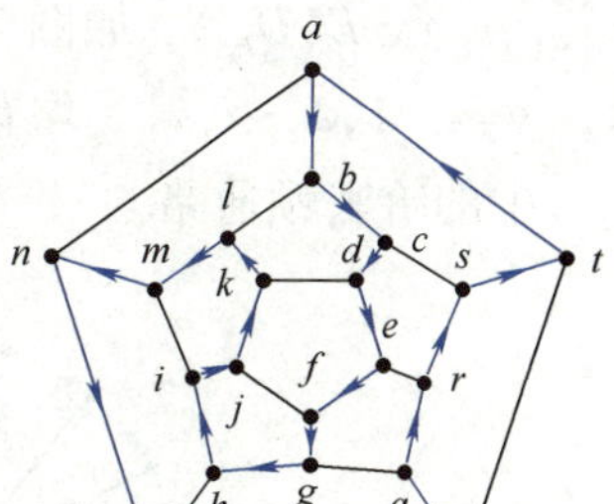

图 7.42

解 在图 7.41a 中，按字典顺序经过各顶点走出一条哈密顿回路 $ab \cdots ta$（见图 7.42），故图 7.41a 是哈密顿图. 在图 7.41b 中，取 $V_1 = \{a, b, c, d, e\}$，从图中删除 V_1，得到 7 个连通分支，据定理 7.12 及其推论 7.8 可知，图 7.41b 不是哈密顿图，也不是半哈密顿图.

定理 7.15 设 u, v 为 n 阶无向图 G 中两个不相邻的顶点，且 $\deg(u) + \deg(v) \geq n$，则 G 为哈密顿图当且仅当 $G \cup (u, v)$ 为哈密顿图.

证明 必要性. 设图 $G = \langle V, E \rangle, u, v \in V, u, v$ 不相邻且 $d(u) + d(v) \geq n$，添加边 (u, v) 到图 G 中，得到一新图 G'. 若 G 是哈密顿图，则 G 有哈密顿回路，该回路也是 G' 的哈密顿回路.

因此，G'是哈密顿图.

充分性. 若 $G\cup(u,v)$是哈密顿图，则 $G\cup(u,v)$有哈密顿回路 C. 如果(u,v)不在回路 C 中，则 C 亦为 G 中的哈密顿回路，结论成立. 如果(u,v)在 C 中，说明 $C-(u,v)$是 G 中一条以 u 为起点，v 为终点的哈密顿路 Γ. 注意到 u,v 在 G 中不相邻且 $d(u)+d(v)\geqslant n$. 根据定理 7.14 的证明可知，由 Γ 构造出一个 G 的哈密顿回路. 因此，G 是哈密顿图.

定义 7.31（图的闭包） 设 $G=\langle V,E\rangle$ 有 n 个顶点，若存在一对不相邻的顶点 u，v 且 $\deg(u)+\deg(v)\geqslant n$，则构造图 $G'=\langle V,E\cup(u,v)\rangle$，并且在 G' 上重复上述步骤直到不再存在这样的顶点对为止，所得的图称为图 $G=\langle V,E\rangle$的闭包，记作 $C(G)$.

例 7.21 图 7.43b、c、d 给出了图 7.43a 的闭包构造过程

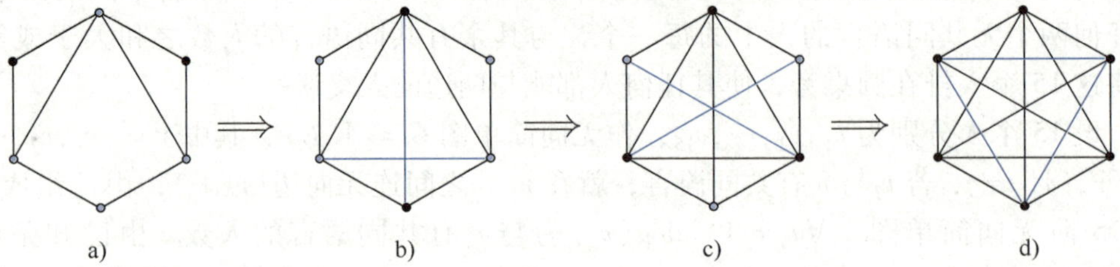

图 7.43

在构造闭包的过程中，可以反复运用定理 7.15，容易得到一个判定一个图是哈密顿图的充要条件，即为下面的定理.

定理 7.16 一个简单图是哈密顿图当且仅当这个简单图的闭包也是哈密顿图.

定理 7.16 使用范围有限，读者可以思考更广泛的判定哈密顿图的充要条件.

定理 7.17 若 D 为 $n(n\geqslant2)$阶竞赛图，则 D 中具有哈密顿通路.

证明 设 $D_n=\langle V,E\rangle$为 n 阶竞赛图，对 n 作归纳法.

当 $n=2$ 时，D_2为一条有向边，结论成立.

设 $n=k$ 时结论成立.

现在设 $n=k+1$，设 $V(D_{k+1})=\{v_1,v_2,\cdots,v_{k+1}\}$. 令 $D_k'=D_{k+1}-v_{k+1}$，易知 D_k'为 k 阶竞赛图，根据归纳假设，D_k'存在哈密顿通路$\Gamma'=v_{i_1}v_{i_2}\cdots v_{i_k}$($i_1i_2\cdots i_k$为 1 到 k 的一个排列). 下面证明 v_{k+1}可扩到 Γ'中去. 若存在 $v_{i_r}(1\leqslant r\leqslant k)$，使得$\langle v_{i_j},v_{k+1}\rangle\in E(D_k')$，$j=1,2,\cdots,r-1$，而$\langle v_{k+1},v_{i_r}\rangle\in E(D_k')$，如图 7.44a 所示，则 $\Gamma=v_{i_1}v_{i_2}\cdots v_{i_{r-1}}v_{k+1}v_{i_r}\cdots v_{i_k}$为 D_{k+1}中哈密顿通路. 否则，$\forall j\in\{1,2,\cdots,k\}$，均有$\langle v_{i_j},v_{k+1}\rangle\in E(D_k')$，如图 7.44b 所示，则 $\Gamma=\Gamma'\cup\langle v_{i_k},v_{k+1}\rangle$为 D_{k+1}中的哈密顿通路.

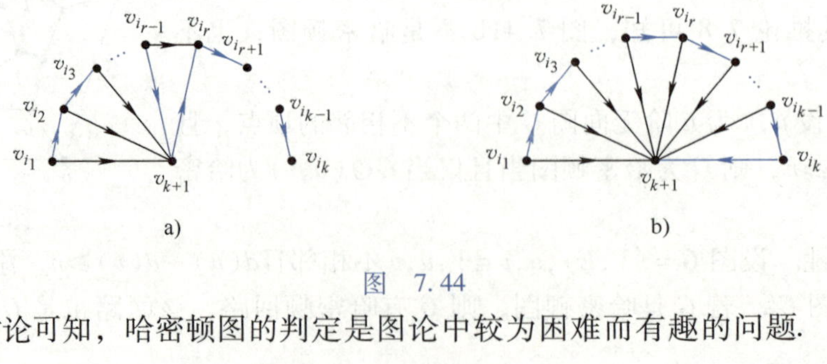

图 7.44

从以上的讨论可知，哈密顿图的判定是图论中较为困难而有趣的问题. 如果在图中能找

出哈密顿回路，或满足某充分性定理的条件，则该图为哈密顿图，但这样的定理是不多的. 另外，人们可根据哈密顿图的某些必要条件判断某些图不是哈密顿图. 这里我们介绍的只是初步知识，感兴趣的读者可以进一步阅读有关的材料.

定义 7.32(带权图) 对图 G 的边 e，赋以一个实数 $w(e)$，则称 $w(e)$ 为边 e 的权. 每条边都带权的图称为**带权图**，设 H 是带权图 G 的子图，则 H 的权定义为 $W(H)=\sum_{e\in E(H)} w(e)$. 一般地，一个带权图可表示为 $G=\langle V,E,W\rangle$.

带权图应用的领域是相当广泛的，许多图论算法也是针对带权图的. 下面介绍的旅行商问题就是针对 n 阶无向完全带权图的.

旅行商问题：有 n 个城镇，各城镇间的路程不尽相等. 一个旅行商从这 n 个城镇中的某一城镇出发，欲经过其余 $n-1$ 个城镇一次且仅一次，最后回到出发的城镇. 他该如何设计旅行路线，才能使所有路程最短? 这就是著名的旅行商问题或货郎担问题. 这个问题可化归为如下的图论问题.

图的描述：将 n 个城市视为 n 个顶点，两个顶点相邻当且仅当对应的两个城市能直达，每条边上以相应城市间的道路里程作为权，从而获得一个带权图 G(G 为 n 阶完全带权图). 旅行商问题可以叙述为：给定带权图 G，求 G 的一条权重最小的哈密顿回路.

在讨论旅行商问题之前，首先应该弄清楚，在此问题中，不同哈密顿回路的含义. 将图中生成圈看成一个哈密顿回路，即不考虑始点(终点)的区别以及顺时针行遍与逆时针行遍的区别.

思考：

(1) 如何判定 G 是否存在哈密顿回路?

(2) 在得到 G 是哈密顿图的结论后，如何求出一条权最小的哈密顿回路?

旅行商问题的转化：在 n 阶带权图 G 中所有不相邻的顶点间添加权为∞的边，将 G 化为完全带权图 K_n，求 K_n 中最小权的哈密顿回路. 在 K_n 中，共有 $\frac{(n-1)!}{2}$ 条不同的哈密顿回路. 对于 n 较小的情况，可以一一计算各哈密顿回路的权，再依次比较选出权最小的一条.

例 7.22 图 7.45a 所示为 4 阶完全带权图 K_4. 求出它的不同的哈密顿回路，并指出最短的哈密顿回路.

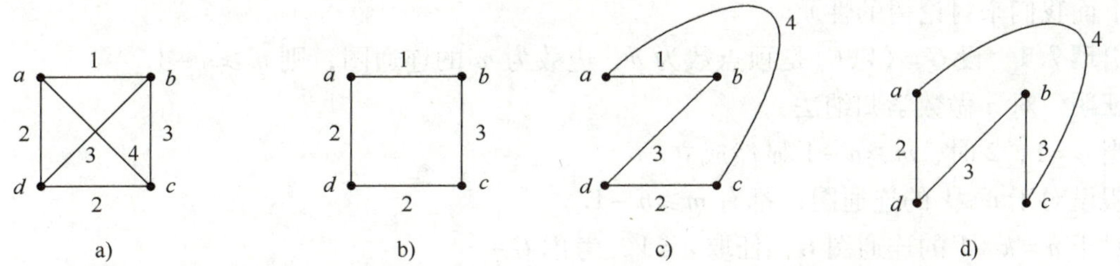

图 7.45

解 由于旅行商问题中不同哈密顿回路的含义可知，求哈密顿回路从任何顶点出发都可以. 下面先求出从 a 点出发，考虑顺时针与逆时针顺序的不同的哈密顿回路.

$C_1 = abcda$，$C_2 = abdca$，$C_3 = acbda$，$C_4 = acdba$，$C_5 = adbca$，$C_6 = adcba$.

于是，当不考虑顺(逆)时针顺序时，可知 $C_1 = C_6$，以 C_1 为代表，$W(C_1) = 8$(见图 7.45b)．$C_2 = C_4$，以 C_2 为代表，$W(C_2) = 10$(见图 7.45c)．$C_3 = C_5$，以 C_3 为代表，$W(C_3) = 12$(见图 7.45d)．经过比较可知，C_1 是最短的哈密顿回路.

由例 7.22 的分析可知，n 阶完全带权图中共存在$\frac{(n-1)!}{2}$种不同的哈密顿回路．当 $n=4$ 时，有 3 种不同哈密顿回路，当 $n=5$ 时有 12 种，当 $n=6$ 时有 60 种，当 $n=7$ 时有 360 种，…，当$n=10$ 时有 $5\times 9! = 181440$ 种．由此可见，旅行商问题的计算量是相当大的．对于旅行商问题，人们一方面还在寻找好的算法，另一方面也在寻找各种近似算法.

7.5 树

基尔霍夫在解决电路理论中求解联立方程问题时提出了树的概念．树是图论中一种重要的特殊图，它的很多基本概念，如二叉树、最优二叉树、最小生成树等在实际应用中作用非常突出．如果一个连通图是带权图，那么任意两个顶点之间的最短路是一种树结构，最短路径算法在求解实际问题中的应用非常广泛．本节的主要内容有无向树及其性质、生成树、根树及其应用.

7.5.1 无向树及其性质

定义 7.33(树) 一个连通且无圈的无向图称为一棵**树**.

显然，由定义可知，树是个简单图，即它无环和平行边.

在树中，度数为 1 的顶点称为**树叶**；度数大于 1 的顶点称为**内点**或**分枝顶点**．若图中的每个连通分支都是树，则称该图为**森林**.

例如，图 7.46a、b 都是树，图 7.46c 是森林.

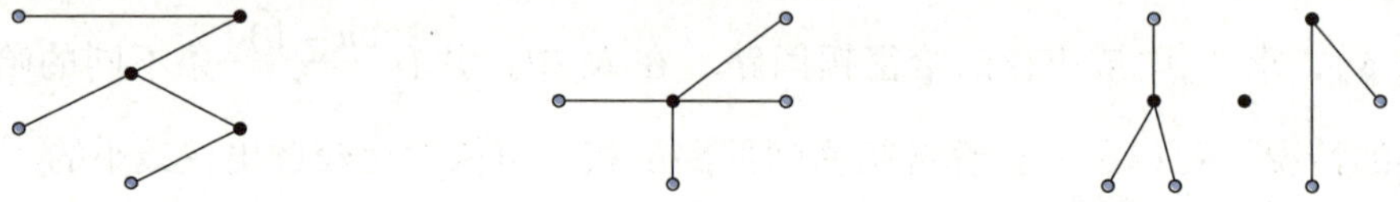

a)　　b)　　c)

图 7.46

下面我们来讨论树的性质.

引理 7.1 设 $G=\langle V,E\rangle$ 是顶点数为 n、边数为 m 的连通图，则 $m\geqslant n-1$.

证明 对 n 做数学归纳法.

当 $n=1$，2 时，$m\geqslant n-1$ 显然成立.

假设对于 $n\leqslant k$ 的连通图，都有 $m\geqslant n-1$.

对于 $n=k+1$ 的连通图 G，任取 $v\in V$，考虑 $G-v$.

若 $G-v$ 连通，则由归纳假设，$|E(G-v)|\geqslant|V(G-v)|-1=k-1$，而

$$|E(G)|\geqslant|E(G-v)|+1\geqslant(k-1)+1=(k+1)-1=|V(G)|-1.$$

若 $G-v$ 不连通，设 $G_1,G_2,\cdots,G_\omega$ 是其连通分支($\omega\geqslant 2$)．由归纳假设，$|E(G_i)|\geqslant|V(G_i)|-1(i=1,2,\cdots,\omega)$．故

$$|E(G-v)|=\sum_{i=0}^{\omega}|E(G_i)|\geqslant\sum_{i=0}^{\omega}|V(G_i)|-\omega=|V(G-v)|-\omega=k-\omega,$$

而$|E(G)|\geqslant|E(G-v)|+\omega\geqslant(k-\omega)+\omega=(k+1)-1=|V(G)|-1$.

给定图$G=\langle V,E\rangle$，顶点数记为n，边数记为m，以下关于树的定义是等价的.

定理 7.18（树的等价定义） 下列命题等价：

（1）G是树；

（2）G中任意两个顶点之间有且仅有一条路；

（3）G中无圈且$m=n-1$；

（4）G连通且$m=n-1$；

（5）G连通且对任何$e\in E(G)$，$G-e$不连通；

（6）G无圈且对任何$e\in E(\overline{G})$，$G+e$恰有一个圈.

证明 (1)⇒(2). 因为G是树，根据树的定义，G是连通图，所以$\forall u$，$v\in V(G)$，存在u到v的通路$P(u,v)$.

若还存在另外一条路$P'(u,v)\neq P(u,v)$，则必存在w，w是路P与P'除了v之外的最后一个公共顶点. P的w至v段与P'的w至v段构成圈，这与G是树矛盾. 故$\forall u,v\in V(G),u,v$间只存在唯一的一条路.

(2)⇒(3). 若G有圈，假设此圈为C. 若C的长度为1，则C中有环，与条件相矛盾；若C的长度大于1，则此圈上任意两个顶点间存在两条不同的路，与前提条件相矛盾.

下面用归纳法证明$m=n-1$.

当$n=1$时，$m=0$，结论成立.

假设$n\leqslant k$时结论为真，我们证明当$n=k+1$时，$m=n-1$也成立.

当$n=k+1$时，任取相邻顶点u，$v\in V(G)$. 考虑图$G'=G-(u,v)$，因为G中u，v间只有一条路，即边(u,v)，故G'不连通且只有两个连通分支，设为G_1，G_2. 注意到G_1，G_2分别都连通且任意两个顶点之间只有一条路，由归纳假设，设$|E(G_1)|=|V(G_1)|-1$，$|E(G_2)|=|V(G_2)|-1$. 因此，

$$|E(G)|=|E(G_1)|+|E(G_2)|+1=|V(G_1)|-1+|V(G_2)|-1+1=n-1.$$

(3)⇒(4). 用反证法. 若G不连通，设$G_1,G_2,\cdots,G_\omega$是其连通分支($\omega\geqslant2$)，则$m_i=n_i-1$(因G_i是连通无圈图，由已证明的(1)和(2)知，对每个G_i，(3)成立). 这样，

$$m=\sum_{i=1}^{\omega}m_i=\sum_{i=1}^{\omega}n_i-w=n-\omega,$$

这与$m=n-1$相矛盾.

(4)⇒(5). $|E(G-e)|=m-1=n-2$，但每个连通图必满足$m\geqslant n-1$(见引理7.1)，故图$G-e$不连通.

(5)⇒(6). 先证G中无圈. 若G中有圈，删去圈上任意一条边后仍连通，与条件相矛盾.

再证对任何$e=(u,v)\in E(\overline{G})$，$G+e$恰含一个圈：因$G$连通且已证$G$无圈，故$G$是树. 由(2)可知，在$G$中有一条路$P$相连$u$，$v$，所以$P\cup e$为$G+e$中含$e$的圈；另一方面，若$G+e$中有两个圈含有$e$，则$(G+e)-e=G$中仍含有一个圈，与前提相矛盾.

(6)⇒(1). 只需证明G连通. 任取u，$v\in V(G)$，若u，v相邻，则u与v连通. 否则，

$G+(u,v)$恰含一个圈，故 u 与 v 在 G 中连通. 由 u，v 的任意性，图 G 连通.

推论 7.9 无向图 T 是森林的充要条件是 $m=n-\omega$，其中 m 为 T 的边数，n 为 T 的顶点数，ω 为 T 的连通分支数.

定理 7.19 任意一棵非平凡树至少含有两片树叶.

证明 方法一 设 T 是一棵非平凡树，顶点数为 n，则边数 $m=n-1$. 因 T 连通，故对每个顶点 v_i，都有 $\deg(v_i)\geqslant 1$. 假设 T 有 x 片树叶，则剩下的 $n-x$ 个顶点中，每个顶点的度都大于或等于 2. 由握手定理可得

$$2(n-1)=\sum_{i=1}^{n}\deg(v_i)=\sum_{v_i\in T,\deg(v_i)=1}\deg(v_i)+\sum_{v_i\in T,\deg(v_i)\geqslant 2}\deg(v_i)\geqslant x+2(n-x),$$

即 $x\geqslant 2$.

方法二 设 T 是一棵非平凡树，顶点数为 n，则边数 $m=n-1$. 因 T 连通，故对每个顶点 v_i，都有 $\deg(v_i)\geqslant 1$. 若对所有 v_i 都有 $\deg(v_i)\geqslant 2$，则 $\sum_{i=1}^{n}\deg(v_i)\geqslant 2n$. 但另一方面，$\sum_{i=1}^{n}\deg(v_i)=2m=2(n-1)=2n-2$. 这两方面矛盾. 故 T 至少有一个 1 度顶点，设为 u. 除此之外，其余 $n-1$ 个顶点的度数之和为 $2n-3$. 若这些点的度都大于或等于 2，则其度数之和大于 $\sum_{v_i\neq u}\deg(v_i)\geqslant 2(n-1)=2n-2$，这与 $2n-3$ 矛盾. 故除 u 之外 T 还至少有一个度为 1 的顶点.

例 7.23 已知无向树 T 中，有 1 个 3 度顶点，2 个 2 度顶点，其余顶点全是树叶，试求树叶数，并画出满足要求的所有非同构的无向树.

解 设树 T 的顶点数为 n，边数为 m，则有 $m=n-1$. 再设 T 有 x 片树叶，由握手定理有

$$2m=2(n-1)=2\times(2+x)=1\times 3+2\times 2+x,$$

解出 $x=3$，故 T 有 3 片树叶.

T 的度数序列应为 1，1，1，2，2，3.

在图 7.47a 中，一个 3 度顶点只与 1 个 2 度顶点相邻，而图 7.47b 中，一个 3 度顶点与 2 个 2 度顶点均相邻，因而图 7.47a、b 是非同构的，因而有 2 棵非同构的无向树 T_1，T_2，如图 7.47所示.

图 7.47

例 7.24 画出所有非同构的 7 阶无向树.

解 设 T_i是7 阶无向树. 因为 $n=7$，所以 $m=6$，又因为 $2m=\sum_{i=1}^{n}\deg(v_i)$，所以 7 个顶点分配 12 度，且由树是连通简单图知 $1\leqslant\deg(v_i)\leqslant 6(1\leqslant i\leqslant 7)$. 则 T_i的度数序列必是下列情况之一.

(1) 1，1，2，2，2，2，2；

(2) 1，1，1，2，2，2，3；

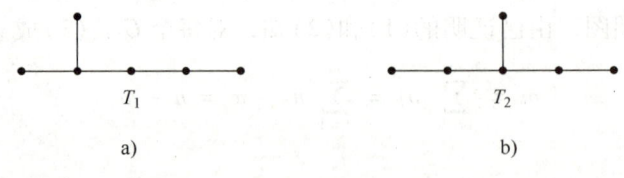

(3) 1, 1, 1, 1, 2, 2, 4;
(4) 1, 1, 1, 1, 2, 3, 3;
(5) 1, 1, 1, 1, 1, 2, 5;
(6) 1, 1, 1, 1, 1, 3, 4;
(7) 1, 1, 1, 1, 1, 1, 6.

这些度数序列对应的无向树如图 7.48 所示.

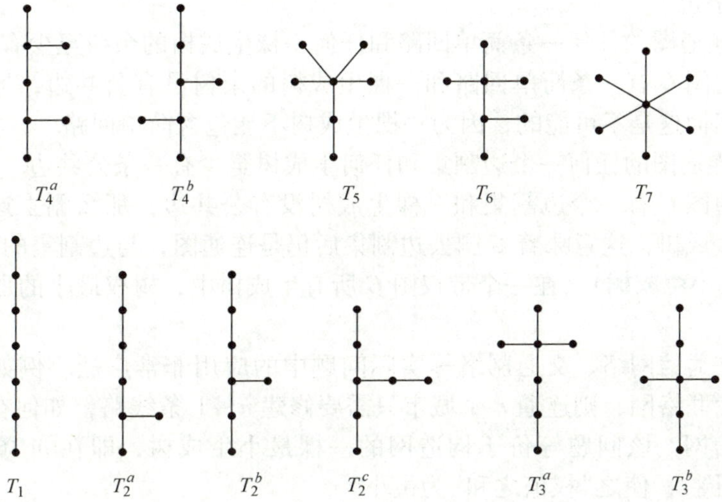

图 7.48

对于一些图，它本身未必是树，但它的子图是树. 一个图可能有多个子图是树，其中很重要的一类树是生成树.

定义 7.34(生成树) 给定图 G. 若 G 的生成子图 T 是树，则称 T 是 G 的**生成树**. T 中的边称为**树枝**，是 G 中的边但不为 T 中的边称为**弦**. 所有弦导出的子图称为 T 的**余树**(即 T 的补图)，记为$\overline{T}$.

例如图 7.49 中，T_1 和 T_2 是图 G 的两棵生成树. 其中，$e_1, e_2, e_3, e_6, e_7, e_8$ 是 T_1 的树枝，e_4, e_5, e_9, e_{10} 是 T_1 的弦，$\{e_4, e_5, e_9, e_{10}\}$ 导出的子图是 T_1 的余树.

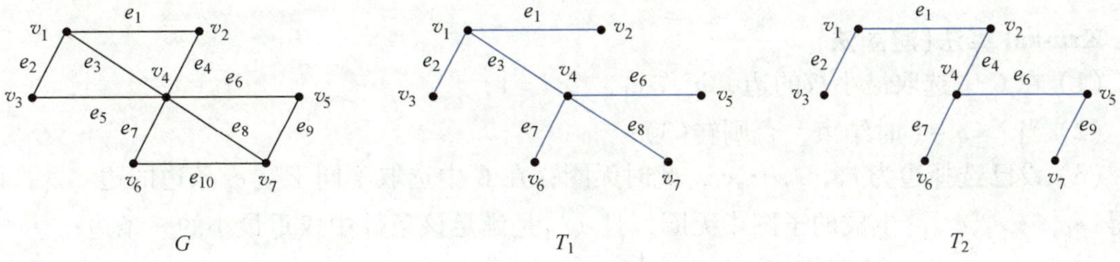

图 7.49

定理 7.20 连通图至少有一棵生成树.

证明 如果连通图 G 无圈，则 G 本身就是它的生成树. 如果 G 有圈，则在圈上任意去掉一条边，得到图 G_1 仍是连通的，如 G_1 仍有圈，重复上述步骤，直到图 G_1 中无圈为止，此时该图就是 G 的一棵生成树.

由定理 7.20 的证明过程可以看出，一个连通图可以有许多生成树. 因为在取定一个圈后，就可以从中去掉任一条边，去掉的边不一样，故可能得到不同的生成树. 一般如果 G 是有 n 个点 m 条边的连通图，则 $m \geqslant n-1$，则 G 删除 $m-(n-1)$ 条边，破坏了 $m-(n-1)$ 个圈，必成 G 的一棵生成树，这是“破圈法”. 也可以从 m 条边中选取 $n-1$ 条边并使它不含有圈，这是“避圈法”.

推论 7.10 设 G 是具有 n 个顶点，m 条边的无向连通图，T 为 G 的生成树，则 T 的余树 $\overline{T}$ 中含有 $m-n+1$ 条边.

定理 7.21 连通图的任何一条简单回路和任何一棵生成树的余树至少有一条公共边.

证明 若连通图 G 有一条简单回路和一棵生成树的余树没有公共边，那么这简单回路包含在生成树中，然而这是不可能的，因为一棵生成树不能包含简单回路.

定理 7.22 连通图的任何一个边割集和任何生成树至少有一条公共边.

证明 若连通图 G 有一个边割集和一棵生成树没有公共边，那么删去这个边割集后，所得子图必包含该生成树，这意味着 G 删去边割集后仍是连通图，与边割集的定义相矛盾.

定义 7.35（最小生成树） 在一个带权图 G 所有生成树中，树权最小的那棵树称为 G 的**最小生成树**.

最小生成树在通信网络、交通网络等实际问题中的应用非常广泛. 例如，假设要在 n 个城市之间建立通信联络网，则连通 n 个城市只需要修建 $n-1$ 条线路，如何在最节省经费的前提下建立这个通信网？该问题等价于构造网的一棵最小生成树，即在 m 条带权的边中选取 $n-1$条边（不构成圈），使之“权值之和”为最小.

最小生成树问题描述 在赋权图 G 中，求权最小的生成树. 即求 G 的一棵生成树 T，使得 $w(T)=\min\limits_{T}\sum\limits_{e\in T}w(e)$.

下面介绍几种典型的求最小生成树的算法.

1. Kruskal 算法

考虑问题的出发点 为使生成树上边的权重之和达到最小，则应使生成树中每一条边的权重尽可能地小.

具体做法 先构造一个只含 n 个顶点的子图，然后从权重最小的边开始，若它的添加不使子图中产生圈，则在子图上加上这条边，如此重复，直至加上 $n-1$ 条边为止.

设 n 阶无向连通带权图 $G=\langle V,E\rangle$ 有 m 条边，不妨设 G 中无环（否则可先删去）.

Kruskal 算法（避圈法）

（1）在 G 中选取最小权的边，记作 e_1，令 $i=1$；

（2）当 $i=n-1$ 时结束，否则转(3)；

（3）设已选择边为 $e_1,e_2,\cdots,e_i$，此时无圈；在 G 中选取不同于这 e_i 条边的边 e_{i+1}，该边使得 $\{e_1,\cdots,e_i,e_{i+1}\}$ 生成的子图中无圈，且 e_{i+1} 是满足该条件中权重最小的一条边；

（4）令 $i=i+1$，转(2).

定理 7.23 由 Kurskal 算法产生的子图是 n 阶连通带权图 $G=\langle V,E\rangle$ 的最小生成树.

例 7.25 用 Kruskal 算法求图 7.50a 中带权图的最小生成树.

解 因为图 7.50a 中 $G=5$，所以按算法要执行 $5-1=4$ 次，其过程如图 7.50b 所示.

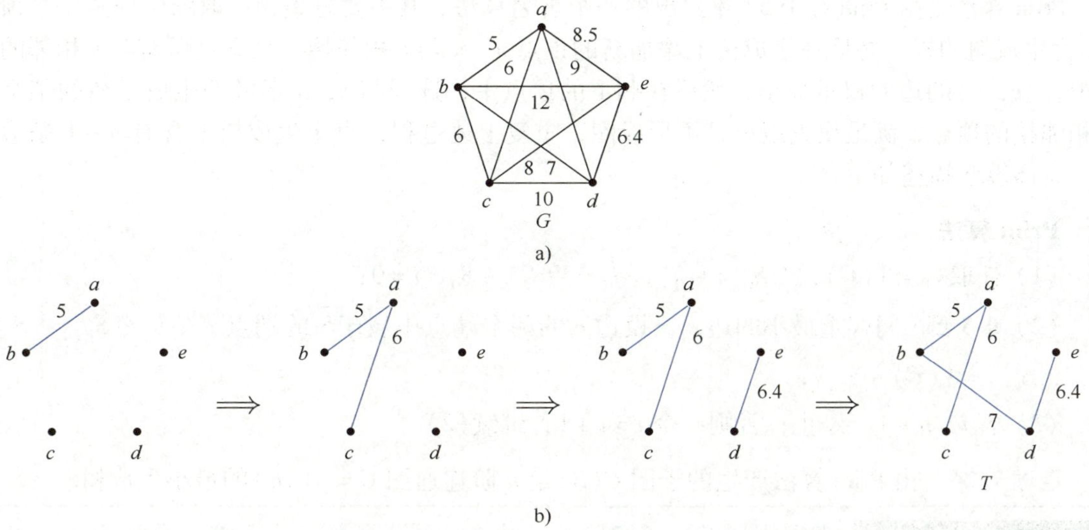

图 7.50

用 Kruskal 算法得到的最小生成树不是唯一的，本例中的另一棵最小生成树如图 7.51 所示.

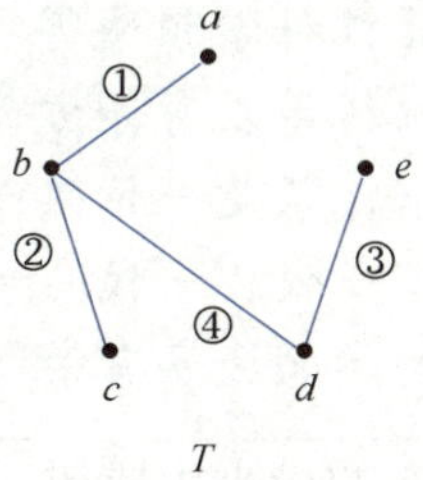

图 7.51

克鲁斯卡尔(1928—2010)是 20 世纪著名的美国数学家、统计学家、计算机科学家和心理统计学家，以其对图论、计算机科学和运筹学的贡献而广为人知. 克鲁斯卡尔就读于芝加哥大学，1948 年获得数学学士学位，1949 年获得数学硕士学位. 在芝加哥大学完成学业后，克鲁斯卡尔进入普林斯顿大学学习. 在图论领域，Kruskal 算法是他的杰作之一，该算法用于在加权无向图中寻找最小生成树，对计算机科学和运筹学的发展产生了深远影响. 此外，他在计算机科学和运筹学方面也做出了许多重要贡献，为这两个领域的发展提供了有力的数学支撑. 克鲁斯卡尔不仅是一位杰出的科学家，还是一位优秀的教育者和导师. 他致力于培养新一代的科学家，并为他们提供了宝贵的学术指导和支持. 克鲁斯卡尔的一生，是对科学真理不懈追求和无私奉献的典范.

2. Prim 算法

Prim 算法是由 Prim 在 1957 年提出的一个著名算法，其主要思想为：取图中任意一个顶点 v 作为生成树的根，之后往生成树上添加新的顶点 u. u 与 v 相邻接，且满足所有与 v 相邻的顶点中，(v, u)的边的权重最小；然后在剩下的顶点中，选择与 v，u 形成的生成子树的某个顶点相邻接的顶点，满足权重最小且不形成圈；重复上述过程，直至生成树上含有 $n-1$ 条边为止. 具体算法描述如下：

Prim 算法

(1) 任取 $v_0 \in V(G)$，令$S_0=\{v_0\}$，$\overline{S}_0=V(G)-S_0$，$i=0$；

(2) 求S_i到$\overline{S}_i$间权重最小的边 e_i，设边 e_i的两个端点中属于$\overline{S}_i$的端点为 v_i，令$S_{i+1}=S_i \cup \{v_i\}$，$\overline{S}_{i+1}=V(G)-S_{i+1}$；

(3) 若 $i=n-1$，停止；否则，令 $i=i+1$，继续(2).

定理 7.24 由 Prim 算法产生的子图 $G(S)$是 n 阶连通图 $G=\langle V,E\rangle$的最小生成树.

普里姆(1921—2021)是一位在计算机科学领域具有重要影响的美国学者，以其对图论算法的研究而著称. 普里姆在斯坦福大学攻读计算机科学专业，并在该领域取得了一系列突破性的研究成果. 普里姆最为人所知的贡献是他提出的 Prim 算法(Prim's Algorithm)，这是一种用于在加权连通图中寻找最小生成树的贪心算法. 该算法以其高效性和实用性，在计算机科学领域得到了广泛应用，尤其在网络设计、电路设计和计算机科学教育等方面发挥了重要作用. 普里姆不仅是一位卓越的科学家，还是一位热心的教育者. 他致力于传授计算机科学知识，培养了一代又一代的学生. 普里姆的学术成就和教育贡献，使他在计算机科学领域享有崇高的声誉.

例 7.26 用 Prim 算法求图 7.50a 的最小生成树.

解 用 Prim 算法求最小生成树的步骤如图 7.52 所示：

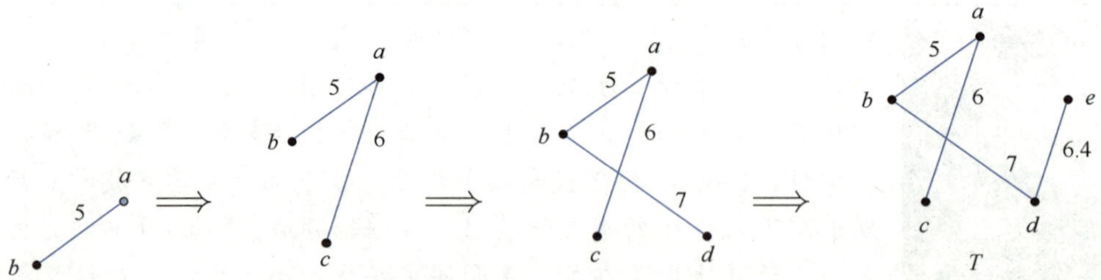

图 7.52

用 Prim 算法得到的最小生成树不是唯一的，本例中的另一棵最小生成树如图 7.53 所示.

3. 破圈法

在 Kruskal 算法基础上，我国著名数学家管梅谷教授于 1975 年提出了最小生成树的破圈法. 其基本思想为：设 G 是连通带权简单图，若 G 不是树，则 G 中必含有圈，删去 G 中包含

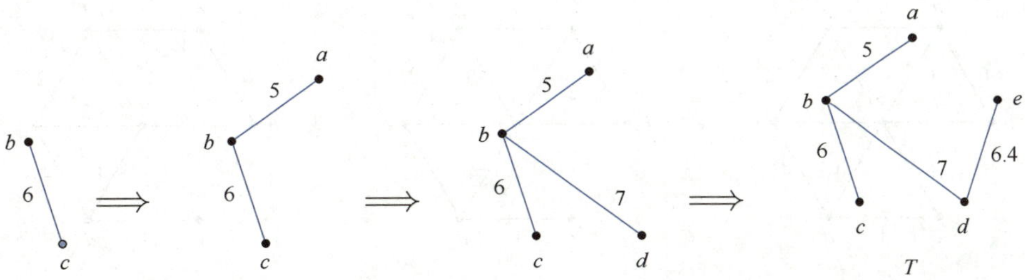

图 7.53

于某圈上权重最大的一条边，所得的图记为 G_1，G_1是 G 的连通生成子图；若 G_1不是树，又从 G_1的某个圈上删去权重最大的一条边，如此下去，最后不能按上述方式删边时，得到的图 T 便是 G 的一棵生成树.

定理 7.25 由破圈法最后得到的图 T 为 G 的一棵最小生成树.

管梅谷(1934—　)是中国运筹学领域的杰出学者和领导者. 他自华东师范大学数学系毕业后，长期在山东师范大学从事教学和科研工作，并于 1984 年至 1990 年担任该校校长. 在此期间，他不仅推动了运筹学与控制论专业的发展，还兼任了中国运筹学会副理事长等职务，为学术界的繁荣贡献了自己的力量. 管梅谷教授在运筹学、组合优化与图论方面有着深厚的造诣和卓越的成就. 他率先提出了邮递员问题，被国际图论界命名为“中国邮路问题”，并在该领域取得了重要的研究成果. 此外，他还致力于城市交通规划的研究，最早将加拿大的交通规划 EMME Ⅱ软件引入中国，为城市交通的改善和优化做出了重要贡献. 管梅谷教授不仅在学术界享有极高的声望，还是一位具有远见卓识的教育家. 他注重培养学生的创新精神和实践能力，培养了大量优秀的数学和运筹学人才. 他的学术精神和教育理念将永远激励着后人不断前进.

例 7.27 用破圈法求图 7.54 的一棵最小生成树.

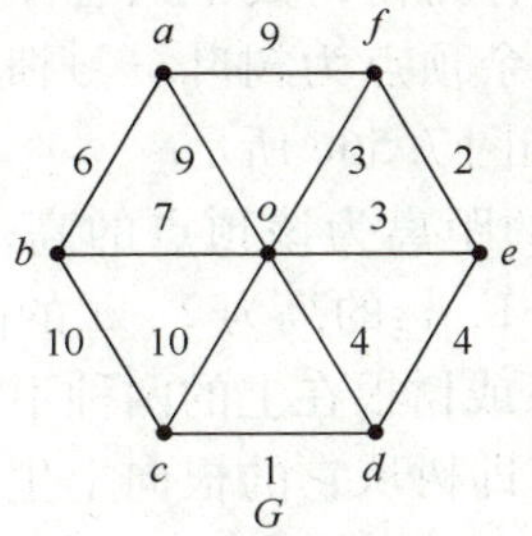

图 7.54

解 用破圈法求最小生成树的步骤如图 7.55a、b、c、d、e、f 所示.

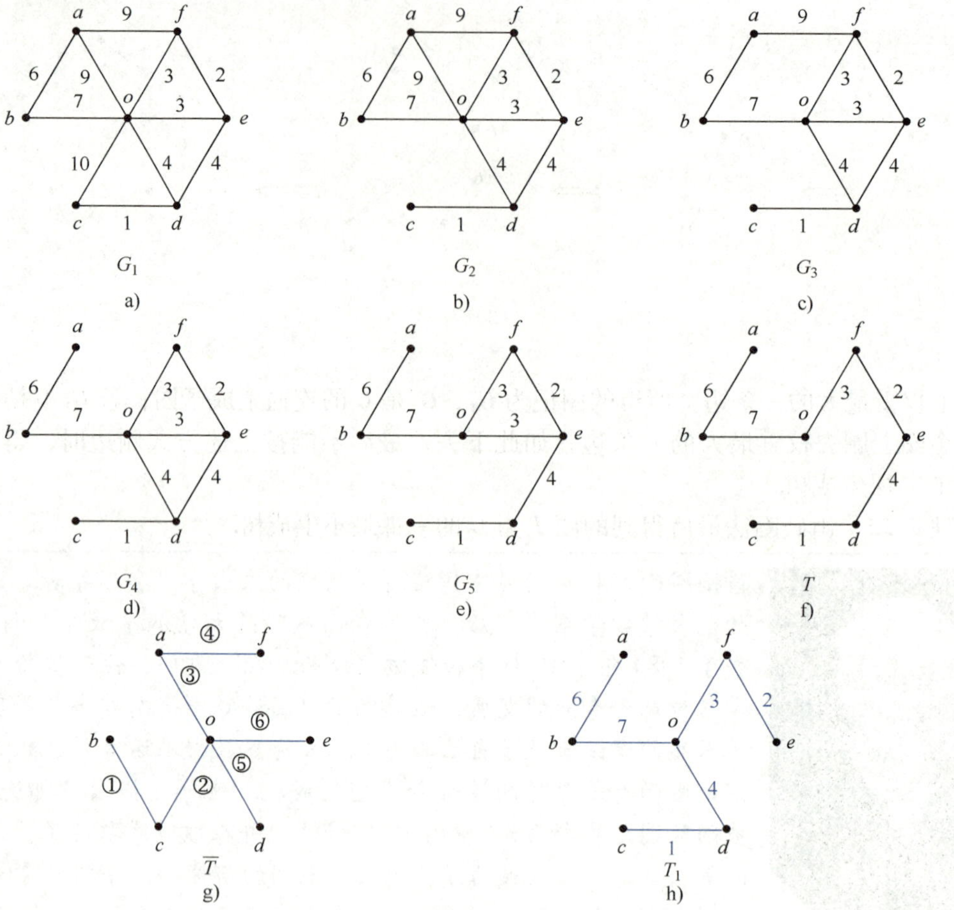

图 7.55

用破圈法得到的最小生成树不是唯一的，本例中的另一棵最小生成树如图 7.55h 所示.

定义 7.36（有向树与根树） 一个有向图，若不考虑边的方向，它是一棵树，则称这个有向图为**有向树**. 一棵有向树，如果恰有一个顶点的入度为 0，其余所有顶点的入度都为 1，则称此有向树为**根树**，其中入度为 0 的顶点称为**树根**，出度为 0 的顶点称为**树叶**，出度不为 0 的顶点称为**分支点或内点**.

例如，图 7.56a、b、c、d 均为有向树，其中只有图 7.56c、d 为根树. 在根树图 7.56d 中，v_1为树根，v_2，v_4为分支点，其余顶点为树叶. 习惯上把根树的根画在上方，叶画在下方，这样就可以省去根树的箭头，如图 7.56e 所示.

在根树中，称从树根到顶点 G 的距离为该顶点的高，称所有顶点的高的最大值为**树高**. 这样对图 7.56c 中的根树，v_1的高为 1，v_3的高为 2，v_6的高为 3.

对于一棵根树，可以有树根在下或树根在上的两种不同画法，如图 7.57 所示.

图 7.57a 是根树的自然表示法，即树从它的根向上生长. 图 7.57b、c 都是由树根向下生长，它们是同构的.

定义 7.37（根树的顶点分类） 在根树中，若从 v_i到 v_j可达，则称 v_i是 v_j的**祖先**，v_j是 v_i的**后代**；又若 $\langle v_i, v_j\rangle$是根树中的有向边，则称 v_i是 v_j的**父亲**，v_j是 v_i的**儿子**；如果两个顶点是同一顶点的儿子，则称这两个顶点是**兄弟**.

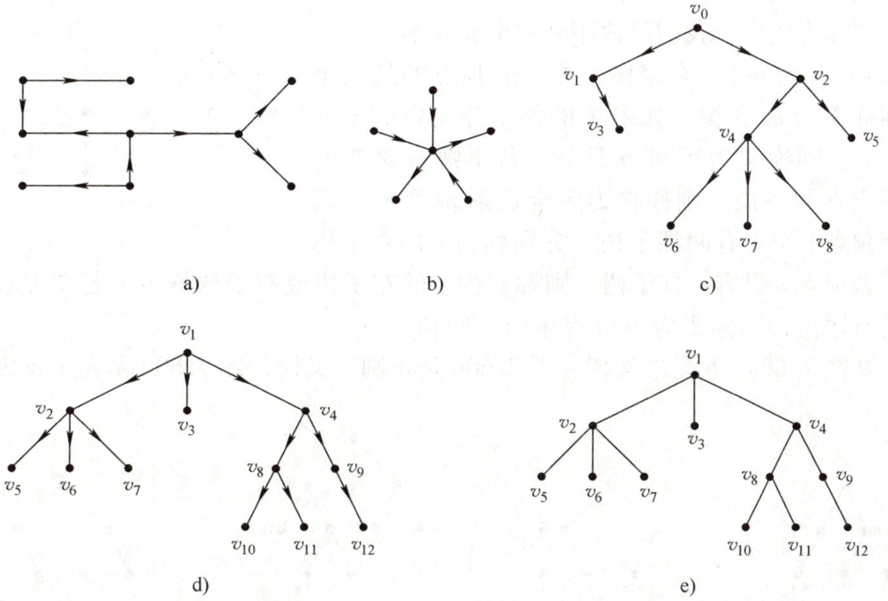

图 7.56

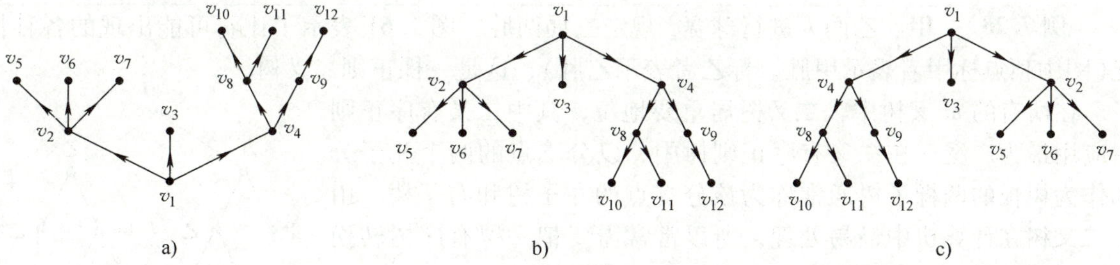

图 7.57

定义 7.38（根子树） 在根树 T 中，任一顶点 v 及其后代导出的子图 T_v 称为以 v 为根的**子树**. 根树中的顶点 u 的子树是以 u 的儿子为根的子树.

例如，图 7.58 中，以 v_2 为根的子树 T_{v_2} 如浅蓝色部分所示，加粗浅蓝色的两棵子树 T_{v_8} 和 T_{v_9} 都是 v_4 的子树.

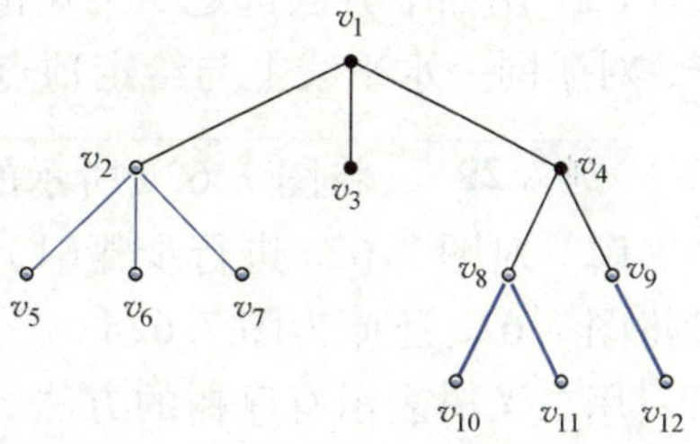

图 7.58

在现实的家族关系中，兄弟之间是有大小顺序的，为此引入有序树的概念.

定义 7.39（有序树） 如果在根树中规定了每一层次上顶点的次序，这样的根树称为**有序树**. 在有序树中规定同一层次顶点的次序是从左至右. 例如，图 7.56c、d 均为有序树.

定义 7.40（森林） 一个有向图，如果它的每个连通分支是有向树，则称该有向图为**（有向）森林**；在森林中，如果所有树都是有序树且给树指定了次序，则称此森林是**有序森林**.

例如，图 7.59 所示为有序森林.

在树的实际应用中，我们经常用到完全 m 叉树.

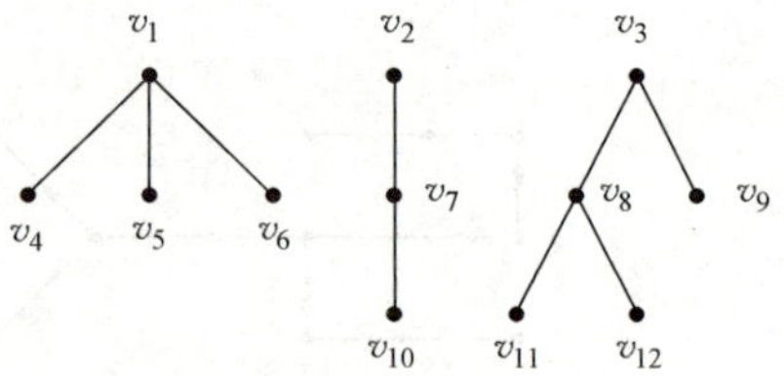

图 7.59

定义 7.41(m 叉树) 在根树 T 中，若顶点的最大出度为 m，则称 T 为 **m 叉树**. 如果 T 的每个分支点的出度都恰好等于 m，则称 T 为**正则 m 叉树**. 若正则 m 叉树的所有叶子顶点在同一层，则称它为**完全正则 m 叉树**. **二叉树**的每个顶点 v 至多有两棵子树，分别称为 v 的左子树和右子树. 若顶点 v 只有一棵子树，则称它为 v 的左子树或右子树均可. 若 T 是(正则)m 叉树，并且是有序树，则称 T 为 m 元有序(正则)树.

例如，在图 7.60a、b 是二叉树，图 7.60c 是正则二叉树，图 7.60d 是完全正则二叉树.

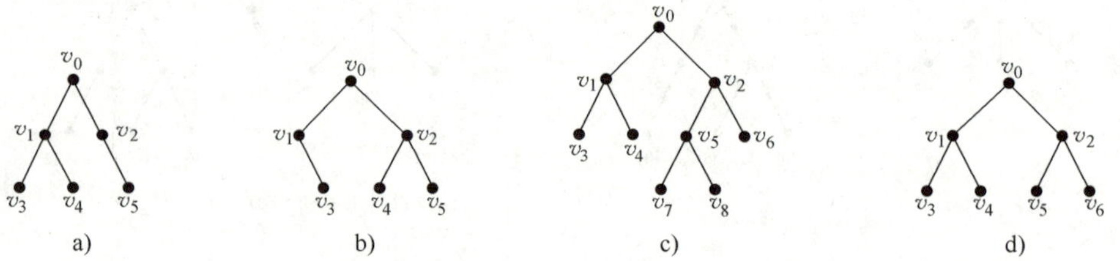

图 7.60

例 7.28 甲、乙两人进行球赛，规定三局两胜. 图 7.61 表示了比赛可能出现的各种情况(图中顶点标甲者表示甲胜，标乙者表示乙胜)，这是一棵正则二叉树.

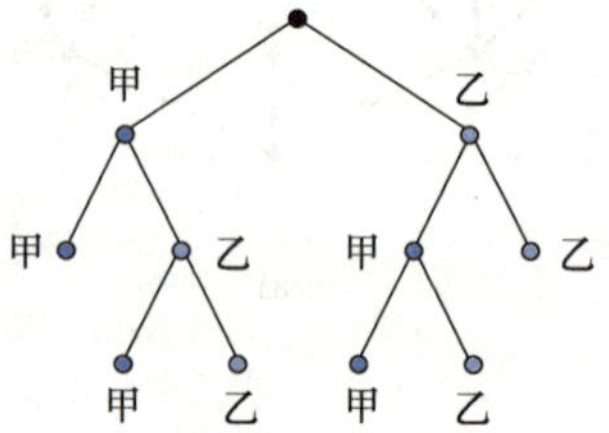

图 7.61

在所有的 m 叉树中，二叉树居重要地位，其中二叉有序正则树应用最为广泛. 在二叉有序正则树中，以分支点的两个儿子分别作为树根的两棵子树通常称为该分支点的左子树和右子树. 由于二叉树在计算机中最易处理，所以常常需要把一棵有序树转换为二叉树. 其一般步骤如下：

(1) 从根开始，保留每个父亲与其最左边儿子的连线，删除与别的儿子的连线；

(2) 兄弟间用从左向右的有向边连接；

(3) 用如下方法选定二叉树的左儿子和右儿子：直接处于给定顶点下面的顶点作为左儿子；对于同一水平线上与给定顶点右邻的顶点作为右儿子，依次类推.

例 7.29 将图 7.62a 所示的三叉树转换为一棵二叉树.

解 对图 7.62a 进行步骤(1)(2)得图 7.62b，再按步骤(3)得图 7.62c. 反过来，我们也可将图 7.62c 还原为图 7.62a.

用二叉树表示有序树的方法，可以推广到有序森林上去，只是将森林中每棵树的根看作兄弟. 其步骤如下：

(1) 先把森林中的每一棵树表示成一棵二叉树；

(2) 除第一棵二叉树外，依次将每棵二叉树作为左边二叉树的根的右子树，直到所有二叉树都连成一棵二叉树为止.

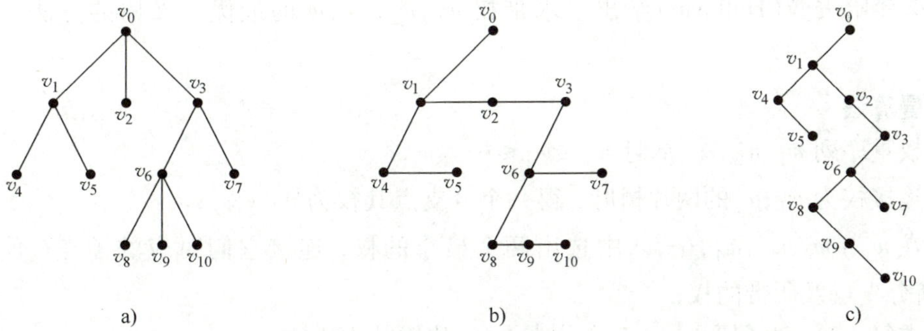

图 7.62

例 7.30 将图 7.63a 所示的有序森林转换为一棵二叉树.

解 图 7.63b 为将每棵有序树转为二叉树的结果，图 7.63c 所示的二叉树即为所求.

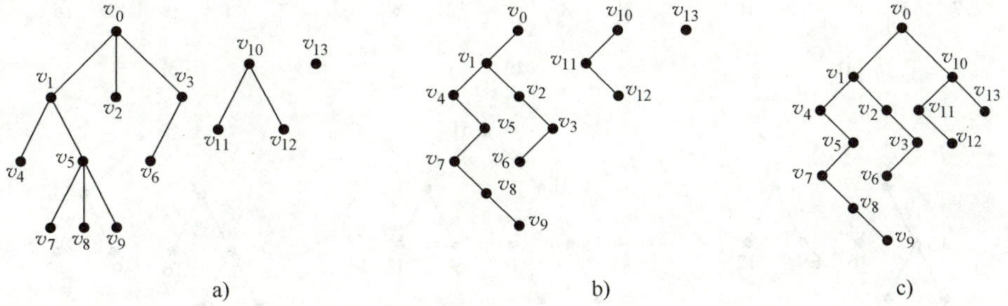

图 7.63

定理 7.26 在正则 m 叉树中，若树叶数为 t，分支点数为 i，则有

$$(m-1)i=t-1.$$

证明 由假设知，该树有 $t+i$ 个顶点，由树的定义和性质知，该树边数为 $t+i-1$. 因为所有顶点的出度之和等于边数，所以根据正则 m 叉树的定义知，$mi=i+t-1$，即 $(m-1)i=t-1$.

定义 7.42(带权二叉树) 设有一棵二叉树，有 t 片树叶，使其树叶分别带权 $w_1,w_2,\cdots,w_t$ 的二叉树称为**带权二叉树**.

一棵带权二叉树权重 $W(T)$ 定义为 $W(T)=\sum_{i=1}^{t} w_i l(w_i)$. 其中 $l(w_i)$ 表示树根到第 i 片树叶的路径长度(即，第 i 片树叶的高).

如图 7.64 所示的二叉树的权重为 $W(T)=2\times2+(3+2)\times3+1\times2=21$.

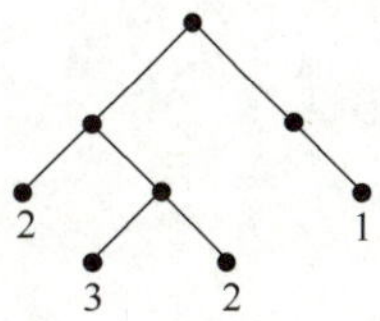

图 7.64

定义 7.43(最优二叉树) 在所有带权 $w_1,w_2,\cdots,w_t$ 的二叉树中，$W(T)$ 最小的树称为**最优二叉树**.

求最优二叉树有一个经典的哈夫曼算法.

最优二叉树的应用非常广泛，特别是通信领域，利用最优二叉树进行编码是非常典型的应用. 1952 年哈夫曼(Huffman)给出了求带权 $w_1, w_2, \cdots, w_t$ 的最优二叉树的方法，具体过程如下：

哈夫曼算法

给定权重序列 $w_1, w_2, \cdots, w_t$ 且 $w_1 \leqslant w_2 \leqslant \cdots \leqslant w_t$.

(1) 连接权为 w_1, w_2 的两片树叶，得一个分支点其权为 $w_1 + w_2$；

(2) 在 $w_1 + w_2, w_3, w_4, \cdots, w_t$ 中选出两个最小的权，连接它们对应的顶点(不一定是树叶)，得新分支点及所带的权；

(3) 重复 (2)，直到形成 $t-1$ 个分支点，t 片树叶为止.

例 7.31 求带权 7,8,9,12,16 的最优二叉树.

解 图 7.65a、b、c、d、e 给出了哈夫曼算法的全过程，图 7.65f 所示 T 为最优二叉树.

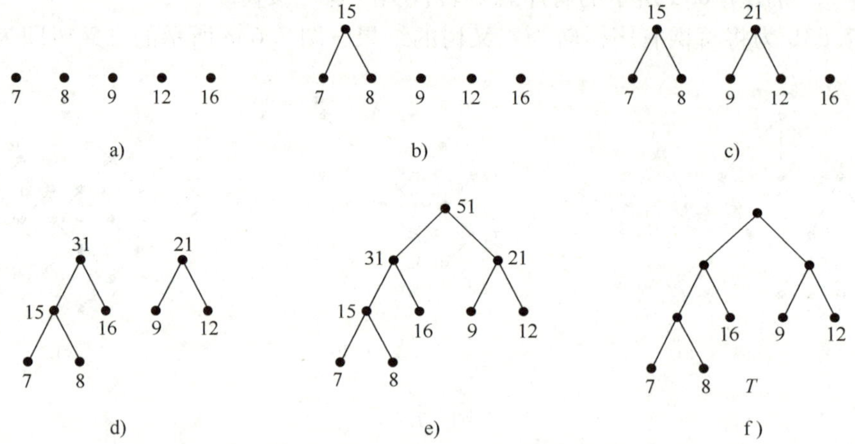

图 7.65

需要注意的是，最优二叉树不一定是唯一的，下面图 7.66 中的两个图都是带权1,2,3,4,6 的最优二叉树.

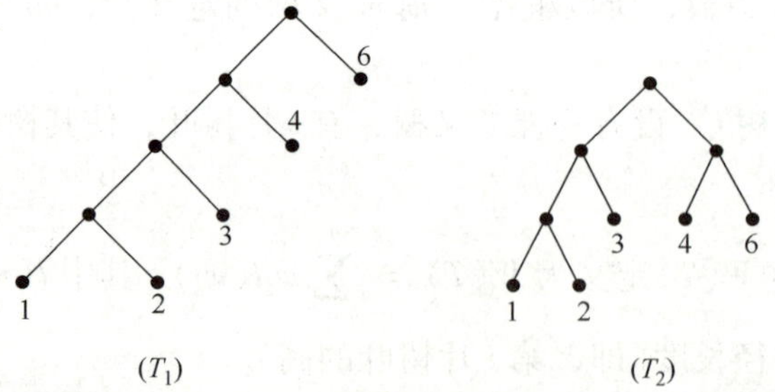

图 7.66

二叉树和最优二叉树的一个重要应用就是前缀码设计. 在通信领域中，人们常用 5 位二进制码来表示一个英文字母. 发送端只要发送一条 0 和 1 组成的字符串，它正好是信息中字母对应的字符序列. 在接收端，将这一长串字符分成长度为 5 的序列就得到了相应的信息.

这种传输信息的方法称为等长码制方法，这种方法操作简单，若在传输过程中，所有字母出现的频率大致相等，等长码方法是一种好方法. 但如果传输信息中包含的字母在信息中出现的频率是不一样的，该方法的信道利用率就不高，例如字母 e 在单词中出现的频率要远远大于字母 q 在单词中出现的频率. 因此人们希望能用较短的字符串表示出现较频繁的字母，这样就可缩短信息字符串的总长度，提高信息传输的效率. 对于发送端来说，发送长度不同的字符串并无困难，但在接收端，怎样才能准确无误地将收到的一长串字符分割成长度不一的序列，即接收端如何进行译码呢？因为不同的方式，解码得到的结果可能不同，甚至无法解码. 例如若用00 表示 a，用01 表示 b，用0001 表示 c，那么当接收到字符串0001 时，如何判断信息是 ab 还是 c 呢？为了解决这个问题，人们常常使用前缀码这个概念.

定义 7.44（前缀与前缀码） 设 $a_1a_2\cdots a_n$ 是长度为 n 的符号串，称其子串 $a_1, a_1a_2, \cdots, a_1a_2\cdots a_{n-1}$ 分别为该符号串的长度为 $1, 2, \cdots, n-1$ 的**前缀**. 设 $A=\{\beta_1, \beta_2, \cdots, \beta_n\}$ 为一个符号串集合，若 A 中任意两个不同的符号串 β_i 和 β_j 互不为前缀，则称 A 为一组**前缀码**.

例如，{0,10,110,1110,1111}是前缀码，而{00,001,0011}不是前缀码.

定理 7.27 任意一棵二叉树的树叶集合对应一组前缀码.

证明 给定一棵二叉树，对每个分支点引出的左侧的边标记0，右侧的边标记1. 这样，由树根到每一片树叶的通路上，有由各边的标号组成的序列，它是仅含0 和1 的二进制序列，把该二进制序列作为这片树叶的标记. 显然，任一树叶对应的二进制序列都不是其他树叶对应的二进制序列的前缀. 因此，任意一棵二叉树的树叶集合对应一组前缀码.

哈夫曼(1925—1999)是计算机科学领域的杰出先驱，以其发明的哈夫曼编码而广为人知. 哈夫曼编码是一种数据压缩算法，通过构建二叉树的方式，根据字符出现的频率进行编码，从而实现了数据的高效压缩. 这一算法不仅在数据通信领域有着广泛的应用，还改变了数据压缩的范式，为计算机科学的发展做出了巨大贡献. 哈夫曼在麻省理工学院求学期间，与导师 Robert M. Fano 共同研究，发现了基于有序频率二叉树编码的想法，并最终证明了这一方法的有效性. 此后，他在加州大学圣克鲁斯分校担任计算机科学系的创始人和系主任，继续从事计算机科学的研究和教学工作. 哈夫曼的贡献不仅限于哈夫曼编码，他在有限状态自动机、开关电路、异步过程和信号设计等领域也有着杰出的贡献. 他一生致力于科学研究，为计算机科学的发展做出了卓越的贡献，是一位值得尊敬的科学家和先驱者.

例如，在图7.67 所示的二叉树对应的前缀码是{000,001,01,10,11}.

定理 7.28 任何一组前缀码都对应一棵二叉树.

证明 设给定一组前缀码，h 表示前缀码中最长符号串的长度. 画出一棵高度为 h 的完全正则二叉树，并给每个分支点引出的左侧的边标记0，右侧的边标记1，把由树根到每一顶点的通路上各边的标号组成的二进制序列作为该顶点的标号. 这样，每一个顶点都对应一个二进制序列，同时，对于长度不超过 h 的每个二进制序列也必对应一个顶点. 对应于前缀码中的每一序列的顶点，给予一个标记，并将标记顶点的所有后代和射出的边全部删去，这样得到一棵二叉树，再删去其中未加标记的树叶，得到一棵新的二叉树，它的树叶的标号的集合就对应给定的前缀码.

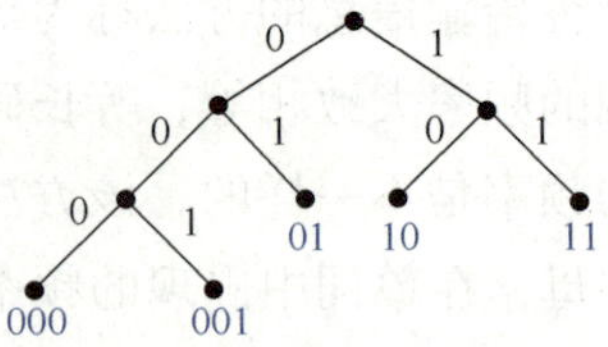

图 7.67

例 7.32 给出与前缀码{01,10,11,000,001}对应的二叉树.

解 因为该前缀码中最长序列长为 3，如图 7.68a 所示，画出一个树高为 3 的完全正则二叉树. 将二叉树中对应前缀码中序列的顶点用蓝色标记，删去标记顶点的所有后代和边得到所求的二叉树，如图 7.68b 所示.

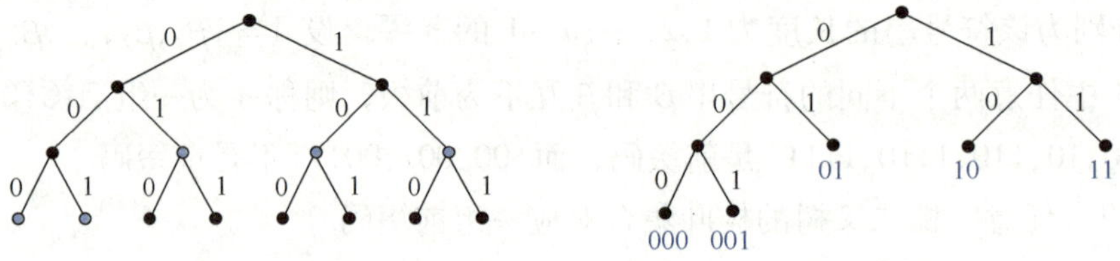

图 7.68

设 26 个英文字母出现的概率分别为 $p_1,p_2,\cdots,p_{26}$，所谓最佳编码，就是要寻求一棵有 26 片叶子，其权分别为 $p_1,p_2,\cdots,p_{26}$ 的二叉树，使得码的长度的数学期望值 $L=\sum_{i=1}^{26} p_i l_i$ 最小. 这里 l_i 是第 i 个字母的码的长度. 这个问题实际上就是给定权 $p_1,p_2,\cdots,p_{26}$，寻求一棵带权 $p_1,p_2,\cdots,p_{26}$ 的最优二叉树问题.

例 7.33 在某种通信中，使用八进制数字串. 0~7 各数字出现的频率如下：

0:25%;1:20%;2:15%;3:10%;4:10%;5:10%;6:5%;7:5%.

（1）求传输这些数字的最佳前缀码；

（2）求传输 10^n 个按上述比例出现的八进制数字需要多少个二进制数字位？

（3）如果用等长码字(长为 3)传输 10^n 个按上述比例出现的八进制数字，需要多少个二进制数字位？

解 用 100 乘以各个数字出现的频率作为权，将权从小到大排列；

$w_0=5,w_1=5,w_2=10,w_3=10,w_4=10,w_5=15,w_6=20,w_7=25$(与相应数字对应).

（1）由哈夫曼算法获得一个前缀码(不唯一){01,11,001,100,101,0001,00000,00001}，各码字对应的传输数字为

01 传 0；11 传 1；001 传 2；100 传 3；101 传 4；0001 传 5；00000 传 6；00001 传 7.

据哈夫曼算法原理即知前缀码{01,11,001,100,101,0001,00000,00001}是最优的.

（2）用所得前缀码按题中给定频率发送 100 个八进制数字所用的二进制数字位的个数为

$100\times(5\times5\%+5\times5\%+4\times10\%+3\times15\%+3\times10\%+3\times10\%+2\times25\%+2\times20\%)=285.$

所以，传输 10^n 个按上述比例出现的八进制数字需要 2.85×10^n 个二进制数字位.

（3）若用等长前缀码{01,11,001,100,101,0001,00000,00001}传输 10^n 个按上述频率出现

的八进制数字需要 3×10^n 个二进制数字位.

7.6 平面图

本节主要介绍平面图的基本概念、欧拉公式、平面图的判断、平面图的对偶图、顶点着色及点色数、地图的着色与平面图的点着色、边着色及边色数.

定义 7.45(平面图) 如果图 G 能画在曲面 S 上且使得它的边仅在端点处相交，则称 G **可嵌入曲面** S. 如果 G 可嵌入平面上，则称 G 是**可平面图**，已经嵌入平面上的图 $\widetilde{G}$ 称为 G 的**平面表示**. 无平面嵌入形式的无向图称为**非平面图**. 例如，在图 7.69 中，图 7.69b 是图 7.69a 的平面嵌入，图 7.69d 是图 7.69c 的平面嵌入，图 7.69e 是非平面图.

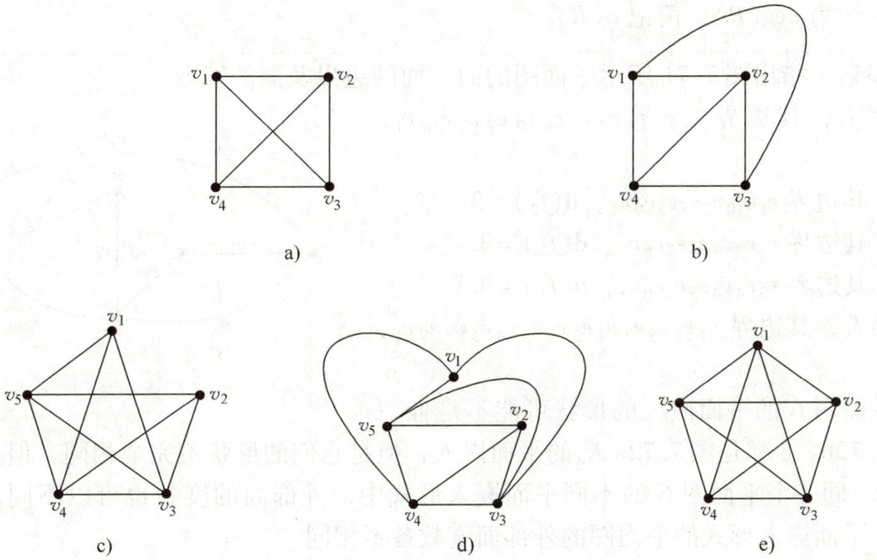

图 7.69

可平面图 G 与 G 的平面表示 $\widetilde{G}$ 同构，都简称为平面图. 图的平面性问题有着许多实际的应用. 例如，在电路设计中常常要考虑布线是否可以避免交叉以减少元件间的互感影响. 如果必然交叉，那么怎样才能使交叉处尽可能少？或者如何进行分层设计，才能使每层都无交叉？这些问题实际都与图的平面表示有关. 确实存在着大量的图，它们没有对应的平面图形表示. 例如 K_5 和 $K_{3,3}$，无论怎么画，总会出现边的交叉(见图 7.70)，这样的图都是非平面图.

那么，能不能不通过图的图形表示来判断一个图的平面性呢？首先，要研究一下平面图的一些性质.

显然，一个平面图的子图都是平面图，一个非平面图的母图都是非平面图，平面图在加上环或平行边后还是平面图. 一个图 G 可嵌入球面的充要条件是该图 G 可嵌入平面. 这些结论的证明我们都不再讲述.

定义 7.46 设 G 是一个平面图，若由 G 中的边所包围的区域内，既不包含 G 的顶点，也不包含 G 的边，则这样的区域称为 G 的一个**面**. 有界区域称为**内部面**，无界区域称为**外部面**，常记为 R_0. 包围面的长度最短的闭链称为该面的**边界**. 面 R 的边界的长度称为该面的**次数**

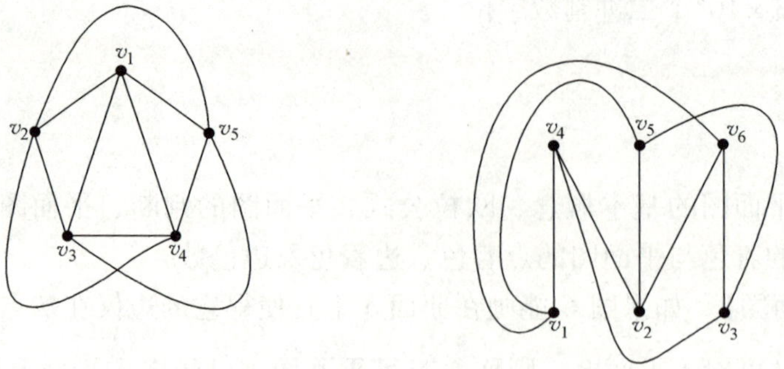

(K_5)　　　　　　　　($K_{3,3}$)

图　7.70

（或**度数**），记为 deg(R)，简记 d(R).

例 7.34　指出图 7.71 所示平面图的面、面的边界及面的度数.

解　面 f_1，其边界 $v_1e_1v_5e_2v_4e_4v_3e_7v_2e_{10}v_1$，d($f_1$) = 5.

面 f_2，其边界 $v_1e_{10}v_2e_8v_7e_9v_1$，d(f_2) = 3.

面 f_3，其边界 $v_2e_7v_3e_6v_7e_8v_2$，d(f_3) = 3.

面 f_4，其边界 $v_3e_4v_4e_5v_7e_6v_3$，d(f_4) = 3.

外部面 f_5，其边界 $v_1e_1v_5e_2v_4e_3v_6e_3v_4e_5v_7e_9v_1$，d($f_5$) = 6.

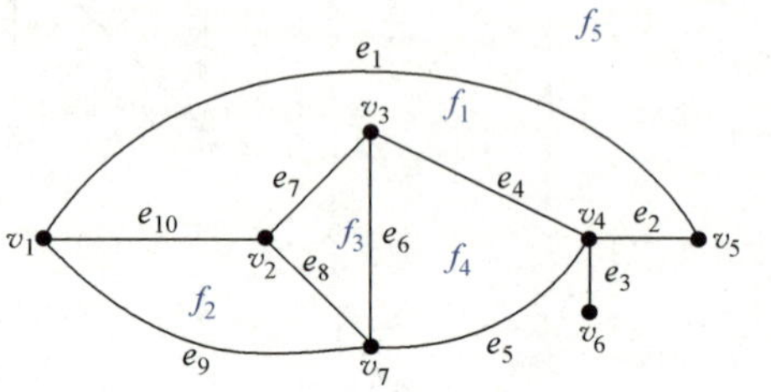

图　7.71

一个平面图 G 的平面嵌入的形状可能不是唯一的，如图 7.72b、c 都是图 7.72a K_4 的平面嵌入，但是它们的形状不完全相同，但是图 7.72b、c 是同构的. 同一个平面图 G 的不同平面嵌入形式中，外部面的度数也可以不同，如图 7.73 所示，三个平面嵌入形式的平面图的外部面度数各不相同.

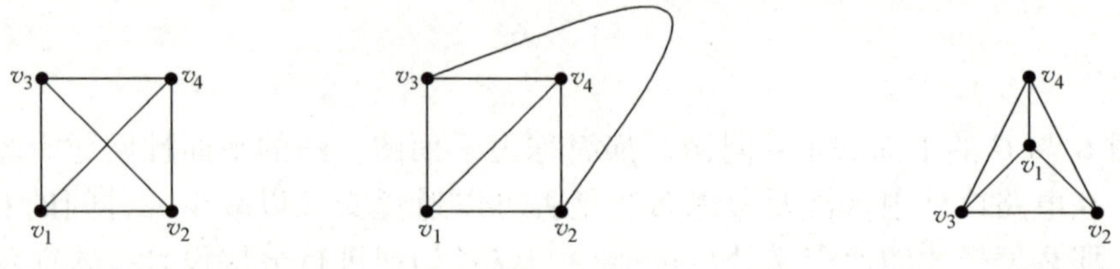

图　7.72

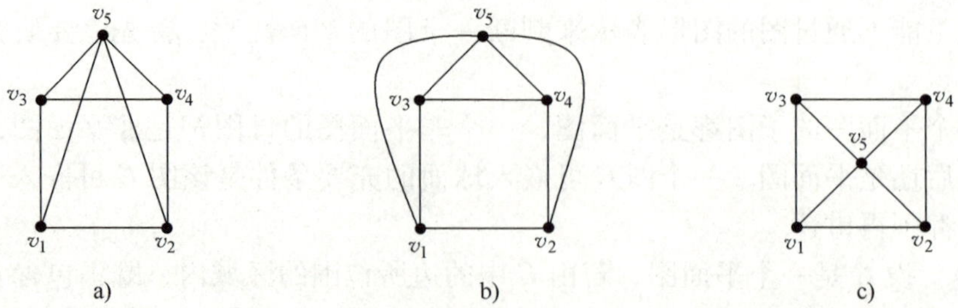

图　7.73

定理 7.29 平面图 G 中各面的度数之和等于边数 m 的 2 倍，即 $\sum_{i=1}^{r}\deg(R_i)=2m$. 其中 r 为 G 的面数.

证明 $\forall e\in E(G)$，当 e 为面 R_i 和 $R_j(i\neq j)$ 的公共边界上的边时，在计算 R_i 和 R_j 的度数时各提供度数 1，而当 e 只在某一个面 R 的边界上出现时，在计算面 R 的度数时，e 提供的度数是 2，因而 $\sum_{i=1}^{r}\deg(R_i)=2m$.

定义 7.47（极大平面图） 设 G 是简单平面图，如果在 G 中任意两个不相邻的顶点 v_i 和 v_j 间加边 (v_i, v_j)，所得到的图为非平面图，则称 G 是**极大平面图**.

由定义 7.47 可知 K_1, K_2, K_3, K_4 和 K_5-e（K_5 任意删去一条边）均为极大平面图，它们的任何平面嵌入都是极大平面图，而且极大平面图必是连通图. 当阶数大于 3 时，有割点或桥的平面图不可能是极大平面图.

定理 7.30 设 G 为 $n(n\geqslant 3)$ 阶简单的连通的平面图，若 G 为极大平面图，则 G 的每一个面的度数都是 3.

证明 因为 G 为简单平面图，所以 G 中无环和平行边，又因为 G 是至少 3 个顶点的极大平面图，所以 G 连通且无割点和桥，于是 G 中各面的边界均为圈且度数均大于或等于 3. 下面只需证明每一个面的度数不会大于 3 即可. 设存在面 R_i，$\deg(R_i)=s\geqslant 4$（见图 7.74），在 G（平面嵌入）中，若 v_1 和 v_3 不相邻，在 R_i 内加边 (v_1, v_3) 不破坏平面性，这与 G 是极大平面图相矛盾，因而 v_1 和 v_3 必相邻，由于 R_i 的存在，边 (v_1, v_3) 在 R_i 的外部，同理边 (v_2, v_4) 在 R_i 的外部. 由于边 (v_1, v_3) 和边 (v_2, v_4) 均在 R_i 的外部，因此，无论怎么画，边 (v_1, v_3) 和边 (v_2, v_4) 必相交，这与 G 是平面图矛盾. 所以 $s=3$.

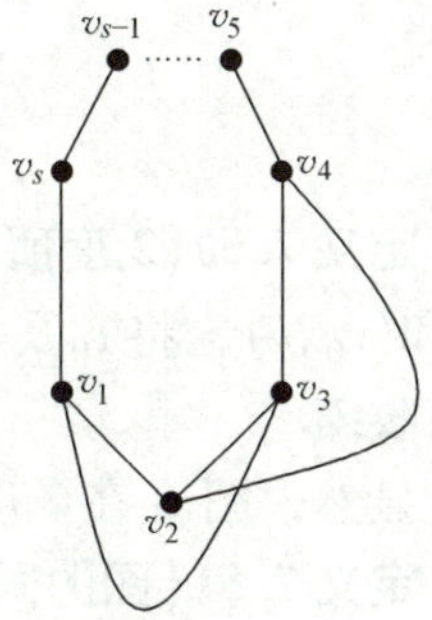

图 7.74

定理 7.30 说明任何顶点数大于或等于 3 的极大平面图的任何每一个面均由三角形围成，这是极大平面图的重要性质.

定义 7.48（极小非平面图） 如果在非平面图 G 中任意去掉一条边，所得到的图为平面图，则称 G 为**极小非平面图**.

如无向完全图 K_5 和无向完全二部图 $K_{3,3}$ 都是极小非平面图.

例 7.35 图 7.75 中 4 个图都是极小非平面图.

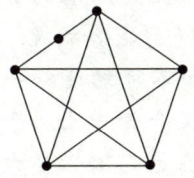

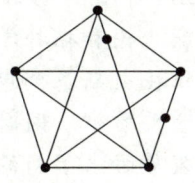

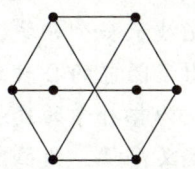

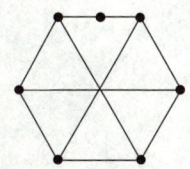

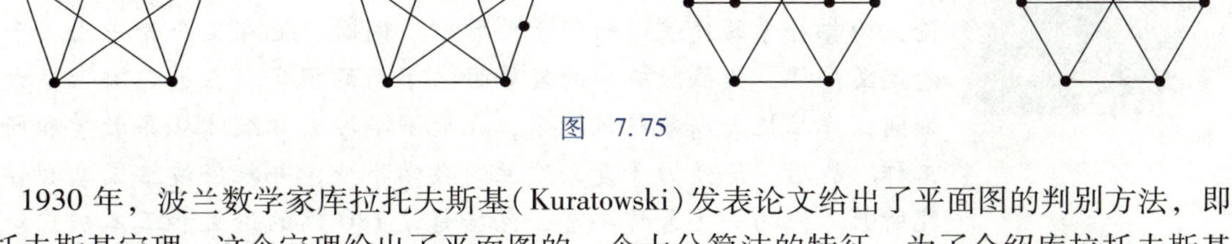
图 7.75

1930 年，波兰数学家库拉托夫斯基（Kuratowski）发表论文给出了平面图的判别方法，即库拉托夫斯基定理，这个定理给出了平面图的一个十分简洁的特征. 为了介绍库拉托夫斯基定理需要引入如下概念.

定义 7.49(图的细分) 设 $e=(u,v)$是图 G 的一条边，在边 e 上加入一个新的顶点 v_0，将其分为两条新边(u,v_0)和(v_0,v)（v_0成为新图的 2 度顶点），这个过程称为**对边 e 的剖分**或者**对图 G 进行初等细分**或者**对图 G 作 2 度顶点内扩充**；对图 G 的边进行一系列剖分后所得之图称为图 G 的**剖分图**.

为了后面叙述的方便，我们约定图 G 也是自身的一个剖分图.

例 7.36 图 7.76a 是 K_3的一个剖分图，图 7.76b 是 K_4的一个剖分图.

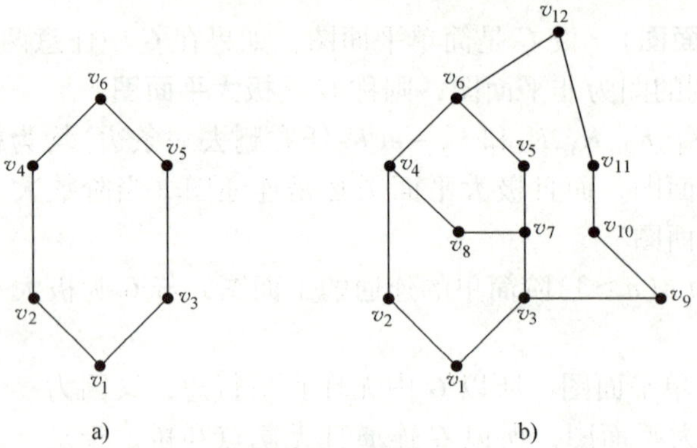

图 7.76

定义 7.50(2 度顶点内收缩) 设 v_0是图 G 的一个 2 度顶点，与 v_0关联的两条边分别为(u,v_0)和(v_0,v)，将 v_0及与它关联的两条边删去，用新边 $e=(u,v)$替换，则称将对图 **G 作 2 度顶点内收缩**.

显然，图 G 在 2 度顶点内扩充或收缩不改变图 G 的平面性.

定义 7.51(图的同胚) 两个图 G_1和 G_2，若图 G_1和图 G_2同构，或者通过多次 2 度顶点内扩充或者收缩后，它们能够同构，则称**图 G_1和图 G_2是同胚的**.

定义 7.52(图的初等收缩) 对于给定图 G，去掉图 G 中相邻的两个顶点 u，v，以及它们所关联的边(u,v)，用一个新的顶点 w 代替，使 w 相邻于 u，v 的一切顶点，再去掉可能产生的平行边和环，则称这种作法为**图 G 的初等收缩**. 这种初等收缩得到的新图记为 G：(u,v). 一个图 G 可以收缩到图 H 是指 H 可以从图 G 通过一系列初等收缩而得到.

库拉托夫斯基(1896—1980)是一位杰出的波兰数学家，以其对集合论、拓扑学以及图论的深刻研究而著称. 他在华沙大学接受教育，并积极参与波兰的爱国学生运动. 1921 年，他获得博士学位，随后在华沙大学担任副教授，并于 1934 年晋升为教授. 库拉托夫斯基的数学研究涉及多个领域，尤其在集合论和拓扑学方面取得了显著成就. 他提出了闭包的公理运算(库拉托夫斯基闭包算子)和不可约连续统理论，为拓扑学的发展做出了重要贡献. 同时，他在集合论中用集合概念定义序偶，为函数概念的发展带来了新的视角. 在第二次世界大战期间，库拉托夫斯基隐姓埋名，在地下华沙大学继续从事教学和研究工作. 战后，他致力于复兴波兰的数学事业，并担任波兰国家数学研究所长. 他的一生著作丰富，包括超过 180 篇的论文和三本被广泛使用的教科书，为数学界留下了宝贵的遗产.

例 7.37 在图 7.77 中，图 7.77a 与 K_3 同胚，图 7.77b 与 K_4 同胚.

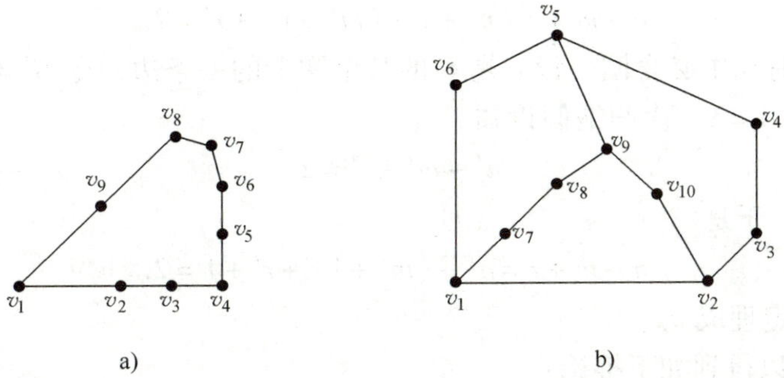

图 7.77

为了后面叙述的方便，我们约定图 G 也看作 G 自身的收缩. 下面给出两个有用的定理，证明从略.

定理 7.31（库拉托夫斯基定理） 图 G 是非平面图当且仅当图 G 中含有与 K_5 或者 $K_{3,3}$ 中的任何一个同胚的子图.

定理 7.32（瓦格纳（Wagner）定理） 图 G 是平面图的充分必要条件是 G 中无可收缩为 K_5 的子图，也无可收缩为 $K_{3,3}$ 的子图.

例 7.38 彼得森图是非平面图，因为彼得森图含有与 $K_{3,3}$ 同胚的子图（见图 7.78）.

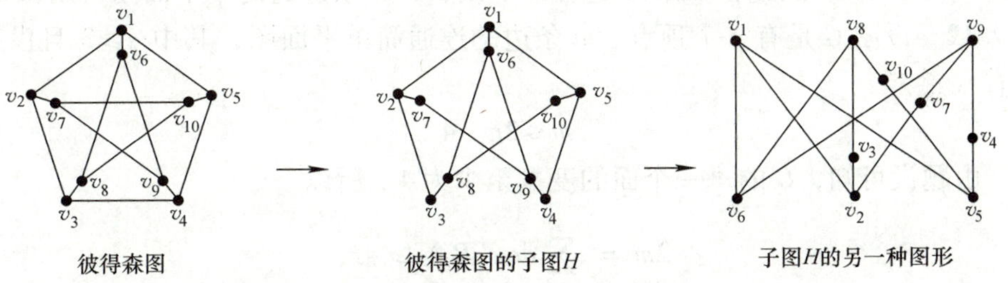

图 7.78

欧拉在研究多面体时发现，多面体的顶点数 V、棱数 E 和面数 F 之间满足公式

$$V - E + F = 2.$$

后来发现连通的平面图 G 的阶数 n、边数 m 和面数 r 也有类似的公式.

定理 7.33（欧拉公式） 设图 G 是有 n 个顶点、m 条边和 r 个面的连通平面图，则有

$$n - m + r = 2.$$

证明 对边数 m 做归纳法.

（1）当 $m = 0$ 时，图 G 是连通图，所以是平凡图，公式显然成立.

（2）设当 $m = k$ 时公式成立. 则当 $m = k + 1$ 时，对图 G 进行如下讨论.

若图 G 是树，则 G 是非平凡树，因而存在树叶，设 v 为 G 的一片树叶，令 $G' = G - v$，则 G' 仍然是连通图且边数为 $m' = k$，由归纳假设知

$$n' - m' + r' = 2,$$

其中 n'，r'分别为 G'的顶点数和面数. 而 $n' = n - 1$，$r' = r$，于是

$$n - m + r = n' + 1 - (m' + 1) + r' = 2.$$

若 G 不是树，则 G 中必含圈，设 e 是 G 的某个圈上的一条边，令 $G' = G - e$，则 G'仍然是连通图，且 $m' = m - 1 = k$，由归纳假设知

$$n' - m' + r' = 2.$$

而 $n' = n$，$r' = r - 1$，于是

$$n - m + r = n' - (m' + 1) + r' + 1 = 2.$$

综合(1)(2)所述，定理成立.

由定理 7.33 可以得到如下推论：

推论 7.11 设图 G 是有 n 个顶点、m 条边的简单平面图，其中 $n \geqslant 3$，则有

$$m \leqslant 3n - 6.$$

证明 如果 G 是连通平面图，由于 G 是简单图，因此 G 的每一个面的度数至少为 3. 所以

$$2m = \sum_{i=1}^{r} \deg(R_i) \geqslant 3r,$$

其中 r 为 G 的面的个数，由欧拉公式可得

$$m \leqslant 3n - 6.$$

如果 G 不是连通图，因为 G 是简单平面图，所以可以在两个连通分支之间增加一条边(不影响图的平面性)，直到形成连通平面图为止，设此时最少添加了 s 条边，则 $m + s \leqslant 3n - 6$，因此 $m < m + s \leqslant 3n - 6$. 因此，如果 G 是有 n 个顶点、m 条边的简单平面图，则 $m \leqslant 3n - 6$.

推论 7.12 设图 G 是有 n 个顶点、m 条边的连通简单平面图，其中 $n \geqslant 3$ 且没有长度为 3 的圈，则有

$$m \leqslant 2n - 4.$$

证明 由题设可知，G 的每一个面的度数至少为 4. 所以

$$2m = \sum_{i=1}^{r} \deg(R_i) \geqslant 4r,$$

其中 r 为 G 的面的个数. 由欧拉公式可得

$$m \leqslant 2n - 4.$$

例 7.39 证明 K_5 和 $K_{3,3}$ 为非平面图.

证明 图 K_5 有 5 个顶点 10 条边，而 $3 \times 5 - 6 = 9$，即 $10 > 9$，由推论 7.11 知，K_5 为非平面图.

图 $K_{3,3}$ 没有长度为 3 的圈且有 6 个顶点 9 条边，而 $9 > 2 \times 6 - 4$，由推论 7.12 知，$K_{3,3}$ 为非平面图.

推论 7.13 设图 G 是有 n 个顶点与 m 条边的连通平面图，且 G 的各个面的度数至少为 $l(l \geqslant 3)$，则

$$m \leqslant \frac{(n-2)l}{l-2}.$$

证明 因为

$$2m = \sum_{i=1}^{r} \deg(R_i) \geqslant r \times l,$$

由欧拉公式知

$$r = m - n + 2,$$

所以

$$2m \geqslant l(m - n + 2),$$

即

$$m \leqslant \frac{(n-2)l}{l-2}.$$

推论 7.14 设图 G 是有 n 个顶点、m 条边和 r 个面的平面图，则有

$$n - m + r = 1 + \omega,$$

其中 ω 为图 G 的连通分支数.

证明 设图 G 的连通分支为 $G_1, G_2, \cdots, G_r$，并设n_i, m_i, r_i为 G_i的顶点数、边数和面数，$i = 1, 2, \cdots, \omega$. 由欧拉公式可得 $n_i - m_i + r_i = 2$，即

$$m = \sum_{i=1}^{\omega} m_i, n = \sum_{i=1}^{\omega} n_i, r = \sum_{i=1}^{\omega} r_i + 1 - \omega,$$

于是，

$$\begin{aligned} n - m + r &= \sum_{i=1}^{\omega} n_i - \sum_{i=1}^{\omega} m_i + \sum_{i=1}^{\omega} r_i + 1 - \omega \\ &= 2\omega + 1 - \omega \\ &= 1 + \omega. \end{aligned}$$

推论 7.15 设图 G 是有 n 个顶点、m 条边和 r 个面、ω 个连通分支的平面图，且 G 的各个面的度数至少为 $l(l \geqslant 3)$，则

$$m \leqslant \frac{(n - \omega - 1)l}{l - 2}.$$

证明 因为

$$2m = \sum_{i=1}^{r} \deg(R_i) \geqslant r \times l,$$

由欧拉公式知

$$n - m + r = 1 + \omega,$$

所以

$$2m \geqslant l(m - n + \omega + 1),$$

即

$$m \leqslant \frac{(n - \omega - 1)l}{l - 2}.$$

推论 7.16 设图 G 是简单的平面图，则 G 中至少存在一个顶点的度数小于或等于 5.

证明 设 G 是由 n 个顶点、m 条边构成的简单平面图. 若 $n \leqslant 6$，结论显然成立；若 $n > 6$，假设 G 的每一个顶点的度数都大于 5，即 $\deg(v_i) \geqslant 6$. 则

$$6n \leqslant \sum_{v_i \in V(G)} \deg(v_i) = 2m \leqslant 6n - 12.$$

矛盾，因而假设不成立，即 G 中至少存在一个顶点的度数小于或等于 5.

例 7.40 平面上有 n 个顶点，其中任意两个顶点之间的距离至少为 1，证明在这 n 个顶点中距离恰好为 1 的顶点对数至多是 $3n-6$.

证明 首先建立图 $G=\langle V,E\rangle$，其中 V 就取平面上给定的 n 个顶点（位置相同），当两个顶点之间的距离为 1 时，两顶点之间用一条直线段连接，显然图 G 是一个 n 阶简单图. 由推论 7.11，只要证明 G 为一平面图即知结论成立.

反证，设 G 中存在两条不同的边 (a,b) 和 (x,y) 相交于非端点 O 处，如图 7.79a 所示，其夹角为 θ $(0<\theta<\pi)$.

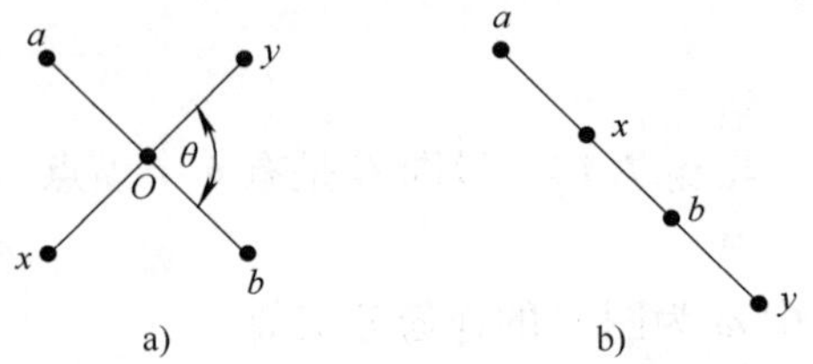

图 7.79

若 $\theta=\pi$，这时如图 7.79b 所示，显然存在两点距离小于 1，与已知矛盾，从而 $0<\theta<\pi$. 由于 a 到 b 的距离为 1，x 到 y 的距离为 1，因此 a,b,x,y 中至少有两个点，从交点 O 到这两点的距离不超过 1/2，不妨设这两个点为 a，x，则由三角形第三边长度小于另外两边长度可知点 a 与 x 之间的距离小于 1，与已知相矛盾，所以 G 中的边除端点外不再有其他交点，即 G 为平面图. 再据推论 7.11，知结论成立.

图的着色理论一直是令人感兴趣的研究领域. 同时，图的着色在实际中有许多应用，又为其自身注入了活力. 地图着色自然是对平面图的面着色，利用对偶图，可将其转化为相对简单的顶点着色问题，即对图中相邻的顶点涂不同的颜色.

平面图具有一个重要的特性，就是任何一个平面图都有一个与之对应的平面图，称为对偶图.

定义 7.53（对偶图） 设图 G 是无孤立顶点的连通的平面图，且 G 有 r 个面 $R_1,R_2,\cdots,R_r$（包括外部面）. 则按如下方法构造 G 的对偶图 G^*.

（1）在 G 的每个面内设置一个顶点 $v_i(1\leqslant i\leqslant r)$；

（2）过 R_i 与 R_j 的每一条公共边 e_k 作一条且仅作一条边 (v_i,v_j) 与 e_k 相交；

（3）当且仅当 e_k 只是 R_i 的边界（即为 G 的桥）时，v_i 恰有一自回路与 e_k 相交.

这样所得的图 G^* 称为图 G 的对偶图. 若 G^* 与 G 同构，则称 G 是自对偶的.

例 7.41 在图 7.80 中的两个图中，黑色实线为原平面图，蓝色虚线为其对偶图.

从定义 7.53 可以得出以下几点结论：

（1）G^* 是平面图，而且是平面嵌入.

（2）G^* 是连通图.

（3）若边 e 为 G 中的环，则 G^* 与 e 对应的边 e^* 为桥；若 e 为桥，则 G^* 中与 e 对应的边 e^* 为环.

（4）在多数情况下，G^* 含有平行边.

（5）同构平面图的对偶图不一定同构. 如图 7.80 所示，两个平面图是同构的，但它们的对偶图不同构.

（6）一个平面图的对偶图的对偶图不一定是它自身.

平面图与对偶图的阶数、边数与面数之间的关系：

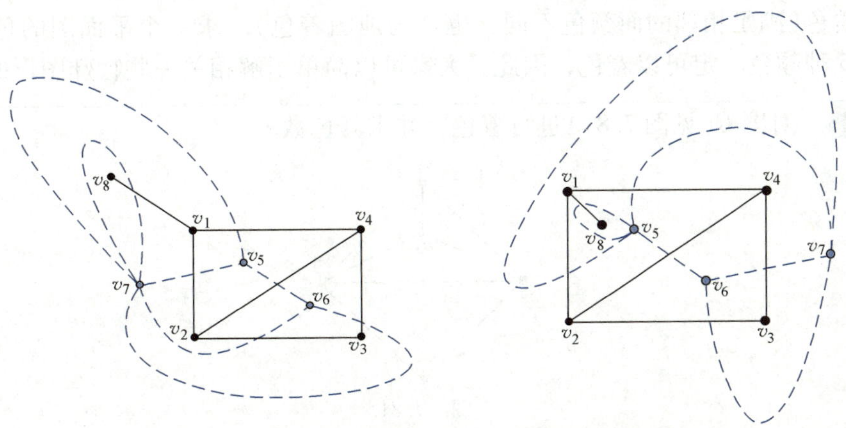

图 7.80

定理 7.34 设 G^* 是平面图 G 的对偶图，n^*，m^*，r^* 和 n，m，r 分别为 G^* 和 G 的顶点数、边数和面数，则

(1) $n^*=r$;

(2) $m^*=m$;

(3) $r^*=n-\omega+1$，其中 ω 是 G 的连通分支数;

(4) 设 G^* 的顶点 v_i^* 位于 G 的面 R_i 中，则 $\deg(v_i^*)=\deg(R_i)$.

证明 (1)(2)显然成立.

(3) 由于 G 与 G^* 都是平面图，因而由欧拉公式得

$$n-m+r=\omega+1,$$
$$n^*-m^*+r^*=2,$$

由(1)(2)可得

$$r^*=n-\omega+1.$$

(4) 设 C_i 为 R_i 的边界，C_i 有 k_1 条桥边，k_2 条非桥边，于是 C_i 的长度为 k_2+2k_1，即

$$\deg(R_i)=k_2+2k_1,$$

而 k_1 条桥边对应于 v_i^* 处的 k_1 个环，k_2 条非桥边对应于 v_i^* 处引出的 k_2 条边，于是

$$\deg(R_i)=k_2+2k_1=\deg(v_i^*).$$

特别地，如果 G^* 是连通平面图 G 的对偶图，则(1) $n^*=r$;(2) $m^*=m$;(3) $r^*=n$.

定义 7.54(点着色) 如果能对图 G 的每个顶点指定 k 种颜色中的一种，使没有两个相邻的顶点指定为相同的颜色(不管 k 种颜色是否都被用到)，则称图 G 是**k-可着色**的. 如果图 G 是 k-可着色的，而不是 $(k-1)$-可着色的，则称 **G 是 k 色的**或称 **G 的色数为 k**. 记作 $\chi(G)=k$.

求解图的色数问题非常重要，这个问题曾经得到很多学者的关注. 1852 年，格斯里(Guthrie)提出了著名的“四色猜想”，即任何平面图只用四种颜色就能给它所有顶点着色，但一直无法证明. 直到 1976 年，两位美国数学家宣称他们借助计算机证明了这一猜想，但时间超过了 1000 小时，相关结论大家可以查阅相关资料. 下面介绍一个重要的结论——五色定理.

定理 7.35(五色定理) 连通简单平面图 G 的色数不超过 5.

该定理说明任何连通简单平面图可以用五种颜色进行着色. 利用对偶图的知识可知，任何地图的着色问题可以转化为它的对偶图的顶点着色问题，因此，任何地图我们可以用五种

颜色进行面着色(满足相邻的面颜色不同，也称为地图着色). 求一个平面图的色数相对比较麻烦，但是5种颜色一定可以着色，因此，大家可以简单了解相关一些特殊图形的色数即可.

例 7.42 对图 G(见图 7.81)进行着色，并求其色数.

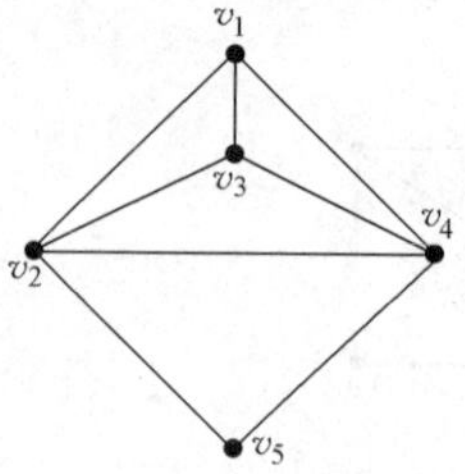

图 7.81

解 不难看出，G 是3-可着色的，且不能用两种颜色给 G 着色. 因此，G 是3色的，即 $\chi(G)=3$.

例 7.43 由 $n(n\geqslant 3)$ 个顶点 $v_1,v_2,\cdots,v_n$ 以及边 $(v_1,v_2),(v_2,v_3),\cdots,(v_{n-1},v_n),(v_n,v_1)$ 组成的图称为圈图，记作 C_n，试问圈图 C_n 的色数是多少？

解 当 n 为奇数时，$\chi(G)=3$；当 n 为偶数时，$\chi(G)=2$.

例 7.44 n 阶完全图 K_n 和完全二分图 $K_{m,n}$ 的色数分别是多少？

解 由于 K_n 的每两个顶点都相邻，而两个相邻的顶点必被指定不同的颜色，故 K_n 的色数为 n.

$K_{m,n}$ 的色数为2. 即用一种颜色着色 m 个顶点，用另一种颜色着色另外 n 个顶点.

因此，可对一些特殊图的色数做如下总结：

(1) 若 G 为 $n(\geqslant 1)$ 零图，则 $\chi(G)=1$.

(2) 若 G 为至少含有一条边的图(此边非环)，则 $\chi(G)\geqslant 2$.

(3) 若 G 是完全图 K_n，则 $\chi(G)=n$.

(4) 若 G 是至少有一条边的二部图，则 $\chi(G)=2$.

(5) 若 G 是一个圈，且圈长度是偶数，则 $\chi(G)=2$；若圈长度是奇数(大于或等于3)，则 $\chi(G)=3$.

习题 7

1. 设无向图 G 有12条边，3度与4度顶点各2个，其余顶点度数小于3，则 G 至少有几个顶点？在最少顶点的情况下，画出 G 并写出图 G 的度数序列、$\Delta(G)$、$\delta(G)$.

2. 画出以(2,2,2,2,2,2)为度数序列的简单图和非简单图各1个.

3. 下列各数列中哪些是可以简单图化的？对于是简单图化的试给出两个非同构的图.

(1) (2,2,3,3,4,4,1)；

(2) (2,3,3,5,5,7,7)；

(3) (2,2,2,2,3,3)；

(4) (4,4,3,3,2,2).

4. 判断图 7.82 ~ 图 7.84 中每一对图是否同构，并说明理由.

(1)

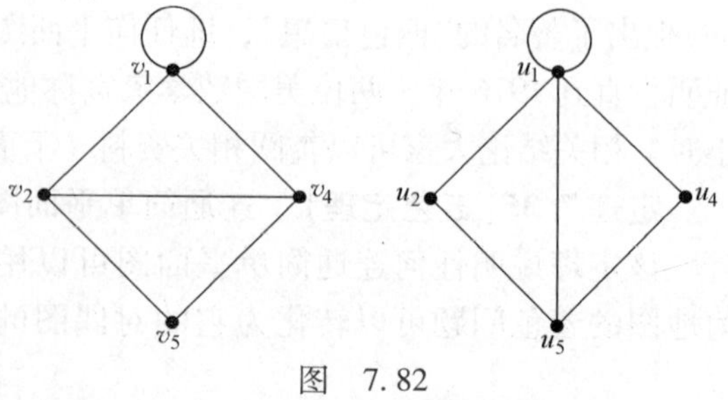

图 7.82

(2)

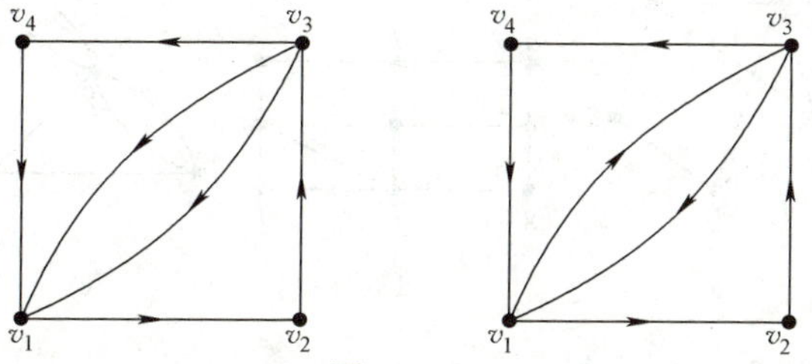

图 7.83

(3)

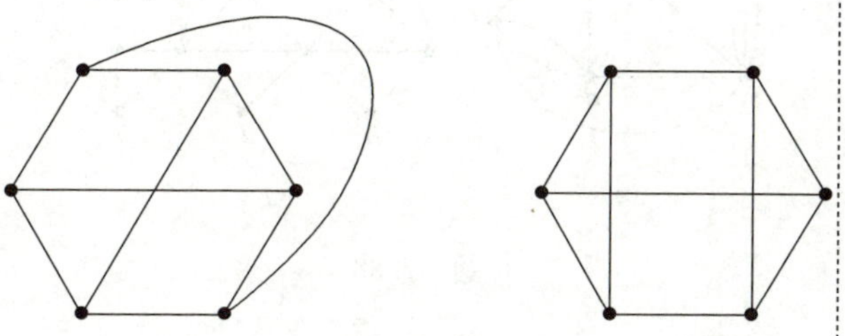

图 7.84

5. 画出 K_4 所有非同构的生成子图，并找出相应的自补图.

6. 设无向图 G 具有 n 个顶点，m 条边，且每个顶点的度数为 3，并满足 $2n-3=m$，问在同构意义下 G 是唯一的吗？

7. 无向图 G 如图 7.85 所示.

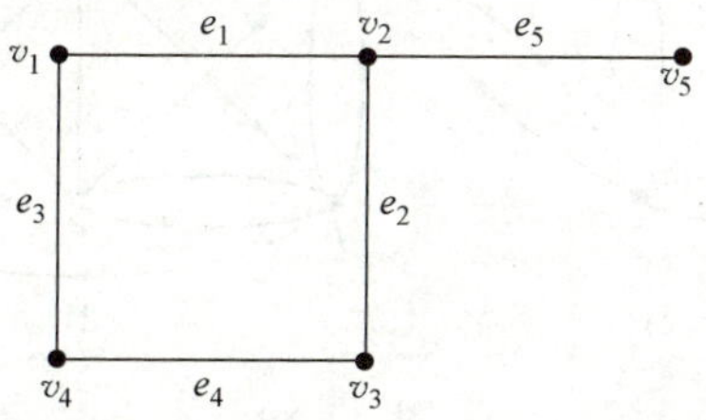

图 7.85

(1) 求 G 的全部点割集和边割集，并指出其中的割点和桥(割边).

(2) 求 G 的点连通度 $k(G)$ 和边连通度 $\lambda(G)$.

8. 证明：若无向图 G 不连通，则 G 的补图是连通的.

9. 设 G 为 n 阶简单无向图，$n>2$ 且 n 为奇数，试问 G 与其补图中度数为奇数的顶点个数是否一定相等？

10. 证明：在具有 n 个顶点的简单无向图 G 中，至少有 2 个顶点的度数相同($n\geqslant 2$).

11. 若无向图 G 中只有两个奇度顶点，则这两个顶点一定是连通的.

12. 确定图 7.86 中的有向连通图的类型(弱连通、单项连通、强连通).

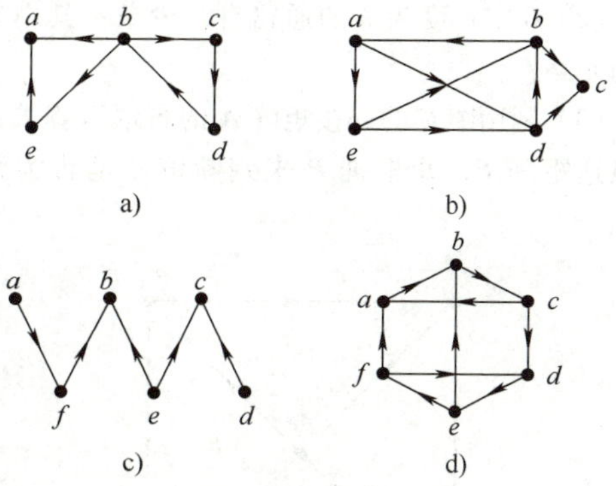

图 7.86

13. 设 $G=\langle V,E\rangle$ 是一个具有 $2k(k>0)$ 个奇度顶点的连通图，证明 G 中必存在 k 条边不相重的简单通路 $p_1,p_2,\cdots,p_k$，使得 $E=E(p_1)\cup E(p_2)\cup\cdots\cup E(p_k)$.

14. 设 $G=\langle V,E\rangle$ 是不含奇度顶点的非平凡图，证明 G 中必有 k 个边不相交的回路 $C_1,C_2,\cdots,C_k$，使得 $E=E(C_1)\cup E(C_2)\cup\cdots\cup E(C_k)$.

15. 证明：$n(n\geqslant 2)$ 阶简单连通图 G 中至少有两个顶点不是割点.

16. 设 $D=\langle V,E\rangle$ 为 4 阶有向图，$V=\{v_1,v_2,v_3,v_4\}$，已知 D 的邻接矩阵为

$$\boldsymbol{A}=\begin{pmatrix}0&2&1&0\\0&0&1&0\\0&0&0&1\\0&0&1&1\end{pmatrix},$$

(1) 求 D 中各顶点的入度与出度；

(2) 求 D 中长度为 1，3 的通路数和回路数.

17. 无向图 $G=\langle V,E\rangle$，$V=\{v_1,v_2,v_3,v_4\}$，$E=\{e_1,e_2,e_3,e_4,e_5\}$，其关联矩阵为

$$\boldsymbol{M}(G)=\begin{pmatrix}2&1&1&1&0\\0&1&1&0&0\\0&0&0&1&1\\0&0&0&0&1\end{pmatrix},$$

试在同构意义下画出 G 的图形.

18. 已知在完全二部图 $K_{r,s}$ 中，$2\leqslant r\leqslant s$. 问：

(1) $K_{r,s}$ 中含有多少种不同构的圈？

(2) $K_{r,s}$ 中至多有多少个顶点彼此不相邻？

(3) $K_{r,s}$ 中至多有多少条边彼此不相邻？

(4) $K_{r,s}$ 的点连通度 k 为多少？边连通度 λ 为多少？

19. 有向图 G 如图 7.87 所示.

(1) 写出图 G 的邻接矩阵 $\boldsymbol{A}$.

(2) G 中长度为 3 的通路有多少条？其中有几条为回路？

(3) 利用图 G 的邻接矩阵 $\boldsymbol{A}$ 的布尔运算求该图的可达矩阵 $\boldsymbol{P}$，并根据 $\boldsymbol{P}$ 来判断该图是否为强连通图.

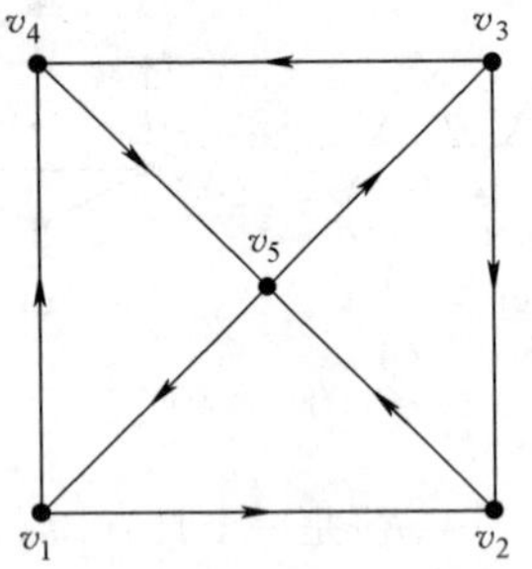

图 7.87

20. 若有向图 G 中只有两个奇度顶点，则它们一定是一个可达另一个或相互可达的吗？

21. 判断下列命题是否为真？

(1) 完全图 $K_n(n\geqslant 3)$都是欧拉图.

(2) 完全图 $K_n(n\geqslant 3)$都是哈密顿图.

(3) 完全二部图 $K_{m,n}(m,n$ 均为非 0 正偶数$)$都是欧拉图.

22. 在 8×8 黑白相间的棋盘上跳动一只马，不论跳动方向如何，要使这只马完成每一种可能的跳动恰好一次，问：这样的跳动是否可能？(一只马跳动一次是指从 2×3 黑白方格组成的长方形的一个对角跳到另一个对角上.)

23. 画一个无向欧拉图，使它具有：

(1) 偶数个顶点，偶数条边.

(2) 奇数个顶点，奇数条边.

(3) 偶数个顶点，奇数条边.

(4) 奇数个顶点，偶数条边.

24. 判断图 7.88 中各图是否为欧拉图或半欧拉图，并说明理由. 对于欧拉图和半欧拉图，请分别找出欧拉回路和欧拉路.

25. 判断图 7.89 中各图是否为有向欧拉图或半有向欧拉图，并说明理由. 对于有向欧拉图和有向半欧拉图，请分别找出有向欧拉回路和有向欧拉路.

26. 图 7.90 中两个图都是欧拉图. 从 A 点出发，如何一次成功地走出一条欧拉回路来？

27. 设连通图 G 有 k 个奇度顶点，证明在图 G 中至少要添加$\frac{k}{2}$条边才能使其成为欧拉图.

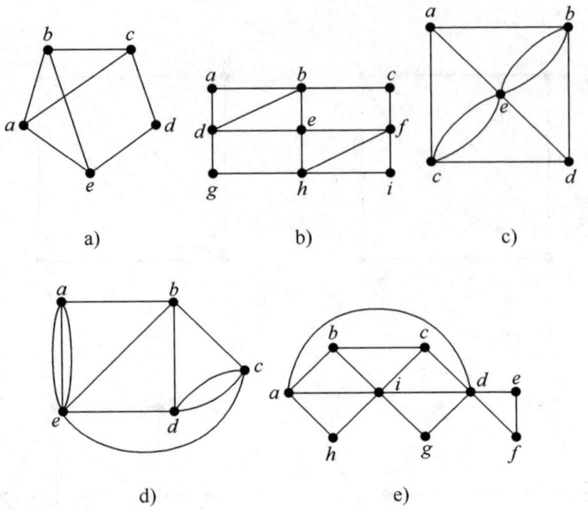

图 7.88

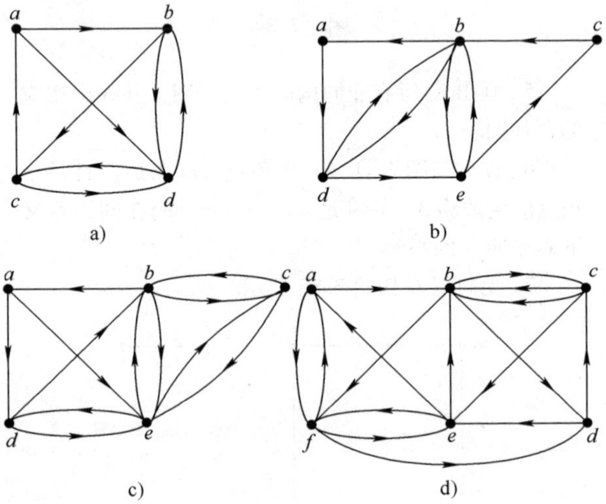

图 7.89

28. 现有 n 个人，已知他们中的任何二人合起来认识其余的 $n-2$ 个人. 证明：当 $n\geqslant 3$ 时，这 n 个人能排成一列，使得中间的任何人都认识两旁的人，而两旁的人认识左边(或右边)的人. 而当 $n\geqslant 4$ 时，这 n 个人能排成一圈，使得每个人都认识两旁的人.

29. (1) 设 G 为 $n(n\geqslant 3)$ 阶无向简单图，边数 $m=\frac{1}{2}(n-1)(n-2)+2$，证明：$G$ 是哈密顿图.

(2) 设 G 是 $n(n\geqslant 3)$ 阶图，边数 $m=\frac{1}{2}(n-1)(n-2)+1$，证明 G 不是哈密顿图.

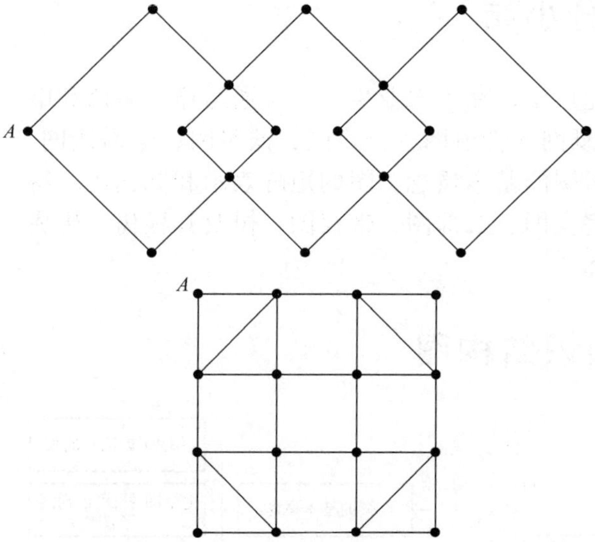

图 7.90

30. 设 $G=\langle V,E\rangle$ 为一无向图. 若对于任意的 $V_1\subset V$ 且 $V_1\neq\varnothing$，均有 $\omega(G-V_1)\leqslant|V_1|$，则 G 是哈密顿图. 以上结论成立吗？为什么？

31. 设 G 为 $n(n\geqslant3)$ 阶简单哈密顿图，则对于任意不相邻的顶点 v_i，v_j均有

$$d(v_i)+d(v_j)\geqslant n.$$

以上结论成立吗？为什么？

32. 证明凡有割点的图都不是哈密顿图.

33. 证明 $4k+1$ 阶的所有 $2k$ 正则简单图都是哈密顿图.

34. 画出 5 阶 7 条边的所有非同构的无向简单图.

35. 设无向树 T 有 3 个 3 度、2 个 2 度顶点，其余顶点都是树叶，求 T 的树叶数.

36. 设无向树有 7 片树叶，其余顶点的度数均为 3，求 T 的阶数，并画出所有不同构的树.

37. 已知无向树 T 有 5 片树叶，2 度与 3 度顶点各 1 个，其余顶点的度数均为 4. 求 T 的阶数 n，并画出满足要求的所有非同构的无向树.

38. 求图 7.91 的一棵最小生成树，并求出其权和.

39. (1) 证明任意 $n(n\geqslant1)$ 阶树均为二部图；

(2) $K_{m,n}(m,\ n\geqslant1)$ 满足什么条件时是树？

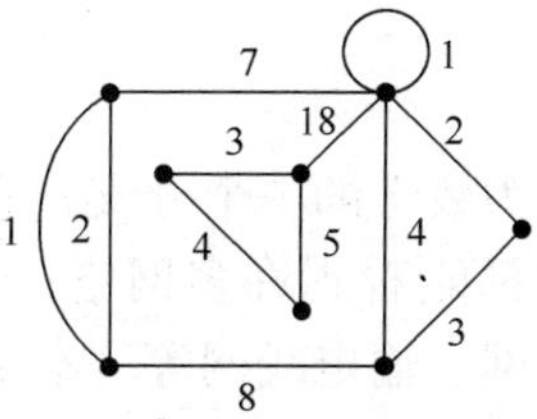

图 7.91

40. 画出权为 1,4,5,5,7,8 的一棵最优二叉树，并计算出它的权.

41. 将图 7.92 所示的有向森林 T 化为二叉树.

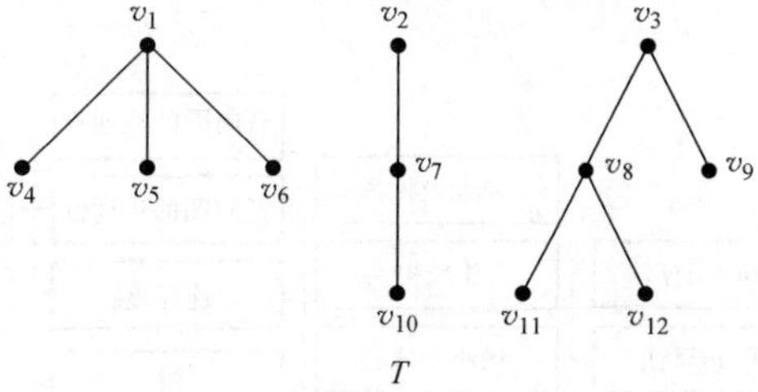

图 7.92

42. 设 n 阶非平凡的无向树 T 中，$\Delta(T)\geqslant k$，$k\geqslant1$. 证明 T 至少有 k 片树叶.

43. 设 G 为 n 阶无向简单图，$n\geqslant5$，证明 G 或 $\overline{G}$ 中必含圈.

44. 设 T 是正则 2 叉树，T 有 t 片树叶，证明 T 的阶数 $2t-1$.

45. 无向树 T 有 n_i 个 i 度顶点，$i=2,3,\cdots,k$，其余顶点全是树叶，求 T 的树叶数.

46. 画出前缀码{000,001,01,1}对应的二叉树.

47. 画出 6 阶的、所有非同构的、连通的、简单的非平面图.

48. 设 T 是非平凡的无向树，证明 $\chi(T)=2$.

49. 设 G 是连通的简单平面图，面数 $r<12$，$\delta(G)\geqslant3$.

(1) 证明 G 中存在度数小于或等于 4 的面.

(2) 举例说明当 $r=12$ 时，(1) 中结论不真.

50. 设 G 是阶数 $n\geqslant11$ 的无向简单平面图，证明 G 和 $\overline{G}$ 不可能都是平面图.

51. 设 G 为 $n(n\geqslant3)$ 阶极大平面图，证明 G 的对偶图 G^* 是 3-正则图.

图论部分小结

图论作为数学的一个分支，它的应用越来越广泛，在工农业生产、交通运输、通信和电力领域经常都能看到许多网络，如河道网、灌溉网、管道网、公路网、铁路网、电话线网、计算机通信网、输电线网等. 本部分主要介绍了图的基本概念、图的矩阵表示和同构等. 特别介绍了几种特殊图，如欧拉图、哈密顿图、完全图、二部图、带权图、树及其根树、生成树、最小生成树、平面图等基本概念和相关结论.

图论部分知识结构图

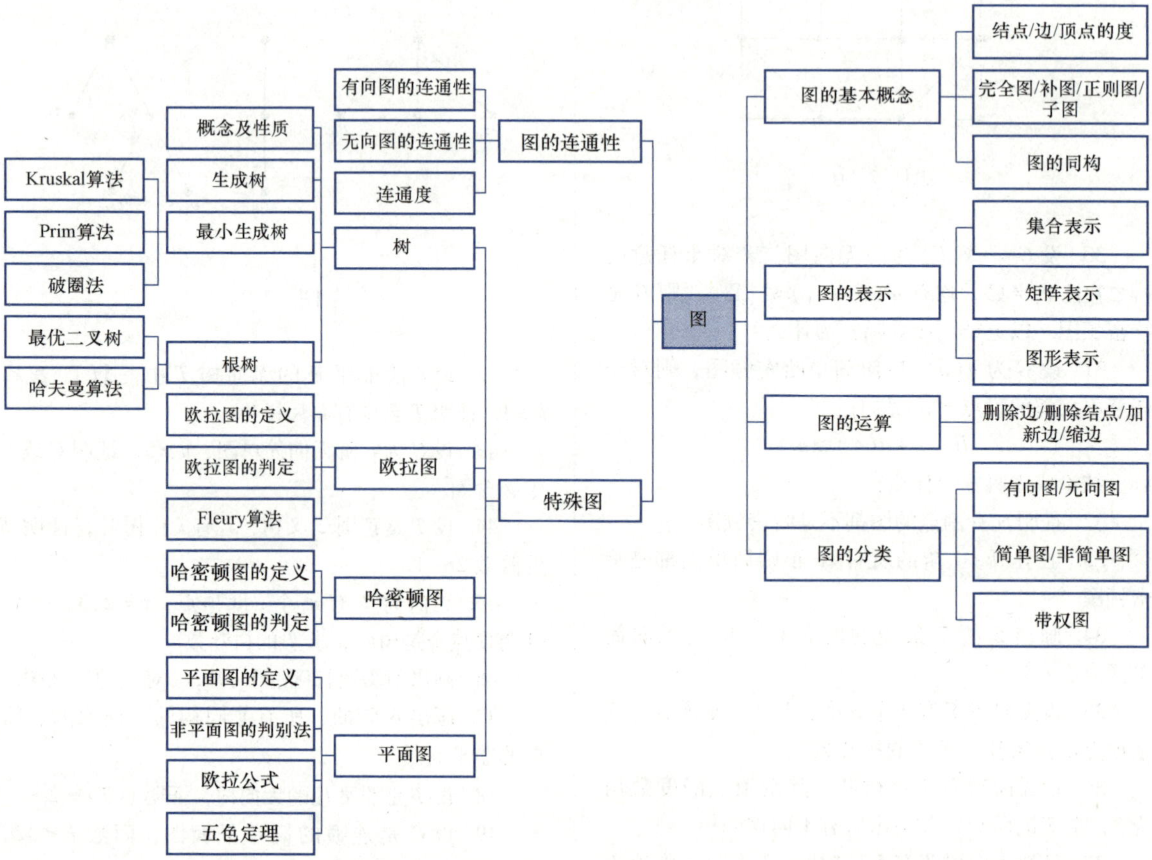

参 考 文 献

[1] 张清华，蒲兴成，尹邦勇．离散数学[M]．北京：机械工业出版社，2010.

[2] 张清华，蒲兴成，尹邦勇．离散数学及其应用[M]．北京：清华大学出版社，2016.

[3] 耿素云，屈婉玲，张立昂．离散数学[M]．北京：清华大学出版社，2002.

[4] 耿素云．离散数学[M]．北京：清华大学出版社，2004.

[5] 屈婉玲．离散数学题解[M]．北京：清华大学出版社，2004.

[6] 左孝凌，等．离散数学[M]．上海：上海科学技术文献出版社，2001.

[7] 方世昌．离散数学[M]．2 版．西安：西安电子科技大学出版社，1996.

[8] 左孝凌，等．离散数学：理论·分析·题解[M]．上海：上海科学技术文献出版社，1988.

[9] 傅彦．离散数学[M]．北京：机械工业出版社，2004.

[10] KOLMAN B，BUSBY R C，ROSS S C. Discrete mathematical structures[M]．5th ed．London：Prentice Hall，2005.

[11] 虞慧群．离散数学[M]．北京：电子工业出版社，2003.

[12] 邓米克．离散数学[M]．北京：清华大学出版社，2006.

[13] 方景龙，王毅刚．应用离散数学[M]．北京：人民邮电出版社，2005.

[14] 耿素云，等．离散数学[M]．北京：清华大学出版社，1992.

[15] JOHNSONBAUGH R．离散数学：第八版[M]．张文博，张丽静，徐尔，译．北京：电子工业出版社，2020.

[16] ROSEN K H．离散数学及其应用：原书第 8 版[M]．徐六通，杨娟，吴斌，译．北京：机械工业出版社，2020.

[17] LIPSCHUTZ S，LIPSON M L. 2000 离散数学习题精解[M]．林成森，译．北京：科学出版社，2002.

[18] 董晓蕾，曹珍富．离散数学[M]．北京：机械工业出版社，2008.

[19] 俞正光，陆玫．离散数学[M]．北京：高等教育出版社，2005.

[20] 陈莉，刘晓霞．离散数学[M]．北京：高等教育出版社，2002.

[21] 蒋长浩．图论与网络流[M]．北京：中国林业出版社，2001.

[22] 卢开澄，卢华明．图论及其应用[M]．2 版．北京：清华大学出版社，1996.

[23] 宋增民．图论与网络最优化[M]．南京：东南大学出版社，1990.

[24] 龙枫，颜可庆．离散数学[M]．北京：机械工业出版社，2003.

[25] 张清华，陈六新，李永红．图论及其应用[M]．北京：清华大学出版社，2013.

[26] 殷剑宏，吴开亚．图论及其算法[M]．合肥：中国科学技术大学出版社，2003.

[27] 王庆先，顾小丰，王丽杰．离散数学：微课版[M]．北京：人民邮电出版社，2021.

[28] 耿素云，屈婉玲，张立昂．离散数学[M]．6 版．北京：清华大学出版社，2021.

[29] 刘香芹，郑志勇，范纯龙．离散数学：微课视频版[M]．北京：清华大学出版社，2022.

[30] 杨子胥，宋宝和．近世代数习题解[M]．济南：山东科学技术出版社，2003.

[31] 王庆先，顾小丰，王丽杰．离散数学学习指导与习题解析[M]．北京：人民邮电出版社，2023.

[32] 周丽，方景龙．应用离散数学[M]．3 版．北京：人民邮电出版社，2021.

[33] BRUALDI R A．组合数学：原书第 5 版　典藏版[M]．冯舜玺，等译．北京：机械工业出版社，2012.

[34] GRIMALDI R．离散数学与组合数学：第 5 版[M]．林永钢，译．北京：清华大学出版社，2007.

参考文献